茶心静语

徐志坚 刘 玥◎著

SPM 南方出版传媒 广东人民出版社

·广 州·

图书在版编目（CIP）数据

茶心静语/徐志坚，刘玥著. —广州：广东人民出版社，2017.8
ISBN 978 - 7 -218 -11715 -7

Ⅰ.①茶⋯ Ⅱ.①徐⋯ ②刘⋯ Ⅲ.①茶文化—中国
Ⅳ.①TS971.21

中国版本图书馆 CIP 数据核字（2017）第 091531 号

CHAXIN JINGYU

茶心静语　　　徐志坚　刘　玥　著　　　　版权所有 翻印必究

出 版 人：肖风华

责任编辑：陈植荣　梁　晖
封面设计：奔流文化　广州万图广告有限公司
美术设计：严小君
责任技编：周　杰　吴彦斌
封面书法题字：张厚粲

出版发行：广东人民出版社
地　　址：广州市大沙头四马路 10 号（邮政编码：510102）
电　　话：(020) 83798714（总编室）
传　　真：(020) 83780199
网　　址：http://www.gdpph.com
印　　刷：广州市人杰彩印厂
开　　本：787mm×1092mm　1/16
印　　张：31　　　　字　数：300 千
版　　次：2017 年 8 月第 1 版　2017 年 8 月第 1 次印刷
定　　价：198.00 元

茶心静语

张孚粲题

徐志坚

　　博士，茶叶鉴赏家，出版专著《寻找你的心理忍受极限》等三部，合著《小茶方大健康》等九部。

刘　玥

　　博士，茶叶鉴赏家，合著《小茶方大健康》，参编《战胜亚健康——日常生活健康忠告》等多部书籍。

序 一

分瓜请战　煮茗资谈　昭其事也

　　贵州省位于中国的西南部，兴义府（现今安龙县）是先祖生活过的地方，尤其是在人杰地灵、山美水秀的金星山上"半山亭"落成之际，尚在年幼的祖父张之洞，在此即兴作了七百余言的《半山亭记》，使兴义府更加名扬四海。

　　"……每当风清雨过，岩壑澄鲜，凭栏远眺，则有古树千红，澄潭一碧，落霞飞绮，凉月跳珠，此则半山亭之大观也。且夫画栏曲折，碧瓦参差，昭其洁也。烟光悒翠，竹影分青，昭其秀也。松床坐奕，筠簟眠琴，昭其趣也。分瓜请战，煮茗资

张之洞像

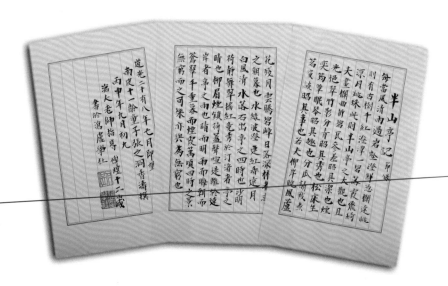

蔡中华书法家指导12岁弟子傅煜临摹张之洞《半山亭记》（节选）

谈，昭其事也。……道光二十有八年七月即望。南皮十一龄童子张之洞香涛撰。"其中"分瓜请战，煮茗资谈，昭其事也"一句因涉茶而被广为流传。祖父11岁的年龄便能写出文采飘逸、气韵生动、落笔有神的文章，可能与他受到有勤勉攻读习惯和谈笑皆鸿儒的家庭环境熏陶有关，他从小便能出口成章被誉为神童；又可能与贵州喀斯特地貌出产好茶、百姓好饮茶的历史风俗有关，使祖父从小便知茶、识茶、爱茶。总之，茶就这样自然而然地出现在先祖的文章之中。

茶自问世以来便与人类社会生活密切相关，嗜茶不仅成为生活中的一部分，对良好心理形成也功不可没。国内学者中不乏好茶者，他们为求得一个比较科学的论证，一个课题研究可做多年，沉得住气、不急于求成，看似进展缓慢，实则稳扎稳打，最终可能行得更远和收获更多。

贵州安龙县老茶树

人的一生历程有长有短、有苦有甜，从心理层面来说，"对"与"错"往往是看待事物的角度不同而导致。因此，不论任何时候、面对任何事情，拥有一颗平常、坚强的心都是必要的，以积极主动的心态去应对，从容豁达，不盲目悲观，不急功近利，而健康地饮茶，可能是一条促进人心理健康比较好的途径。

茶，能使人心静，心静则有助于理清本末之道，从而事半功倍；心静则语静，语静有助于在熙熙攘攘世界里找到积极的人生目标和意义，从而在静语的环境中专注于实现自我！此乃"茶心静语"之本！

本书作者曾在中科院心理研究所和北京师范大学心理学院求学多年，近年来更将兴趣扩展至茶；书中内容包含了多年的研究成果，也是首次运

贵州安龙县茶山

笔者、张厚粲先生、张智强博士和李雨恬（右起）品茶

用心理学、医药学、生物学等学科演绎茶，开辟了心理学研究的又一个新方向，对此我甚感欣慰，特题写书名和作序，以资鼓励和祝贺！

张厚粲

时年九十岁于北京

2017年4月10日

（张厚粲：张之洞孙女，资深心理学家，国务院参事，北京师范大学资深教授）

（蔡中华：笔名沧夫，资深书法家，书法独创一体，河北沧州人）

序　二

百草之首　万木之花　养身怡情

国人嗜茶历史悠久、世界闻名。

茶叶，最早作为传统的中草药而源远流长，尤其是在医学不发达的古代，茶叶被用作药治病，中医称之为"万病之药"，在历朝历代的医药、地方志等书籍中，多有述及用法和功效。

在相当长的时间里，中医和中草药是非常有地位的。在秦始皇统一六国后，用武力推行"书同文"，却允许保留"医、农、卜"等三种书籍，其他书籍则必须烧毁。由此可见其地位之高。

茶叶在历史上的地位很有意思，连古籍资料的记载都不一致，可以说是两个极端：当茶

清时期皇宫使用的茶膏
(笔者注：原为120块，氧化后今已碎)

叶作为中草药时被列为最高位置；但当茶叶作为一种日常生活用品时却被列为最低下的位置。例如，由纪昀主编、皇帝钦定的《四库全书总目》中，医药、农业、天文、术数、艺术等书籍位于最高级的《子部》；再下一级是《谱录》，是一些只存目不收书的杂项类，包括博古金石、文房四宝、钱币等书籍；最低级的是《附录》，包括茶叶等一些杂碎类。

《茶酒论》认为茶乃"百草之首，万木之花。贵之取蕊，重之摘芽。呼之茗草，号之作茶。"茶因能防病治病，自然得到人类的重视而发展种植，种植的面积越大，饮用的人群也越多；治病的范围越广，对族群的健康、发展的贡献就越明显。

王维白曾说："茶以新为贵，而酒以陈为美。时论如是，殊不尽然。茶中之普洱乃愈陈而愈佳。逊清鼎革所遗普洱甚多，其年限至少在三十年以上，然大率为茶珍，而茶膏则为稀世之珍，不可多得。制精而味美，却病延年，殊非虚语。余觅得一盒计百十二块，视

王维白观茶膏心得

为至宝，未敢轻易作饮料也。丙子除夕前一日经识数语于此，以示珍贵。"

茶膏神奇的药效，被前人视若珍宝。时至今日，在广大边远、交通不便、医疗水平不高的农村，还延续着将茶叶作为维护身体健康、防治疾病的药物使用的传统，尤其是一些经久的老茶叶、老茶子、老茶树根等，仍然是平常百姓家庭的必备良药。

饮茶，不但可以补充人体日常所需水分，而且人通过生火、煮水、冲泡、饮用等简单劳作，获得触觉、视觉、听觉、嗅觉、味觉等神经系统的刺激，从而获得精神、体力和物质上的享受与满足，尤其是能满足人类群居的本性，通过一起鉴赏茶叶的香气和味道

古画　泛舟煮茶图

武夷山茶园

等，吹水舒情，增添人生乐趣。

由此可见，了解茶的药用本质很有益处，使之古为今用，使人达到强身健体的效果，体验到茶叶所带来的生活真谛。同时，了解茶叶的历史发展，对提醒人类要尊重自然规律，认真做事，不急于求成，不怨天尤人，很有教育意义。

总之，茶叶作为中草药参与人类防病治病，同时，茶事活动还是一条连接医学和心理学的纽带。此书首次尝试运用医学、心理学演绎茶里乾坤，开辟了医学、心理学等学科新的研究方向，甚感欣慰！

李容根

2017 年 4 月 10 日

（李容根：资深茶叶鉴赏家，广东省茶叶收藏与鉴赏协会创会会长）

目　录

凡　例

　　茶的历史悠久，由于各地族群习惯、风俗不同，同一件事情可能说法各异，本书尽可能以一名称而述其核心。

　　凡前文已有叙述相同或类似内容，后文一般不再复述。

　　凡引述前人之文，已尽可能地标明出处，不足之处，望谅解并指正。

　　本书所述场景、对象等只限一般、通常、大多数、正常情况下。

　　【茶树】指植物的芽、叶、梗、枝、杆、根等部位同时含有茶多酚、茶氨酸、咖啡因等三种主要物质，独生或丛生的乔木和灌木。

　　【茶树名称】一般指国际上通用的按植物结构、物征和内含物细分后的学科名称。

　　【古茶树】参照国家曾将清咸丰年之前的物品称为"古"并限制出境，近年又将其定为 1911 年以前，本书参此将生长百年以上的茶树称为"古茶树"。

　　【中国历（农历）】国人发明使用的时间历法，以白天最短、正午太阳最低的一天为"冬至"；以春秋白天和黑夜平分的两天为"春分"和"秋分"；以白天最长、正午太阳最高的一天为"夏至"。在此四节气为中分插"立春""立夏""立秋""立冬"以示四季开始。再以以上每两个节气为干，分插（冬至）小寒、大寒、（立春）雨水、惊蛰、（春分）清明、谷雨、（立夏）子满、芒种、（夏至）小暑、大暑、（立秋）处暑、白露、（秋分）寒露、霜降、（立冬）小雪、大雪。

【茶叶】指以茶树的芽、叶、梗为原材料，通过一些制作工艺最后以干燥工艺完结为止的物质。前人多以茶叶储存时间、氧化程度将之分为经年老茶叶、陈茶、茶三种，并且在中草药方剂中注明；一些地方则以地名、树名、制作工艺以及香气和味道品性等冠名；1973 年，陈椽提出应该以制作茶叶时茶多酚的氧化程度称为绿、白、黄、青、红、黑等六种茶叶名称；国外多以茶叶汤水颜色分为茶和红茶两种。

【茶叶再制】指以茶叶为原材料，通过一些特定工艺进行再次或多次重复制作，至最后一道再次干燥工艺完结为止的物质。

【香气】指不同的茶叶在制作过程或接触高温或低温水时所散发出来的特殊气味。茶叶、汤水中的香气停留在壶、杯、口腔时间长短，一般情况下与茶叶的优劣成正比。一般来说，茶叶汤汁进入口腔后，气味能前后上下左右撑满便是香气足；若将气味从鼻腔喷出，再吸进后仍有强烈香气味者为霸气。

【味道】指汤水进入口腔后的一种味道感觉，主要受茶叶中水溶性浸出物质作用于舌头、口腔壁、喉咙、鼻腔等人体部位的神经细胞所致。

【汤水】指用高温或低温的水浸泡茶叶后，含有茶叶水溶性浸出物质的水。一般以不同的颜色和透光程度的高低来区分茶叶储存时间的长短或氧化程度的高低。

【汤渣】指经过高温或低温的水浸泡、其水溶性物质大部分已经被浸出过的茶叶，一般可以逆证芽、叶、梗的嫩老程度和制作工艺优劣状况。

【吸味性】指茶叶吸收异味的性能，由茶叶含有棕榈酸等物质以及茶叶组织结构的多孔性造成。根据茶叶这一品性人们可以对茶叶进行再次和多次制作，例如窨制茶叶，以提高茶叶的香气、味道和经济价值。

【归芍茶】指茶叶氧化到一定时间和程度后，茶叶和汤水拥有"焙药香"的香气和味道。古代医药书籍上屡屡涉及"经久老茶叶"可治"顽疾""恶疾"（相当于现代医学的肿瘤），尤其是具"焙药香"者最佳。由于目前具有"焙药香"的老茶叶成因尚不清楚，只在氧化到一定时间和程度的老茶叶中偶然才会出现该味道。笔者按古医药书籍的"焙药香"标准，最终寻找到数款不同产地、厂家的老茶叶，用气质联用和高效液相色谱检测后，用它们主要挥发性成分与其他中药的主要挥发性成分相比较，发现它们与中药当归和白芍的主要挥发性成分相似较多，便将其命名为"归芍茶"并获国家发明专利。

【陈旧茶叶】亦称为陈茶。指茶叶氧化到一定时间和程度后，茶叶和汤水拥有某种特别的味道，主要是一些陈旧的混合味，由于这种味道与霉菌代谢物或菌尸的味道比较相似，一般人较难分辨。陈旧味道可在茶叶"沤"或长期存放氧化过程中生成。

【日晒茶叶】指利用太阳萎凋、杀青、干燥等古法工艺制作、使茶叶或汤水拥有某种特殊味道的茶叶。由于被太阳光线尤其是紫外线长时间地照射，茶叶会散发出类似房间用紫外线灯杀菌后的"紫外线"味道，又或者是像被服在太阳长时间照射后所发出的"日晒"味道。此种制作工艺能最大限度地有效保留茶叶所含各种营养物质。

【焙药香】指茶叶或汤水拥有类似煎熬中药时的味道或中药房的混合气味。

【花果香】指茶叶或汤水拥有类似某些花朵或某些植物果实的气味。

【烟熏味】指茶叶或汤水拥有烟熏的气味。主要源于制作茶叶时涉及烟火工艺所致。

【闷】指将纤维含量较高的植物性物质相对短时间密闭堆置，在保持一定的温度、湿度和相对气不通畅的环境下，促进物质氧化的过程。闷的过程会使茶叶营养物质消耗、转变。

【沤】指将纤维含量较高的植物性物质相对长时间密闭堆置，保持一定的温度、湿度、氧气，利用水、空气等环境中的微生物进入，使微生物繁殖，茶叶的内含物逐步发生分解转化、产生腐熟性等改变。各地名称不一，制法和材料也有差异。其改变由茶叶内含物之间、微生物作用、微生物代谢物残留等构成，从而形成特殊的香气和味道。沤的过程会使茶叶营养物质消耗较多。

【非物质文化遗产】联合国教科文组织《保护非物质文化遗产公约》定义非物质文化遗产是以人为本的活态文化

遗产。认定标准一般由父子（家庭）、师徒、学堂等形式并传承三代以上，传承时间超过百年，要求谱系清楚、明确。利用茶树芽、叶、梗制成茶叶的普通工艺，或者是用茶叶进行再次制作的特种工艺，虽然各地制作工艺有差异，甚至是制作工艺上的称谓不同，但只要能显示出其遗产性、品性，表述清楚，就可向有关部门提出申请，一般都会被授予。

【地理标志产品】指由有关部门审核批准以地理名称进行命名来自某特定地域的产品。范围包括来自本地区的种植、养殖产品，以及原材料全部来自本地区或部分来自其他地区，并在本地区按照特定工艺生产和加工的产品。产品以地理名称标记，产地只要向有关部门提出申请，一般都被授予；同时，产品受到《商标法》保护。第一个被授予地理标志的茶叶产品是"洞庭山碧螺春"，后有"西湖龙井""安溪铁观音""武夷山大红袍""云南普洱"等。

【储存环境】指茶叶储存的内部和外部环境，尤其关键的是温度、湿度的高低以及空气中异常味道等，往往可以影响茶叶的氧化程度、香气、味道等。

【氧化程度】指茶叶被氧化的高低程度。氧化本质是加氧、脱氢、失电子，茶叶的氧化程度不同，其药效、香气、味道、汤汁颜色等就会不同，前人多以"茶"、"陈茶"、"老茶叶"等名称以示区别。

【储存时间】指茶叶储存的时间长短。储存时间长短不同茶叶的氧化程度会不同，氧化程度不同可以导致茶叶各种内含物质出现或升高、降低或消失等，又或者是形成一种特殊的香气和味道。一般情况下，茶叶的储存时间与氧化程度成正比。

【身体感觉】 指嗅到茶叶香气、饮用茶叶汤汁后身体的感受，如鼻腔、口腔、喉咙和胃部的舒畅、舒服程度等。人类是高等动物，若嗅到或食到对健康有益的东西时，身体会有舒服、愉悦，想继续嗅、继续食的接受反应；若嗅到或吃到对健康有危害的东西时，身体则启动防卫机能进行抵御，轻则可能出现锁喉、恶心、反胃，重则可能出现手脚冰冷、心慌、冒虚汗、头昏等不舒服的症状。

【鲜爽味】 指茶叶汤汁鲜甜的味道，主要源于氨基酸。茶叶的氨基酸种类较多，各种氨基酸组合显现出来的味道不相同，例如，占茶叶氨基酸总量50%的茶氨酸，其鲜爽味道就比较明显。

【苦味】 指茶叶汤汁中苦的味道，主要源于咖啡碱，还又是与花青素、茶皂素等物质有关。咖啡碱随着茶叶多次浸泡，含量会明显减弱，甚至消失。

【涩味】 指茶叶汤汁中涩的味道，涩味主要源于茶多酚。有研究认为，是茶叶汤汁中多酚类羟基与口腔黏膜中蛋白质的氨基结合产生的一种物质沉淀，这种物质可造成口腔涩的感觉。

【霉味】 指源于菌类生长繁殖所产生的孢子味道，由孢子随处散落被吸入鼻腔所致。茶叶和汤汁中的霉味主要源于霉菌代谢物和菌尸等物质，不同品种的菌代谢物和菌尸可产生某些以氨、酸、馊、霉、腥等气味为主的混合味道，这些混合味道使人感觉难受、恶心、不舒服等，基本上是一些对人体健康有害的物质。

【生津】指口腔遇到茶叶汤汁内含物质刺激后，分泌出某些唾液，与中医"生津"原理一致。这些唾液往往带有"甘""甜"的味道，使人身心舒服愉快，所以将其作为衡量茶叶优劣的标准之一。一般情况下，好茶叶使口腔的生津时间亦会较长。

【保健食品】2015年《食品安全国家标准保健食品》对保健食品的定义是：声称并具有特定保健功能或者以补充维生素、矿物质为目的的食品。即适用于特定人群食用，具有调节机体功能，不以治疗疾病为目的，并且对人体不产生任何急性、亚急性或慢性危害的食品。2016年2月《保健食品注册审评审批工作细则》中规定：食品的保健功能需要进行评审。《保健食品管理办法》要求：保健食品认证要"经必要的动物或人群功能试验，证明其具有明确、稳定的保健作用"。即，保健食品需要通过国家卫生部门的审查认证或者获得资格证书才允许上市。

【茶叶中农药最大残留限量】2016年，国家卫生和计划生育委员会、农业部、国家食品药品监督管理总局发布GB 2763-2016，与前标准比较新增了20项，即农药残留限量共48项，其中，喹螨醚为15ppm。中国涉茶法规有国家农业部第199号、第747号、第1157号、第1586号。2017年6月1日起实施、第二次修订的《农药管理条例》规定，剧毒、高毒农药不得用于茶叶等的生产，并将原由工业与信息、质量监督等部门负责的生产资质、生产质量等职责划归农业部门管理。

【食品添加剂使用标准】 国家标准 GB 2760-2014 规定，不允许使用任何食品添加剂生产茶叶。特别是严禁使用铅铬绿、孔雀石绿、苏丹红或其他工业染料等非食品原料生产加工茶叶。

【欧盟食品和植物或动物源饲料中农药最大残留限量】由欧盟食品安全局负责，针对茶叶类的农药最大残留限量标准为 474 项，限量标准相对较低，绝大部分残留限量标准为 0.01mg/kg。

【美国茶叶农药最大残留限量标准】 由美国食品和药品监督管理局（FDA）负责，涉及茶叶农残限量要求的有 23 种，如三氯杀螨醇 50mg/kg、唑酮草酯 0.1mg/kg、硫丹 24mg/kg、草甘膦及其代谢物 1mg/kg、炔螨特 10mg/kg、啶虫脒 50mg/kg、乙螨唑 15mg/kg、吡丙醚 0.02mg/kg、喹螨醚 9ppm 等。还有 10 种禁止在茶叶中使用的化学农药，如 DDT（二氯二苯三氯乙）、毒死蜱、乙硫磷、氰戊菊酯、林丹、甲巯咪唑、丙溴磷、四氯杀螨砜、三唑醇、三唑磷等。

【日本食品中农业化学品残留肯定列表制度】涉及茶叶农业化学品检测项目有近 300 项；限量标准一律为 0.01mg/kg。

郑星球老师指导、冯柳燕版画《林中静谧》 （局部右）

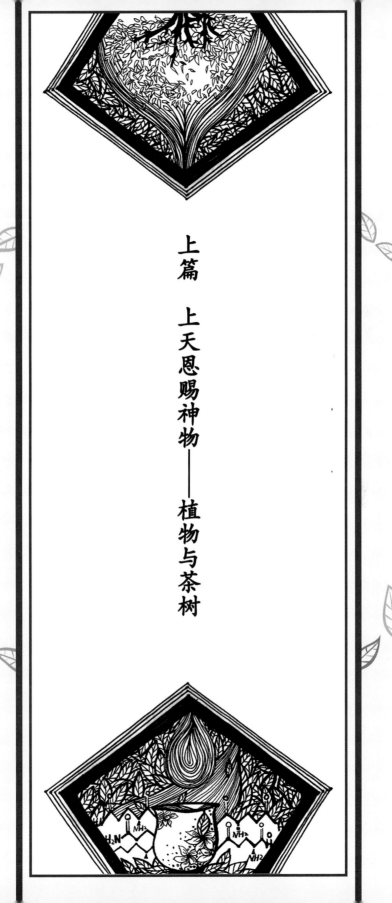

上篇　上天恩赐神物——植物与茶树

百草之首，万木之花。贵之取蕊，重之摘芽。呼之茗草，号之作茶。

——《茶酒论》

周武王讨伐商纣时，商地某户园庭中已经有栽培的茶树。

——《华阳国志·巴志》

成书于公元 3 世纪的太湖流域种植茶树、制作茶叶、饮用。

——《广雅》

德国的提尔曼·华特方和马蒂厄斯·德尔格等人，1998 年在印尼丹戎潘丹勿里洞岛附近海域（苏门答腊和婆罗洲之间）成功地打捞了一艘公元 9 世纪的中国沉船，船上载有众多的陶瓷碗，烧制时间为公元 826 年，碗上有"茶盏子"三个汉字，是至今为止有"茶"字的实物。

——《茶的世界史》

印有"茶盏子"的陶瓷碗

一、认识茶树

1516 年，西班牙人胡安·迪亚斯·德·索利斯沿拉普拉塔河逆流而上，在巴拉圭见到瓜拉尼部落用一种植物煎制汤饮，这种提神醒脑的东西被称为"马黛茶"，俗称"巴拉圭茶"。"马黛茶"在殖民者中日渐盛行，当传教士到来后，也学会了利用自然生长的马黛茶树子种植技术，他们还发现，必须捡拾巨嘴鸟吞食、经过其肠道再排出的种子才能发芽生根，"马黛茶"后来传到了南美洲其他地区，至今仍非常流行。

在中国，被称之为"茶"的植物比较多，比如"儿茶""雪茶""草茶"等，往往还伴随着神话、传说、演义等流传。前人书籍中许多又是源于前辈的口口相传、佚名抄本，比如唐朝陆羽编纂的《茶经》出现前，已经有好几本佚名的《茶经》问世。由于地理、历史、文化的差异与局限性，陆羽在书中照抄前人的一些观点或论据不加论证，因而错漏众多。在近现代社会众多冠以"某某茶"的东西好多根本与"茶"无关，其内含物未达到公认"茶"的定义或标准。

传说中的马黛树叶

1. 茶树定义与名称

按照瑞典植物学家林奈首创的动植物命名分类法，以动植物在形态结构和生理功能品性区分为主，分为不同的亲缘关系和进化关系，等级由上至下顺序是：界——门——纲——目——科——属——种等7级。另外，还可以有一些辅助等级标注，如在分类等级名称前加"亚"字表示位于上一等级和下一等级之间。

茶树归属于：

界：植物界

门：种子植物门

纲：双子叶植物纲

目：山茶目

科：山茶科

属：山茶属

种：茶种

根据有关资料，目前全世界山茶科植物有25属380多种。其中，中国有15属260多种，其余10属100多种分布在世界其他地方；而最早的山茶科植物化石则出土于中国浙江省，生长在中生代末期白垩纪时期，距今6000多年。

（1）国际上的定义与名称

茶树，是自然界千万种植物中一种比较独特的植物，与其他植物相比，因为同时拥有茶多酚、茶氨酸、咖啡碱等三种主要物质才被称为茶树。

由于世界各地的族群、语言、文字、风俗、传统等不同，因此对某些动植物的定义又或称谓肯定各不相同。人类为了方便在更大范围内了解、应用、科学地阐述地球上的动植物和其他东西，经过筛选，最终确定使用拉丁文字将这些东西按照自然规律标记，除动植物外，还有人体脏器官、药品、化学元素、化合物、度量衡等。

世界上有那么多族群、语言、文字，为什么偏偏只用拉丁文字进行唯一命名呢？这是由科学家们对已知的语言和文字进行筛选后得出的高度认同的结果。在全世界各族群的语言、文字中，拉丁文语法严谨、长期固定不变，是世界上多种主要语言的母语，能够较广泛地通用；同时，拉丁文字是最独特、变化不大、很少产生异议的文字，也是世界上多种主要文字的母字，能够在广泛地区通用。故由拉丁文命名便成为国际通用法则。

例如，只要讲恒温（俗称"常温"），通常人们便知道是25℃。不然，你的恒温是30℃、他的恒温是20℃，数据就没有认知性、统一性和重复性。当然，一些地方的人可能会不服气，自家的东西凭什么由外人命名？便提出一些自命名，如将猫熊（Ailuropodamelanoleucus）称为熊猫，将熊科（Ursidae）动物（猫熊、眼镜熊等）变为猫科（Feli-dae）动物（豹、虎、狮、猫、猞猁、兔狲等），这样的命名在自家怎么样称呼都可以，但在国际上则是另外一回事了。

拉丁文名称标注一旦完成便不能改变，但可以修正、补充完善。

茶树的拉丁文名称是1753年由林奈确定为Thea sinensis Linne；1884 年马斯特思提议定为"阿萨姆种"

灌木茶园

（Camelliasinesvarassamica）；1958年罗伯特·西利提出"阿萨姆种"（Camelliasinesisvarassamica）和"中国种"（Camelliasinesisvarsinensis）的概念；一些学者提出自然长得高者为"小乔木种"（独生）和长得矮者为"灌木种"（丛生）的概念；还有一些学者提出按树叶面积的大小分为"大叶""中叶""小叶"三种形体概念。

在国外，一般认为现今使用的"茶"字语音，是源于中国"台山语"的"chah"发音，台山语由于受到外来杂交等干扰影响因素很小，所以保存了较完美的语系，拥有文字、九个音调和数十种方言。该地区的人们从唐朝便开始漂洋过海移居世界各地，至今仍被称为"唐人"；"台山语"被称为"唐语"；衣着被称为"唐服"；食品被称为"唐餐"；居住区被称为"唐人街""唐人区"。所以联合国早已将台山语正式定义为一种语言，是人们日常生活中主要运用的语言之一。目前，台山语仍然是众多国家的官方语言。

（2）国内定义和名称

茶树的名称在中国是异常丰富多彩。

有关古籍资料记载，诡秘的森林由于太茂密、腐朽植被太厚又或一些说不清的原因，很容易产生一种有毒气体"烟瘴"，人畜若不小心吸入便有可能致病甚至死亡，所以先人们一般情况下没事是不会进入到森林中，但就是在森林旁从事农牧渔劳作时，也经常能遇到烟瘴的侵袭。根据美国胡佛研究所2011年公开的所藏，其中有一幅中国西南部的地图是1870年由日本人绘制的，这张地图描绘的是包括牛瘟、猪瘟、鸡瘟和流感在内的传染病高风险地区。

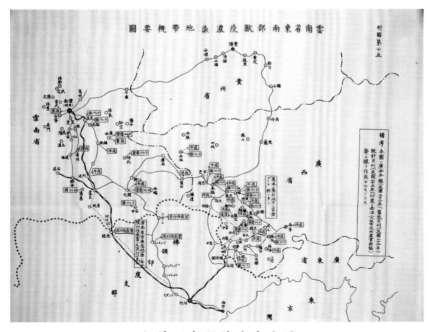

胡佛研究所藏瘟疫地图

但是，为了生存先人们主要以狩猎、采掘、捕捞为生，尤其是早期岁月（后期才有圈养、种植、养殖），必然要与森林紧密相连。可能是非常偶然的机会，先人们发现患有疾病的动物如何自己"治病"：在自然界里寻觅一些植物的芽、叶、梗、花、果、根食用；或者是用身体伤病部位摩擦一些植物、草丛；又或者是用舌头舔啄一些石头，经过一段时间后一些疾病便会慢慢地好转。

特别是先人偶然发现一些经常在森林里飞进飞出的一种鸟，总会在傍晚时分叮食某种树叶，并且常常在此树过夜。先人们想，可能动物有自己治病的本领，鸟食用了该树叶才不怕烟瘴，人若食用了应该也不怕。先人们患病时便试用动物食用过的芽、叶、梗、花、果、根、舔磨过的石头、草丛，果然具有一定的医治疾病的作用，于是便不断总结经验，长期饮用。先人还将植物的芽、叶、梗、花、果、根采摘晒干，再到森林边从事劳作前，泡上一大壶用这些东西浸泡的水饮用，果然从此就不怕烟瘴的侵害。类似的植物药用来源，在各地、各时期的医药、史志等古籍中都有记载。

中国将某些植物较早称为茶树是什么时候呢？

从古籍资料上看：唐朝以前没有明确"茶"的说法，一些学者称更早出现的"荼"即"茶"。其实，综合有关记载，"荼"应是另外一种植物。

《尔雅·释草第十三》有"荼，苦菜"、"槚，苦荼"；《诗经·国风·邶国之谷风》有"谁谓荼苦，其甘如荠"；《诗经·国风·豳国之七月》有"采荼、薪樗，饿农夫"；

《诗经·大雅·绵》有"堇荼如饴";《诗经·国风·郑国之出其东门》有"有女如荼";《楚辞》有"故荼荠不同亩兮"的词句;人们长久使用的成语"如火如荼"等。这里的"荼",其实只是一种多年生草本植物,一般在初春时发芽,开黄花,其种子附生白芒能随风飘扬;其梗中空,折断时会流出白汁。

宋雨桂先生手指画茶树图

陆羽的《茶经》里,总结了唐朝之前的"荼"25则、"荼茗"3则、"荼荈"4则、"茗"11则、"槚"2则、"荈诧"3则、"设"1则的数据,并借此认为"荼"即是"茶"。但从古籍资料看,陆羽在一个地方住了28年没外出过,并没去外地核校或考察茶树或茶叶,只是将唐朝之前几本佚名《茶经》照搬照抄后署名出版,因此许多说法可信度较低。例如,陆羽在书中说"永嘉县东三百里有白茶山",就曾被陈椽笑谈为"永嘉县东三百里是茫茫大海,哪有茶山?"

此外,中国还有"荼"字,虽然少了一横但很明显也不是"茶"字,而是专指疲倦、发呆、精神不振等。

秦朝秦始皇统一中国后,以秦国原有的政治、经济、文化等为标准，让被占领的各个国家统一使用，除此之外全部勾销，但这些国家唯独可以保留医药、农事、占卜等三种书籍。因此，笔者认为各个时代流传下来的医药书籍中，涉茶的记载可信度较高；而农事书籍不知何因竟鲜有茶事流传；占卜类书籍因涉及神话、传说、演义等可信度较低，涉茶之事也流传较少。

根据有关医药书记载，"茶"的最早出现是在中医所开的中草药方剂里，一般泛指用茶树的芽、叶、梗、子、花和根等作为中草药"茶"（也有按部位如茶芽、茶叶、茶梗、茶花、茶果、茶子、树根划分）使用。目前，较早的记载是张揖的《广雅》："荆巴间采茶（树）作饼成以米膏出之。若饮，先炙令色赤，捣末置瓷器中，以汤浇覆之，用葱、姜芼之，其饮醒酒，令人不眠"；到唐朝《新修本草》《千金要方》《食疗本草》等以及后来各朝代的中医书籍都有茶树的芽、叶、梗、花、果、子、根等入药的专篇，详细情况可阅笔者的《小茶方大健康》一书。由此可见，茶树最早问世与中国特有的中医、中草药密切相关，前人发现茶树的芽、叶、梗、花、果、子、根等

《小茶方大健康》

均有药用价值后，便将此作为中草药来治疗疾病。

有关古籍记载，每年农历的五月初五是采集植物制作中草药的最佳时间，据闻此日采集并制作的中草药，其药性最佳。植物采集后，一般要经过切，或榨，或蒸，或晒，或烘，或炒，或阴干等处理后才方便储存，同时也方便一年四季都能按中医的处方配伍使用。使用时，一是将茶叶切碎或研磨成为粉末，或制成茶丸，与水拌或者直接吞服，又或涂抹至外伤患处；二是将茶叶用陶土容器装载，先注水浸泡，再温火煎熬，待水溶性浸出物浸出后让患者服用，从而起到医治疾病的效果。

有关古籍还记载，前人使用茶树的芽、叶、梗、花、果、子、根等入药时，会按不同的药性和功效严格区分：一是储存时间三年以内的芽、叶、梗、子、花和根部均直呼为"茶"或"茶果"；二是储存时间三年以上的均加"陈"字，例如"陈茶树根"；三是储存时间20年以上的加"老"字，又或是"经久老""经年老"等，例如"老茶叶""经久老茶叶""经年老茶叶"等。

中草药的性味分为"四气五味"。四气即寒、凉、温、热等，表明中草药的寒热品性；五味即辛、甘、酸、苦、咸等，表明中草药的味道。中医认为茶叶味苦、甘，性寒，入心、肝、脾、肺、肾五经。茶叶苦能泻下、燥湿、降逆；甘能补益缓和；寒能清热、泻火、解毒。所以，一般人饮用茶叶后，往往能够体验到消暑解毒、解渴清热、除湿利尿、消食去腻的功效。

茶心 1　三种主要内含物化学结构

茶树与其他植物的特别之处在于其同时含有茶多酚、茶氨酸、咖啡碱等三种物质。这三种物质有什么特别之处呢？

茶多酚（Tea Polyphenols），又称茶鞣或茶单宁，是茶叶中多酚类物质的总称，从化学结构的角度来看，茶多酚是一种稠环芳香烃。稠环芳香烃是指分子中含有两个或多个苯环，两个苯环共用两个相邻碳原子的碳氢化合物，常见的有萘、蒽、菲等。

茶多酚可分为黄烷醇类、花色苷类、黄酮类、黄酮醇类和酚酸类等，其中最主要的成分是黄烷醇类。黄烷醇类又包括三类：自然黄烷 -3- 醇类（又称儿茶素类）、黄烷 -3，4- 二醇类和缩合原花色苷元，其中以儿茶素类为主，约占茶多酚总量的 60%~80%。儿茶素可分为非酯型儿茶素（或简单儿茶素），如 EC、EGC；酯型儿茶素（或复杂儿茶素），如 EGCG、ECG。茶多酚多样的物质结构决定了其具有广泛的生理作用。

茶氨酸（L-Theanine）是茶叶中特有的游离氨基酸，有甜味。茶氨酸是谷氨酸γ-乙基酰胺，在化学构造上与脑内活性物质谷氨酸、谷氨酰胺相似，即茶氨酸是谷氨酸加上一个氨基和一个乙基。

谷氨酸是中枢兴奋性神经递质，存在于中枢神经系统的所有神经元脑组织，参与大脑的高级功能，在学习、记忆、神经元可塑性及大脑发育等方面起重要作用。大脑内存在谷氨酸-谷氨酰胺循环，由于谷氨酸不能穿过血脑屏障，所以先由谷氨酰胺作为谷氨酸的前体转运到神经元中，再重新合成谷氨酸，发挥谷氨酸作用。茶氨酸对中枢神经系统具有一定的作用，可能跟其结构和大脑活性物质谷氨酸、谷氨酰胺类似有关。详情可阅笔者的《寻找你的心理极限》一书。

茶叶主要含有三种碱：咖啡碱、茶叶碱、可可碱，其中前者含量较多，后两者含量较少。咖啡碱又称咖啡因，是一种黄嘌呤生物碱化合物，属于生物碱的一种。生物碱是存在于自然界（主要为植物，少数为动物）中的一类含氮的碱性有机化合物，具有显著的生物活性，是中草药中重要的有效成分之一。已知生物碱种类很多，如咖啡碱、麻黄碱、秋水仙碱、阿托品、雷公藤碱等，约一万种。其中的咖啡碱是一种中枢神经兴奋剂，但其兴奋作用可以被茶氨酸拮抗。

2. 国内茶树

自然界茶树的传播主要靠重力、水力、鸟兽力、风力等扩散，只要适合其生长的地方都能生长。从浙江余姚田螺山发现的茶树化石上分析，距今6000多年前，田螺山一带的先人们便广泛种植茶树，田螺山是迄今为止考古发现、全世界最早人工种植茶树的地方。

根据《桐君录》中指出的西阳（今湖北黄冈县）、武昌、庐江、晋陵（今江苏宜兴）、巴东（今四川奉节）等地，《荆州土地记》中记载茶出武陵七县（今湖南常德一带），《吴兴记》中的乌程（今浙江吴兴）、温山、长兴啄木岭，《宋录》中的八公山（今安徽凤台东南），《淮阴图经》中的山阳县（今江苏淮阴）等地都有茶树生长，说明长江流域早已广泛种植茶树。

从华夏族群历史发展看：中部区域是华夏族群起源地，也是族群最早采摘自然生茶树、人工种植茶树、制作茶叶、社会生活的繁荣区域；随着华夏族群逐渐向东部、南部和西南部区域发展，茶树和茶叶活动得到空前繁荣。

根据有关资料记载，中部的河南、陕西、甘肃、山西、山东、湖北、江西、浙江、江苏、安徽，南部的福建、台湾、广西、广东、湖南、海南，西南部的云南、四川、贵州等地区都有古茶树生长。山东文登县（1897年县志记载）在元朝曾经设过茶场提举，该县位于北纬37度以北，是较北的茶树生长区域；最南的茶树生长区域则是在北纬19度的海南。本书非以江河山脉为界划分茶树生长区域，为方便读者阅读习惯，将茶树生长区域简化为中部、南部、西南三大区域。

（1）中部区域

华夏族群饮用茶叶的普及，必然带来茶树种植和制作茶叶的发展。西晋杜育在《荈赋》中讲到茶树在山区栽培已有"弥谷被岗"之语。刘琨的《与兄子南兖州刺史演书》中提到"前得安州干茶二斤，姜一斤，桂一斤……"安州今为河南淅川县。

公元 771 年，在江苏宜兴顾渚山建立贡茶院，每年采茶时节，在贡茶院采茶、制作茶叶的役夫多达 3 万人。公元 977 年，在福建北部建溪东西两岸建贡茶院，绵延五英里，由 25 处各有命名的茶园组成。

——《茶的世界史》

根据有关古籍记载："明人尤重罗嶰茶，嶰茶渊源于唐朝的阳羡茶，产于宜兴、长兴之间。两山中间稍平旷处叫做嶰，是罗隐隐居的地方，故名'罗嶰'，嶰茶以出在洞山的品性为较好。"由于受地理环境影响，该区域茶树以灌木型（丛生）中小叶形体为主，范围包括山东、河北、河南、山西、陕西、甘肃、江苏、浙江、安徽、湖北等地方。

其中，浙江作为最早人工种植茶树的地方，是从以下三个方面确定：

一是由树根所在地层年代和出土陶器确定。20 世纪 80 年代河姆渡遗址出土的人工栽培水稻曾震撼世界，实际上，当时还有众多的植物堆积在一起，只是暂时分辨不了是何物质而已。遗址中还发现一些堆积在古村落干栏式房屋附近的植物叶，最后被认定为原始茶。

2004 年，在与河姆渡遗址相距约 7 公里的田螺山遗址中，发现了两大片原生于土层中的密集树根，其中一片的周围有明显人工开挖的浅土坑，并伴随一些碎陶片。根据树根所在地层年代用碳 14 测定年份和出土陶器等遗物的形态品性确定，这批树根生长于距今 6000 年前左右。

二是由树根形态、解剖结构、茶氨酸含量确定。田螺山遗址发掘中出土的树根，曾交共同挖掘的日本人铃木三男和中村慎一进行木材显微切片检测，发现这批树根芯部无髓，年轮的方向变化显著，年轮界限不明显，导管和纤维的细胞壁很薄，纤维直径及放射组织细胞较大，表明出土的标本确为根部木材，而且这些树根的显微结构与栽培茶树一致，可以初定为茶树。同时，考古人员将树根用水浸泡，2008 年 12 月，水浸泡液由中国农业科学院茶叶研

中部区域以中小叶形体为主的茶园

究所进行色谱检测，树根及其水浸泡液都检出有茶树品种的主要成分茶氨酸。

根据有关资料，茶树的近缘植物茶梅等植物也会含有微量的茶氨酸，研究人员在遗址附近挖取了茶树及近缘植物红山茶、油茶、茶梅、山茶根等样本，以及在考古现场提取的树根样本，送农业部茶叶质量监督检验测试中心进行色谱检测。结果表明：树根中的茶氨酸含量达1493微克／克，比较接近活体茶树主根1881微克／克的含量；而山茶、油茶和茶梅中的茶氨酸含量极微，由此断定这批树根为山茶属茶种植物遗存。

三是由成片扎根于人工挖掘的熟土浅坑确定。在距地表1米多的土层曾出土两片不规则浅土坑，并从周围泥土中清理出一些碎陶片和烧土块等生活废弃物，而根须就在干栏式建筑的附近，这些原生的根须成片扎根于人工挖掘过的熟土浅坑内，属于先人们在此人工种植树木的遗存。

此外，在众多的出土文物中，其中一件小陶器有半环形把手、洒水小嘴，类似现常用的小茶壶，从侧面佐证了6000年前的族群已经人工栽培茶树并使用陶器煮茶、饮用茶叶汤汁。

（2）南部区域

该区域生长的茶树以小乔木型（独生）和灌木型（丛生）的大、中、小叶形体为主，族群采摘自然生茶树，制作茶叶，生活使用的时间相当早，是茶树品种资源最为丰富、优良品种较多、最为集中的地方，范围包括台湾、福建、江西、湖南、广东、广西、海南等地。

南部区域以大中小叶形体为主的茶园

该区域地理环境比较优越，属于热带季风气候，高温多雨，空气湿度大。而且这些地区多山地丘陵，自然环境优越，对于茶树的生长得天独厚，尤其是非常适宜小乔木型（独生）和灌木型（丛生）茶树生长，古茶树资源自成一体。

黄牛、荆门、女观、望州等山，茶茗出。

——《夷陵图经》

茶陵者，所谓陵谷生茶茗焉。

——《茶陵图经》

辰州溆浦县西北三百五十里无射山……山多茶树。

——《坤元录》

说明当时的湖南已经广泛种植茶树。

南朝梁武帝（502-549）时，广东东莞便有僧人建雁塔寺于铁炉岭，沿山种茶，至今尚存茶山镇之地名。

——《东莞茶山乡志》

古劳茶味匹武夷而带芳……近则自海口（古劳北）至附城（鹤城），毋论土著、客家，多以茶为业……一望皆茶树……来往采茶者不绝。

——《鹤山县志》

据有关记载，自宋至清康熙年间，古劳属广东新会县，清雍正十年（1732）始建鹤山县，茶种有本土种和从浙江长兴县引种的，在1840年前已经是世界闻名的产茶大县，鼎盛时期全县无山不产茶，茶市达60余处，茶园8万亩，年产茶叶8.5万担，年出口6万担，占广东输出量之八九成，其输向地近如南洋，远至欧美。

（3）西南部区域

西南部区域的茶树以小乔木型（独生）和灌木型（丛生）大、中形体为主，是茶树品种较为丰富的地方。族群采摘自然生茶树、制作茶叶、生活使用的时间比较早，范围包括四川、重庆、云南、贵州、西藏等地。西南部区域是自然生长茶树最为集中的区域。1980年，在贵州晴隆县箐口山中发现茶子化石，经中国科学院地化所和中国科学院南京地质古生物研究所鉴定，确定为新生代第三纪四球茶子化石，距今至少已有 100 万年历史，这是迄今为止地球发现最古老的茶子化石。

普茶名重于天下，……出普洱所属六茶山，一曰攸乐，二曰革登，三曰倚邦，四曰莽枝，五曰蛮端，六曰慢撒；周八百里，入山作茶者数十万人。

——《滇海虞衡志》

西南部区域以大中叶形体为主的茶园

茶心 2　水土异则品种变

　　同样事物由于环境不同，结果可能有很大差异。如《晏子春秋》中讲到"橘生淮南则为橘，生于淮北则为枳，叶徒相似，其实味不同。所以然者何？水土异也"。

　　茶树的繁殖也是如此，满足茶树生长的环境，茶树会枝繁叶茂，连片生长；不满足茶树生长要求的环境，虽然也会有茶籽的遗落、茶苗的种植、茶树的移植等，然而就像"橘生淮南则为橘，生于淮北则为枳"一样，不适宜的环境要么造成茶树品种退化，要么无法存活。总之，随着时间的流逝，物竞天择，适者生存。

　　这种适应环境的现象在动植物界比比皆是，连肿瘤细胞的代谢也是如此。

　　先来介绍一下人体内的糖代谢。

　　糖代谢的途径很多，包括分解代谢和合成代谢，分解代谢又分很多种，其中最主要的为有氧氧化和糖酵解。糖的有氧氧化指在机体氧供充足时，葡萄糖彻底氧化成 H_2O

宜兴茶科所茶园

苍梧六堡乡八集茶园

勐海老班章村源头水库茶园

和 CO_2，并释放出能量的过程，是机体主要的供应能量方式。糖酵解是在机体缺氧条件下，葡萄糖经一系列酶促反应生成丙酮酸进而还原生成乳酸的过程，亦称糖的无氧氧化过程。

绝大部分的正常细胞平时进行有氧氧化，只有在缺氧的情况下才进行糖酵解，这种有氧氧化抑制糖酵解的现象亦称为巴斯德效应。当然也有特殊情况，比如红细胞这种没有线粒体的细胞，只能靠糖酵解供应能量方式，还有白细胞、骨髓细胞、神经细胞等代谢活跃的细胞，在氧供应正常情况下仍需要糖酵解供应能量方式才能满足代谢的能量需求。

1924 年，德国奥托·瓦伯格发现，肿瘤细胞能够以比其他细胞更高的效率吸收葡萄糖，从而产生能量和促进自身快速生长，但是这些葡萄糖主要通过糖酵解途径在细胞内被利用，而肿瘤细胞即使在供养充足的情况下也优先进行糖酵解获得大量能量，消耗更多的葡萄糖和产生更多的乳酸，这就是著名的瓦伯格效应。

糖酵解不仅为肿瘤细胞的增殖供应能量方式，而且还为其脂肪酸和核酸的合成提供原料。随着肿瘤生物学研究技术的发展，细胞代谢异常先于肿瘤发生的理论在实验中逐步得到证实。

近年来，研究人员发现葡萄糖缺乏可催化 KRAS 野生型细胞获得 KRAS 及其信号通路分子突变，首次表明细胞代谢异常可以导致原癌基因突变；13C 标记丙酮酸分子影像技术在动物体内也表明，糖酵解的代谢改变先于 c-Myc- 诱导的肿瘤形成；a- 羟基戊二酸竞争性抑制多种 a- 酮戊二酸依赖的双加氧酶活性，进而诱发癌症等。肿瘤发生后，其特殊的生长特点，如自给自足的生长信号、抵御细胞凋亡、突破端粒的复制限制、促细胞迁移和浸润、实现免疫逃逸、增强血管新生等，都会不同程度地影响肿瘤细胞代谢，即肿瘤的发生又催化了细胞代谢的改变。

这样，细胞代谢异常与肿瘤发生发展互为因果，到 2011 年，细胞代谢改变被列为肿瘤细胞最为重要的特征之一。肿瘤细胞的代谢不同于正常细胞，正是这样的改变满足了其迅速生长的能量需求，使其具有顽强蓬勃的生命力。

3. 国外茶树

茶树于植物中，为岁寒不凋类，产亚细亚中央与东方诸地，系自然生长。印度东北曼伊伯州，茶树成林，其高自二十五尺至五十尺，英度下仿此。中国茶树，则无此高者。南洋爪哇岛，茶树作尖圆塔形，皆自然生长也。

茶树分二类：一为中国茶树，一为亚撒玛茶树。中国茶树，性不畏寒，且耐霜。亚撒玛茶树，则必恒热之候，恒湿之地。中国茶叶如不剪，可长至英度五寸；亚撒玛茶叶不剪，可长至九寸，且因气候较暖于中国其长亦倍速，保存嫩性亦较久。印度、锡伦农学格致家，能将中国之茶树与亚撒玛茶树接种，分配合和，多寡从心。或中国茶种十分之六七，

阿萨姆茶园

亚撒玛茶种十分之四三；或亚撒玛茶种十分之六七，中国茶种十分之四三；或二种均平。则他日别成一种之茶。由此法式，因其地气往往生出各种。印度极北希马拉山夕，其高乃天下较高之山也，去平地一万二千尺，上产茶树。锡伦则平原热地，亦产茶树，格致家因其地气树种，配合而变化之，此诚业茶者之幸福已。苟不明此，安有如此之良法乎？

——《种茶良法》

目前，除亚洲的印度、日本、斯里兰卡、越南、老挝、缅甸、马来西亚等国家有茶树生长外，欧洲的俄罗斯、英国，非洲的肯尼亚、坦桑尼亚；美洲的加拿大、美国、智利、巴西；大洋洲的澳大利亚、新西兰等地都有茶树生长。

根据有关记载，澳大利亚原住居民在生病时会煮一种茶树的树叶饮用，此事经探险家库克先生发现后，曾试过这种"澳洲茶"的效果，并将之带回英国，作为药用研究。直到第二次世界大战前，茶树都是重要的消毒杀菌来源，抗生素发明后，人们喜欢像抗生素这种立即有效的消炎杀菌药物，茶树才开始受到冷落。

国内一般传说英国于 1780 年从中国引进茶子在其海外领地印度试种茶树，但失败了；1834 年英国继续从中国引进茶子，在其领地印度东北部和南部种植茶树，却成功了，英国开始大规模种植茶树，不到 30 年，一跃成为世界最大的茶叶生产国。同时，英国在其他海外领地如马来西亚、锡兰等从 1839 年开始茶树种植。而越南、老挝、缅甸、日本、韩国、俄国、南美洲、澳大利亚甚至东非诸国等地的茶树，传说也全是由中国直接又或间接引进。但是，以上传说基本上只是国人的主要观点。

国外一般从历史的文献记载和科学实验中寻找茶树起源。客观上说，现在日本、印度、斯里兰卡、孟加拉、巴基斯坦、肯尼亚、马来西亚、印度尼西亚、越南、阿根廷等有茶树生长的国家，其茶树、制作茶叶工艺等，可能是本地原有的自然生茶树以及本土的制作茶叶工艺。印度人饮用茶叶的历史记载有据可查，如荷兰人林索登 1598 年所写的《旅行日记》中，就记载了喜马拉雅山麓周边的土族有饮用茶叶的习惯。所以，最早的茶树和制作茶叶，到底是谁传谁，国外与国内基本上是以本土自然生长和外来引进人工种植两种说法或论调。

1824 年，勃朗在印度阿萨姆发现自然生长的茶树；1844 年，根据英属东印度公司采自阿萨姆茶树的标本，将其定名为"Theaassamica"（阿萨姆茶），并宣称印度是茶树原产地，接着，英国人伯乐顿、布拉考、布朗等相继发表类似说法。

1831 年查尔顿在阿萨姆发现了自然生长茶树，他把茶树活品寄给了沃勒，说这种茶"晒干后有中国茶的香气"，当地的苏迪亚人将这种茶树叶片晒干后冲泡成饮料饮用。但是，由于这一植物很快就死了，沃勒和植物园便拒绝承认它是茶树。查尔顿并没放弃，仍然继续四处寻找。在1834 年，他在苏迪亚又发现了一大片自然生长茶树，于是就寄了较多的植物活体到加尔各答，并且说明这种茶树生长范围很广。查尔顿发现茶树最重要的价值在于这是在中国境外发现的，证明了茶叶不再是中国的独有之物。

英国人宣布印度是世界茶树起源地近百年后，国人吴觉农 1922 年才进行反驳，但其《茶树原产地考》一书里谈的更多是国人的饮茶历史，而非植物学意义上的茶树起源史。据闻每当国外某地发现经过科学验证树龄较长的老茶树后，国内某地不久也会发现经专家估算出来的老茶树，树龄肯定超过国外老茶树的树龄；国外又陆续在不同的地方发现较长树龄的成片老茶树林时，国内某地却只能给同一棵老茶树增加树龄而已，几个回合下来不知不觉加到数千年的树龄，由于没有经过科学验证，难以获得国际上的广泛承认。

（1）英国

传说英国在海外领地印度和锡兰（现称"斯里兰卡"）等地很早便开展茶树种植。随身带着茶叶的葡萄牙公主凯瑟琳在 1662 年嫁到英国后，英国人便开始饮用茶叶，饮用茶叶是从英国皇室、贵族开始，很快便成为百姓人家的日常生活品。

沿革查英人种茶，先种于印度，后移之锡兰。其初觅茶种于日本，日人拒之，继又至我国之湖南，始求得之。并重金雇我国之人，前往教导种植、制造诸法，迄今六十余年。英人锐意扩充，于化学中研究颜色香味，于机器上改良碾切烘筛；加以火车、轮舶之交通，公司财力之雄厚，政府奖励之切实，故转运便而商场日盛，成本轻而售价愈廉，骏乎有压倒华茶之势。

——《印锡种茶制作茶叶考察报告》

英国很早就开始专门针对茶树的战略布局，在海外领地印度、锡兰、肯尼亚等地广泛种植，科学管理，机械化和工业化生产茶叶。海外领地印度的茶叶产量很快超过中国，已经称雄世界两百多年。如今英国曾经的海外领地虽然都已经获得独立自由，但当年英国人留下的茶园、制作茶叶的机器设备、管理制度等仍在发挥着重要作用，茶叶市场的销售机制仍在全球沿袭。

印度平原之地，凡愈热则产茶愈多，然味较逊。若较凉之地，所产虽少且迟，而味却较美。至于高山，则愈高其叶愈美；惟生长亦较迟。又茶树宜及时雨水以养之，过多过旱，皆所不宜。以故，树下辄有排水之沟，恐过湿也。此理凡农学皆然。又所栽之处，若临山陡绝，亦不宜。盖恐雨水冲刷，将淡质肥料不留其树也。此亦不可不知。

——《种茶良法》

种茶锡兰现种之茶计有两种：一曰阿萨墨茶束印度省名，一曰变种茶。所谓变种茶者，即中国茶与阿萨墨茶种在一处时，被蜜蜂采蜜，将花质掺和而成，故名曰变种茶。阿萨墨茶，即从前印度之野茶，树杆有高至五英尺及三十英尺者，茶叶有长至九寸有奇者。较之中国茶树容易生长。其茶叶作淡绿色，其茶味较中茶浓，但香味不及中国茶，树身亦不及中茶树之坚。锡兰平阳之地，均种阿萨墨茶，其山之高处，夜间天气寒冷，大半多种变种茶。至一年后，所生树枝已觉太长，便须剪去尖头，使生横枝，且须随时修剪。至三年后，即为初次大割。至第八年在采茶之前，须任其生长新枝，约六寸长。至此，树身方算长足。在未长足以前，似乎不宜采摘，致伤元气。至逐年修割，则宜使树身修直为佳。迨后树身过老，将行大割，则须将树身上所有之节疤，尽行割去。

——《印锡种茶制作茶叶考察报告》

印度阿萨姆邦布拉马普特拉河上游、缅甸和泰国北部、喜马拉雅山麓是英国大量栽培茶树的开端。1823年英国人罗伯特·勃鲁士在离大吉岭东边不远、喜马拉雅东麓和缅甸那加山之间的阿萨姆邦，一片长400英里、宽50英里的河谷平原上发现了自然生长茶树后，尤其是发现当地居民采摘树叶冲泡的饮料来自这种茶树时，感到非常吃惊：它不像小叶形体茶树对环境适应能力较为脆弱，这种厚实的大叶种茶树生长力较强，可以在许多地方种植。之后，英国便开始在阿萨姆、大吉岭、尼尔吉利、锡兰岛等地方建立大规模茶园，茶树在印度才几十年的时间便枝繁叶茂，成为茶叶世界的霸主。

英国人将工业革命的成果运用到茶叶种植、管理、制作、贩运等领域。英国人很早就使用机器来完成揉捻、解块、烘焙、拣选、筛分等制作茶叶步骤，不但大大提高了制作茶叶的效率，迈向了机械化制作茶叶的现代道路，而且保证了茶叶质量，统一标准。

而当时中国的茶叶到英国商人手中，至少需要经过茶农、茶贩、茶庄、洋行等中间商，每过一手都要抽取一部分利润，还有进出口的关税。而英国人在印度种植茶树制

大吉岭茶园

作茶叶，由于属国内生产、销售，则省了不少环节和税赋，如 1876 年印度茶每磅价值 17 便士，到了 1886 年就降低到 9.5 便士；不仅价格便宜，而且质量上印度茶比中国茶还要好几倍，有人称用印度茶一分就可以抵中国茶五分。

（2）日本

有日本书籍记载，公元 805 年，僧人最澄和空海在唐朝长安学习，回日本时把茶子带回，并种在京都比睿山草庵旁的山坡上。1214 年 2 月，荣西的《饮用茶叶养生记》记述了茶叶的神奇药用，书中第一篇《五脏利合门》便讲述了肝喜酸、肺喜辛、脾喜甘、肾喜碱、心喜苦等；他将从汉朝带回来的茶树种子种在长崎平户岛富春院和九州岛背振山麓，还将一些茶树种子装在一个名为"汉小柿"小罐里送给京都高山寺的明慧上人，据闻现在这个罐子成为

富士山下茶园

了该寺院的珍贵文物。

日本秋田县桧山茶。自江户时代桧山城主，多谷贺氏开始栽培茶叶以来，长达 250 年以上的时间，持续坚守传统制法。酸甜香味是其特色，只有部分农家会生产，所以较难取得。

因气候、风土环境、制造方法及茶叶种类等而有所不同，是乡土的滋味。在此介绍具代表性的产地和其品性。

茨城茶。太平洋侧北方界限的奥久慈茶香气高远，味道浓深。在茨城县内，有奥久慈茶、猿岛茶、古内茶三大名茶。其中，奥久慈茶产自位于茨城县西北部久慈郡的山间地带。冷凉山地特有的浓韵味道与茶特定其品性，而且到今天也仍旧传承着从江户时代开始的"手揉茶"传统。

村上茶。在雪中生长的茶，带有圆润轻柔的风味，是日本海一侧最北边的茶叶产地。寒冷的冬季时节较长，且年间日照时间较短，开春的冷暖温差十分剧烈，生长在这种独特气候里的茶叶，有着柔和的涩味。

加贺棒茶，是茶梗，一种把茶梗加工成的粗茶。加贺茶厂也在废物利用，把加工煎茶后的下脚料——茶梗加工成了棒茶，那汤汁呈棕色，汤味甘和中略带焦苦，有些闽南铁观音经年老茶叶的味道。棒茶本身还可以干吃，像生吃方面便，像咀嚼热干面，更像吃一种微型的饼干，有些酥，有点脆，带几丝甘香，谈不上好吃，但肯定不难吃，或者说可以干吃的茶本身就是一个茶中的奇迹。

——《茶教科书》

根据有关资料，在 16 世纪日本宇治茶园每年出产上等茶叶四万磅左右，先送往夏季凉爽的高山寺庙，到十月份再取走茶罐。

日本茶界最著名人物胡秉枢，由于在日本《茶务佥载·叙》署"光绪三年杏月，岭南沂生胡秉枢谨识"，可知其为清岭南人士。

——《茶史》

明治十年（1877）织田完之的《茶务佥载》（日本内务省劝农局版）中《绪言》记载："顷，岭南人秉枢胡氏携自著之《茶务佥载》来禀官……官纳其言"。这也在日本《静同县茶叶史》中提到过，光绪三年（1877）五六月间，胡秉枢被聘到日本内务省劝农局工作，当有渡郡小鹿村的红茶传习所创办起来之后，又赴该所传授红茶制作的技术。在小鹿村期间，胡秉枢深得幕府老儒长谷部的青睐，长谷部回村时，常常与他饮酒、笔谈并以诗相酬答。长谷部曾问他："卿有学如此，何为茶工？"他回答道："仆非茶工也，乃贵邦之驻中国领事荐仆于劝农局教授茶事。今以来此，亦无奈何。"

东洋近年产茶颇多，惜其种植、培养、制造、香味等，皆未得其法，故远逊中土。印度等处，虽土地肥美，但其培养、采摘、制法俱失其宜，故其味腥，叶亦粗大。地土肥美，故上乘，娆薄次之者，此人所皆知也。亦须知人定胜天，况于地利乎？唯茶性畏寒，故独北地隆寒之处，茶树甚罕焉。

——《茶务佥载》

茶心静语

（3）其他

也门。阿拉伯茶原产东非，13 世纪，苏菲教派及其博学的长老们将其带入也门，19 世纪的也门种植园开始推倒咖啡树改种茶树，嚼茶逐渐成为整个社会的风尚。阿拉伯茶同时带来三重功效：提神醒脑、通体舒泰和精神上的热望。人们每天都会咀嚼新鲜的阿拉伯茶叶来养精蓄锐，也颇为享受这一过程。

巴西。根据有关记载，1807 年，拿破仑率大军攻进葡萄牙首都里斯本，1808 年，葡萄牙王室迁至陪都里约热内卢后，为解决财政困难，决定在巴西发展茶、香料、咖啡、热带果树等作物，特别是把茶列为首选。1808 年，葡萄牙王室从海外领地澳门招募茶农，让他们带着茶树苗和茶子

到里约热内卢植物园试种，结果大获成功。于是，1809年3月6日，澳门理事官阿里亚加上书葡萄牙摄政王若昂六世，建议每年招

外国茶园

募各种行业的中国人去巴西建设新首都。1810年，葡萄牙王室向中国要求招募2000名茶农到巴西种茶，但被中国拒绝。于是，只好通过澳门理事官去招募茶农。根据有关资料，澳门理事官在1811—1814年，分批运去近400名中国茶农到巴西。到1817年，里约植物园已经种植了约6000棵茶树。1819年，澳门理事官再次招聘了400多名中国茶农到巴西；根据估计，通过其他地区和途径前往巴西的中国茶农还有很多。

美国。美国的种茶历史虽然并不悠久，但现在已有30多个农场种植茶树，根据美国茶叶种植者联盟发言人拉理说，"喜欢饮用茶叶的人数在增长，已经超过一半的美国人有每天饮用茶叶的习惯。根据美国茶叶协会的报告，茶叶消费每年增长5%，美国是唯一的茶叶消费量增长的西方国家，并且增长主要体现是在茶叶散茶。

茶心 3　科技发明应用

第一次工业革命以瓦特发明蒸汽机和广泛使用为起点，英国的生产力得到极大提高，社会结构也发生了变革，不但由此带动了世界的科技和工业化发展，而且把先进的生产力带到了海外领地印度等地方，尤其是大规模地科学种植、管理茶树，机械化、工业化生产优质茶叶，英国人将先进的技术、工业革命的成果成功地运用到茶领域。

英国及时将工业化成果应用到茶叶制作上，最早使用机器参与茶树芽叶梗的采摘、萎凋、揉捻、解块、干燥、拣选等工艺，不但提高了制作茶叶的质量和效率，而且使其他国家也纷纷推行茶的工业化（中国除外）。而同期清政府却仍然闭关锁国，没有受益于工业革命的成果，耽误了生产力发展，使原来国家经济支柱的茶业基本停滞不前并开始倒退。直到现在，世界上的茶业早已经高度工业化、标准化、质量化了，全球的茶蛋糕早就被工业化程度早和高的国家或企业所瓜分。而中国每年生产的绝大部分的茶叶只能内销，丝毫没有国际竞争力，目前甚至到了国外一、两家企业就可以将所有的茶企都打败的地步。

科技发明开始给农业、工业领域带来深远的影响，大量的生产技术和工艺得到了改善和应用，科技发明从早期的偶然、碰巧发现，发展到人们专门有针对性地发明，成为有系统、渐增式的应用，各行各业都受到了科技的大力推动。在此之后的工业革命中，科技应用都起到了强有力的绝对主导作用，科技发明应用在一些地方大力促进了茶业的蓬勃发展。放眼世界，茶叶生产设备和技术早已迅速更新换代；行业标准节节攀升，欧盟检测标准已升至数百项茶叶检测指标（中国至今只有 48 项）；以茶叶为原料开发的产品或提纯物比比皆是，功效显著，且不断推陈出新；2006 年 11 月美国 FDA 批准了第一件植物新药 Veregen（PolyphenoneE，茶多酚 15% 软膏）上市。

中国茶业的发展，科技却没有起到多少重要的作用，仿佛可有可无一般地存在，与国际同时代相比较，生产设备落后、行业标准相当低下、自主创新非常罕见，茶业仍然处于异常低级生产阶段，绝大部分的茶叶只能在国内消耗。

郑星球老师指导、冯柳燕版画《林中静谧》（局部左）

静语 1　辩证认知

　　从茶树的定义和名称上不难发现，一些地方是将简单的事情复杂化，而另外一些地方却是将复杂的事情简单化。人们对同一件事物的认知为什么有如此差别，从心理层面上该如何客观地评价其中的奥秘呢？

　　首先是受人的我向性的影响。人类是社会性动物，人类生存的认知在一定意义上首先是我向性，即个体总是有自我肯定的倾向，总是自然而然地以自己内在标准作为评价事情的依据和出发点，若事情不是以自己的内在标准发展，就会产生否定、排斥、对抗等心理状况。在这个意义上，如果一个人以绝对的我向性来认识事情，不肯接纳不同于自己态度或看

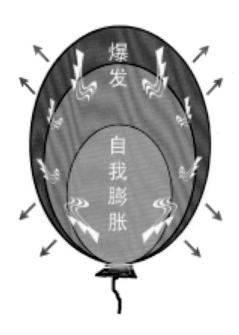

徐氏内部引爆模型

法的事情，就会出现很不适应，可以认为认知同存度较低；如果一个人对待事情的态度或看法是可以变的，是用接纳的方式、方法和不同的角度来处理或者是看待非我向性的事情，这个人就能够适应社会或被社会所接纳，也可以说他的认知同存度较高。

其次是受人的认知水平影响。一个人的认知水平高低不同，主要受到年龄、性别、族群、文化、常识、风俗、信仰等各种因素的影响，导致在处理相同事情时的心理兴奋与抑制之间的平衡方式不同，造成心理调节不平衡。由于认知水平高低不同，因此对于事情的结论就会产生差异。也就是说，一些事情在一些人看起来是一种结论，但在另外的一些人看来却是另外一种结论。俗话说"一样米养百种人"就是这种情况。

中国古籍曾记载古代一位身经百战的将军，因为"百发百中"的箭术被誉为"神箭手"。某天，让人在百步之外摆上一枚枚的钱币，将军发箭，箭箭命中钱币中间的四方洞，众人齐赞"神箭手"，但却

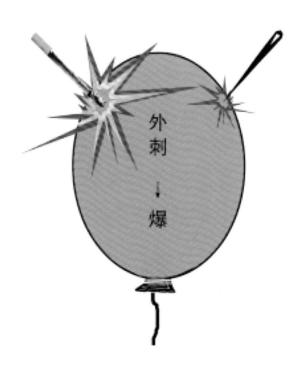

徐氏外部引爆模型

20世纪80年代荣立集体三等功的
余志坚、赵扬虎和笔者（右）合影

有人高喊"这有什么了不起"。

将军一看，原来是一位卖油的"货郎"说的。将军很不高兴地走上前去将弓箭朝他一递："你来试试?"卖油郎说："将军见笑了，你的弓我拉不开、箭也射不准，我只会卖油。"说罢，卖油郎将一空油瓶放在地上，瓶口上也置上一枚钱币，高高举起一勺油便倒，只见油成一条细线穿过钱币中间的四方洞进入瓶子里面，钱币上没有一滴油沾上。卖油郎倒罢将油勺和油瓶往将军面前一伸说："将军请试!"

航空兵地勤人员在维护飞机

将军连忙推辞，衷心赞叹："佩服、佩服，我不可能做得到！"将军和卖油郎虽然对同一件事的认知水平不同，但都能够认真看待非我向性的事情，接受不同的标准，才有了各自精湛的技艺和脍炙人口的故事流传。

除了将军和卖油郎能将本职做到完美外，当今我们也能看到一些工作岗位上的人们工作起来也是相当地完美，基本上可以做到"箭箭穿心""滴油不漏"。其实，工作能做到比较完美的人，一般都是经过比较严格的长时间完美训练，并且没有绝对的我向性，而且能从不同角度看待同一件事情。将军能百步射心、卖油郎能穿眼灌油，靠的是平常的不断练习。现代社会如空军飞机地勤机务人员，一般也要经过多年的专业训练才能出色完成工作，从而保证飞行安全。他们甚至小至一把小解刀、一颗小螺丝钉、一块小抹布在工具箱上收放在什么位置都要固定；大至飞机的所有零配件，都必须一步一步地按顺序组装、连接，尤其是一些零件可以正反面安装，若装反则可能造成机毁人亡的后果，因此，地勤人员的工作一般都会比其他人员的工作更加严谨。

茶树的品种、生长地貌、环境的不同，就是同一棵茶树由于朝向不同其芽、叶、梗的生长状况和内含物质的含量多少也肯定各不相同，茶树与茶树之间，每棵茶树都有其独立的异处，每片树叶都有其自身的特点。例如，社会上比较崇尚云南西双版纳"霸气"、"回甘"很好的老班章茶树，其实整个西双版纳的茶树，主要是勐海大叶树种，应该是一种味道。只是由于茶树各自生长的小环境土壤的

岩访、笔者、岩香（左起）
在茶园提取土壤标本

云南 18 座名山茶树
树叶和土壤标本

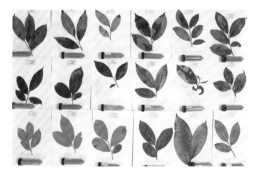

差别，同一茶种比在老班章、坝卡龙、滑竹梁子、曼西良就有明显不同的味道。茶叶制作工艺不同，储存时间、氧化程度不同，饮用时的冲泡、水温、器具等都能造成茶叶香气、味道和汤色的千差万别。茶树、茶叶的这些特点决定了每个人看待的角度必然千差万别，要想客观、科学、全面、实事求是地认知茶树和茶叶，就必须弱化我向性，接纳不同的方式、方法，多角度地看待同一问题，才能做到正确认知、评价茶事。

二、茶树品种与生长

茶有自然生长、种生，种者用子，其子大如指头，正圆黑色。二月下种，一坎须百颗乃生一棵，盖空壳者多也。畏日与水，最宜坡地阴处。

——《本草纲目》

凡种茶树，必下子，移植则不复生，故俗聘妇必以茶为礼，义固有所取也。义兴紫笋阳羡茶，秦曰阳羡。紫笋出义兴君山悬脚岭北岸下。紫笋生湖常间，当茶时，两郡太守毕至，为盛集。宜兴铜棺山，即古阳羡。荆溪有南北之分，阳羡居荆溪之北；故云阳羡。唐时入贡，即名其山为唐贡山，茶极为唐所重。卢歌云：天子未尝阳羡茶，百草不敢先开花。

——《茶史》

1. 茶树品种

茶树外部形态是由根、梗、叶、花、果实（种子）等构成，其中根、梗、叶为营养输送和储存所用，花、果实（种子）为繁殖后代所用。植物界的果实（种子）若通过动物的消化道后其活性便会大大降低，于是很多的果实（种子）便天然地会带有奇怪、苦涩等味道，使味觉丰富的动物远离；但是，这样味道难吃的果实（种子）对鸟类却没有多大的影响，因为鸟类较短的消化道对种子的活性影响很小，于是很多的植物例如榕树、茶树、柑橘树等，是靠鸟类传播后代为主。

由于茶树是自然界中交配较杂的植物，相互间靠自然界中的自然力如风、雨以及动物（昆虫）传授不同的花粉杂交结子后长成。由于杂交频繁，世界各地的茶树变异众多，可以说繁杂到说不清楚的地步，往往同块地两棵紧相邻生长的茶树都可以是不同品种，更别说同一片茶园或同一座山头。

茶树和人一样，有高大和矮小之分，为方便表述，人们从茶树的外观上将茶树分小乔木（独生）和灌木（丛生）等。另外，可能是为了方便能够更快地区分，还将叶片的形体面积分为大、中和小三种。

一般来说，茶树的叶大叶小、叶厚叶薄等形体，与茶树的大小、树年没有必然的联系，而与茶树品种有关。叶片较大的茶树，一般都生长得比较粗大、壮硕，根须自然就长得宽和深；树龄越长，根的分布面积也就越大，这些根须会帮助茶树吸收更多土壤内不同的营养成分，包含土壤中较深的矿物质。一些树龄长、大叶茶树的芽、叶、梗所含各种物质会比树龄短、中小叶茶树的内含物要丰富，若过度采摘芽、叶、梗或大量使用化肥等人为干预方法加速茶树生长，则会使芽、叶、梗内含物含量降低。

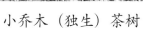小乔木（独生）茶树　　　　　灌木（丛生）茶树

（1）叶片

茶树叶片为互生叶序，梗上排列是每上升一节时生一片叶，并且每上升一片叶后，新的叶片位置一般都会旋转一定的角度而相对而着生。

茶树的叶片属于不完全叶，有叶柄，没有托叶，叶片是制作茶叶的主要原材料。由于茶树品种繁多，容易受各种因素的影响，因此叶片的形态品性也就多种多样，存在较大的差异；但就同品种、同生长环境而言，叶片的形态品性相对是比较一致的，叶片基本上均是中部最阔、上下渐狭的形状。

茶树叶片的形状、叶缘、叶尖等也因品种而异，由于

叶片构造

互生叶序

茶树品种繁多，因而叶片的形态也多种多样。叶柄长短不一，半圆形，近轴面平或凹槽，横切面构造与梗相似，维管束通达梗节，构成梗叶维管系统；叶柄形状因品种而不同，有圆形、椭圆形、半球形等，叶柄的长短、颜色、凹槽和叶迹的形状等，都可作为茶树分类的依据。

茶树叶片是叶柄上面扩大为扁平体的部分，在梗上呈螺旋状交叉生长，叶片之间的节间距离长短不一。叶片有大小、厚薄之分；颜色有淡绿、黄绿、深绿、黄、红之分；叶面有油光、暗晦、粗糙、平滑、隆起之分；叶尖有急尖（叶尖较短而尖锐）、渐尖（叶尖较长，呈逐渐尖斜）、钝尖（叶尖钝而不尖）和圆尖之分；叶质有柔软、硬脆等区别；叶脉有粗细、疏密、长短、凸凹等不同；一些品种的叶片还长有茸毛；

奇数羽状复叶

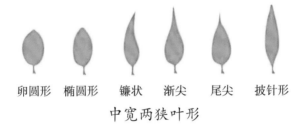

卵圆形　椭圆形　镰状　渐尖　尾尖　披针形

中宽两狭叶形

细锯齿　小牙齿　重锯齿　锯齿　波状齿　牙齿/方锯齿

叶缘锯齿

叶缘上的锯齿有密疏、尖钝、长短等不同。虽然茶树叶片的大小、颜色、厚度和形态等各不相同，并因品种、季节、树龄、地理条件等不同而有较大差异，但从经验总结中发现，叶面隆起，叶厚肥大、有光泽，一般是优良茶树品种的品性。

①叶片形状。

茶树叶片有椭圆形、渐尖、卵形等多种叶形，一般为中部最宽而两端渐狭成阔椭圆形、长椭圆形、鸡卵形等，两侧叶缘成弧形逐渐尖。常见的茶树叶片有椭圆形、卵形、长椭圆形、披针形、倒卵形、圆形等。椭圆形，叶片最宽处在中部，卵形叶片最宽处靠近基部，长椭圆形叶片最宽处近中部，披针形叶片最宽处靠近基部，倒卵形叶片的中部以上最阔，以下渐狭，似一倒置的卵形；圆形叶片形近浑圆，或叶尖微凹。在常见的茶树叶片形状中，一般以椭圆形和卵形叶片居多。

②叶缘锯齿。

茶树叶缘上有锯齿是其品性之一，锯齿的大小、疏密受品种、环境影响较大，按照叶缘的变化，主要可分为：锯齿形，叶缘呈尖锐的锯齿状，齿端向前；重锯齿形，叶缘的大锯齿上有小锯齿；齿牙形，叶缘的齿端呈等腰金字塔；缺刻形，叶缘缺刻较深，或呈金字塔。当锯齿的腺细胞脱落后，叶缘上会留有褐色的疤痕。

③叶尖形状。

茶树叶片的叶尖形状比较多，有急尖，即叶尖较短而尖锐；有渐尖，即叶尖较长呈逐渐尖斜；有钝尖，即叶尖钝而不尖；有圆尖，即叶尖近圆形。

④叶脉明显。

茶树叶片为羽状脉序，主脉明显从叶片中间突起生出，侧脉则呈羽状向两边生出排列，侧脉间又分出几条细脉构成网状脉；主脉和侧脉约成45°～80°角，侧脉伸展至边

缘三分之二处即向
上弯曲呈弧形，与
上方侧脉粗连，构
成封闭式的网脉系

尾尖　渐尖　急尖　锐尖　突尖　凸尖

叶尖

统。叶脉由贯穿在叶肉内的维管束和其他有关组织组成，是叶片的输导和支持结构。叶脉通过叶柄和梗内的维管组织相连，在叶片上呈现出各种脉纹的分布。由于品种的差异，造成叶脉与叶面有的下凹，有的突出叶面，有在脉纹可触及，有的叶脉有毛，有的叶脉无毛等多种样式。

　⑤叶片茸毛特性。

　茶树的芽、嫩叶、叶的背面生长着长短不一的茸毛，茸毛的长度、密度、粗细、颜色、分布品性由于品种不同而存在较大差异。茸毛的多少与品种、季节和生长环境有关，一般情况下，在同一树梢上，茸毛的分布以嫩芽较多且密而长，其次为第一叶，再次为第二叶，随着叶片的逐渐生长成熟，叶片上的茸毛会渐稀和脱落。

羽状脉序

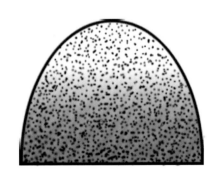

叶片茸毛

（2）品种

为方便表述，习惯上将茶树称为"中国种"和"阿萨姆种"予以简单地区分。茶树品种的本地适宜性非常明显，若将本地的品种引到外地种植，由于环境的改变茶树品胜多少都会随之改变，树冠，树干直径、高度，芽、叶、梗以及内含物含量的高低等都会相应起变化。

"中国种"茶树多为小乔木（独生）和灌木（丛生），枝干较粗、叶小梗短，能经受霜冻期，能栽种在较高海拔的地方。由于中国种茶树品种繁多，因而茶树、芽、叶、梗的形态也多种多样。小乔木型茶树可高至 20～40 米，灌木型茶树 10～20 米。但为什么往往人们看到茶园里的茶树不会长太高？这是因为人们为采摘茶树芽、叶、梗方便，便人为地将茶树定期修剪矮化而不让茶树往高处长，这点非常类似树桩盆景制作，不断地按需要修剪其树枝，让其

国家种质茶树资源圃（杭州）

按人为确定、需要的形态生长。中国农科院等部门，经过多年对国内茶树品种的收集、研究，在第七个"国家建设五年计划"开始，用15年时间大体上掌握了我国主要地区茶树的数量和分布，并在浙江杭州和云南勐海各建设了一座茶树种质资源圃，圃内移植和繁殖了一批优良、奇特、变异的茶树品种。

"阿萨姆种"茶树可高达约数十米，叶大有皮革质理。由于人为开发较早，品种选育较为优异，生长环境适应性较强，能适合世界较多地理环境生长，是种植面积较多的优良品种。根据有关资料记载，1926年台湾茶树试验所开始引种"阿萨姆种"茶树，并于1928年制成茶叶，销售到欧洲伦敦、美洲纽约等地，开始了与立顿公司在国际茶叶市场上的激烈竞争，曾经被选为英国皇室御用红茶。台湾还曾用缅甸的茶树与岛内自然生长的茶树杂交，制作的茶叶具有特殊香气。

国家种质大叶茶树资源圃（勐海）

茶心 4　基因差异

茶树靠自然界中的自然力如风、雨，以及动物（昆虫）相互间传授不同的花粉杂交结子后长成，世界各地的茶树杂交变异成众多的品种，可以说繁杂到目前尚说不清楚的地步。

这种差异现象是自然界的普遍规律，这跟遗传物质基因有关。基因是编码生物活性产物的 DNA 功能片段，储存生物体的遗传信息。2017 年，有关研究发现，在过去的5000 万年间，茶树基因组变得十分庞大。中科院昆明植物所牵头的测序结果发现，茶树基因组序列达到 3.02 亿个碱基对。

基因的遗传遵循严格的规律，从而保证子代和亲代的相似性，就是人们常说的"龙生龙，凤生凤，老鼠儿子会打洞"，这也是茶树品种得以延续的基础。茶树在无性繁殖时，对亲代遗传信息保留得最多，由于没有外来基因的干扰，在没有重要或过多突变的情况下，这个树种可以得到

广西六堡基因突变的茶树

广东清远基因突变的茶树

延续；而茶树在有性繁殖时，由于获得了亲代父母的两套部分基因，因此会呈现出与亲代类似却又不完全相同的表型，如果父母亲代为同一品种，在没有重要或过多突变的情况下，该品种可以延续，如果父母亲代为不同品种，那子代将出现新的品种，就像人类的混血儿一样。自然界中的杂交，绝大多数都是有性繁殖，那么出现新的品种就不以为怪了，因此才会出现相邻两棵茶树不同品种的情况。

在生命体系中，基因的表达是被严格调控的，既与基因自身的内在结构有关，同时也会受到外在环境因素的影响。基因在遗传过程中，一方面严格遵守遗传规律，保证亲代子代的相似性，另一方面受到各种环境因素的影响，进行各种突变，呈现出适者生存的一面，完美阐释进化论。例如在虫灾的年份，大部分受灾茶树死掉，只留下少数存活，这些存活的茶树经研究发现存在抗虫基因，这种基因最初是由突变产生，然后逐渐增多，表现出抗虫特性，在虫灾之后又被遗传给子代，使这种抗性基因得以发展壮大，最终出现抗虫的茶树新品种。自然界的各种恶劣现象，如干旱、寒冷、涝灾等，均为茶树新品种的出现提供了契机，而茶树也不负众望出现了更多适应环境的品种。

茶树品种的多样性是基因和大自然共同作用的结果，物竞天择，总有一些品种会消失，也总有一些品种会遗传下去，还有一些品种会新出现，人类的发展也是一样。因此，我们只要合理利用每一种陪伴我们进化的茶树即可，没有必要非要纠结喝的这杯茶叶汤汁的纲目科属种。

2. 茶树生命周期

一棵茶树的生命，一般是从一个受精卵细胞开始的，从这时起，它就成为一个独立的、有生命的有机体。这个受精的卵细胞，经过一年左右的时间，在母树上生长、发育而成为一粒成熟的种子。种子播种后，经发芽、出土，成为一棵茶树苗。茶树苗不断地从外界环境中吸收营养元素和能量，逐渐生长成一棵根深叶茂的茶树，再开花、结果、繁殖出新的后代，接着会逐渐趋于衰老，最终死亡。茶树的生命周期一般只有数十年，极个别的可过百年。

茶树是多年生常绿作物，它和大多数木本植物一样，在一生中，随着时间的推移，在形态、生理机能等方面，不断地起着量和质的变化，直至衰亡，形成了不同时期的茶树生物学年龄品性。

茶树的生命周期是在一定的环境条件下、根据自身的遗传

中国邮票上的茶树

品性循序进行的。茶树的个体发育由卵细胞受精形成配偶子开始，到植株个体自然死亡为一个全过程。国际上的茶树寿命标准是相当于成熟期的 5 至 7 倍的即为长寿型，茶树的生命周期在植物界中不算长，教科书上一般情况下只标注数十年；又因为茶树的品种、生长环境存在差异，在一些特别的地方茶树甚至能生长至百年；只有极个别的可能生长会稍微更长一点。

有关资料显示，中国邮政曾发行《茶》邮票，上面一棵茶树是目前唯一获国家层面认可的老茶树。

（1）繁育

宜于茶树结果之初，择植棵长势强旺、结籽壮硕者采之。至初春惊蛰之时，要将茶籽浸水令湿透，耕作其种植之土，使之形如龟背，以利排水。要之，大抵每隔二尺许掘一小坎，每坎下所浸之茶籽二三粒。俟茶芽萌生后，留壮苗一棵，余悉除去。然后用捆土，或蚕沙、鸟粪或其他粪肥之类相和，覆盖其上。若遇晴天烈日，则加少量粪肥于水中，朝夕浇溉。

——《茶务佥载》

茶树品种按繁殖方式分为有性繁殖系品种和无性繁殖系品种两大类。通过茶树种子途径繁殖的称为有性繁殖，有性繁殖的茶树主根明显，为直根系。通过枝条填埋、枝条嫁接等途径繁殖的品种称无性繁殖，无性繁殖的茶树幼苗无主根，为须根系，根颈部有短穗遗痕。例如1939年《建瓯县志》记载："西坤厂某甲业茶，樵采于山隈到洞前，得一木似茶而香，遂移栽园中。及长……为诸茶冠。但开花不结实，初用插木法（长枝插），所传甚难，后因墙崩将茶压倒发根，始悟压条之法。……近人所刊'茶务改良真传'，可资考证。"自然界中因泥石流或山土滑坡，造成茶树枝条被泥石掩埋，从而发根生长，形成自然插枝繁殖。

①自然途径。

茶树开花授粉后所结果实内的种子亦称为茶子，由于要授花粉才能结果，但通过自然途径的授粉往往不知是哪一棵茶树的花粉所授，所以自然生长的茶树基本上都是杂交茶树，个体之间的差异比较大。茶树的有性繁殖一般情况下要借助几种自然界的力量才能播种：

一是靠地心吸引力播种繁育。茶果成熟裂开后，茶子在地心吸引力作用下自然落地后，就有机会发芽生根成长。

悬崖峭壁上生长的茶树

山顶上生长的茶树

松树上寄生的茶树

二是靠动物力播种繁育。相对于一些动物来说，茶子是非常美味的美食，一些动物喜欢吞食种子，但由于消化不了茶子，茶子便随动物的粪便排出体外，从而起到播种的作用。最特别的是，一些鸟类在高山野岭的顶端，或悬崖峭壁上播种后自然生长的茶树。

茶树生长难度最大的是鸟类在树上的播种，种子发芽后靠吸取寄生树营养存活、生长又称为"寄生树"，当中又以在松树上寄生的茶树最为稀少和珍贵，药用价值最高。这是由松树的生物品性所决定的，松树在受到外来入侵时（割伤或附生），会不断地分泌出一种液体包裹、杀死外来入侵物，在此种环境下茶子能够发芽长大非常不容易。因此，茶树会长成条状节榴根，并死死包裹着寄生母树。

三是靠风雨等自然力播种繁育。主要是靠风或雨水将种子吹、冲到满山遍野，四处播种。

②人工途径。

茶子播种的茶树苗

枝条填埋的茶树苗

枝条嫁接的茶树苗

茶树的人工繁育主要有种子播种、枝条填埋、枝条嫁接、基因工程技术杂交等方法。

人工茶子播种与动物传播茶子播种方法差不多，只是动物是无目标性地随意播种，茶子发芽，茶树成活率极低；人工则是目的明确、种子经过筛选（选壮实、水选）和初步加工（水浸泡促发芽）等，所以茶树的成活率较高。种子繁殖关键在于可以人为地挑选优良茶树品种，年底待果实呈绿褐色微现裂缝，或待种壳硬脆剥开，或见种子饱满呈乳白色时即可采集，放干燥阴凉通风处，阴干、脱粒，避免日光暴晒或雨淋，年底至翌年 3 月间播种的成活率会比较好。

枝条填埋繁育与自然插枝繁殖性质相同，只是由人工有目的地选择茶树品种后，再直接将茶树枝条插入泥土内，或用泥土压埋茶树枝条。枝条填埋繁殖能保持该茶树品种的基因性状。

枝条嫁接繁育是由人工有目的地选择茶树品种的枝条后，嫁接在同科植物的树枝上繁育。枝条嫁接相对地保持该茶树品种的基因性状。

基因工程技术杂交繁育是有目的地将某些茶树较好的基因又或是需要的基因提取出来繁育。此方法境外使用较广泛，包括印度、斯里兰卡、日本等地，以杂交育种为主要手段。

（2）生长

培养类。孟子云："苟得其养，无物不长；苟

茶心静语

失其养，无物不消。"故培养之法，不可不讲求。茶芽初萌，畏烈日暴晒，畏大雨滂沱，又恐杂草侵凌，对此最应注意。

茶树既长，宜时加粪肥。自立春至谷雨间，每月需施粪肥三四次。如用大便，按粪二水八之比；小便则尿水各半。夏、秋、冬三季，不必施肥；在采茶终结后，以再施粪肥一次为佳。树旁之土，要设法松之，勿使凝结。其枝干之顶端当摘去之，务使其枝条横苴。其枝条横苴，则三四年之后，分枝丛生，茶树嫩茂且多。若不摘顶，任其孤挺直长，则分枝不繁而叶稀疏矣。

——《茶务佥载》

①幼年期。

茶树的幼苗期一般从茶子萌芽开始，到茶树第一次开花结果时为止，一般情况下是 2～4 年时间。这段时间茶树以生长为主，性脏器官没有分化成熟，开花结果的质量不高。幼年期的茶树可塑性比较大，生长成熟时间的长短、树体机能成熟程度等，与茶树品种、繁育方法、生长环境等有着密切联系。

②成年期。

茶树的成年期，一般从第一次开花结果开始，到出现第一次"自然更新"为止，一般情况下是 40～60 年时间。由于品种、繁育方法、生长环境的不同，一些茶树的时间

幼年期茶树

成年期茶树

衰老期茶树

可以长些。

成年期的茶树生长最为旺盛，芽、叶、梗的品性都处于高峰阶段。自然生长的茶树，由于受到品种、生长环境的影响，成年期持续时间多则可上百年。

成年期的完结以茶树第一次"自然更新"为止。所谓"自然更新"是指茶树的生理机能衰退、顶端优势减弱，甚至不能发芽，花和果大量产生，尤其是在茶树靠根部位新抽出大量的枝条等现象，这些现象都是茶树生理机能自我调节的结果，故称"自然更新"。

③衰老期。

茶树出现"自然更新"后便进入衰老期。一般情况下，茶树经过几次反复的"自然更新"后，便渐渐趋于死亡，一般情况下是 10 ~ 30 年时间。由于品种、生长环境的原因，一些茶树的时间可能会更长。

根据有关资料，人工种植并管理的茶树经济生产年限一般有50~70 年；自然生长、无人管理的茶树，则经济生产年限可达百年。

老茶树自然生长照

老茶树自然倒毙照

老茶树自然干枯照

茶心 5　树木年轮

　　茶树到底能活多少年？以前的教科书上一般只标注茶树的经济生长年限是 50~70 年。现在，各地一、两千年的茶树比比皆是，一些甚至三、四千年，令茶树的寿命变成了谜。

树木的年轮

　　其实，茶树作为树木的一种，虽有其特征，但也没有例外。例如，一是树木都有生长轮、年轮。树木在一个生长周期中所产生的次生木质部，在树木横切面上呈现一个围绕髓心的完整轮状结构，称为生长轮或生长层。生

研究院的树木标本

长轮的形成是缘于环境变化造成木质部的不均匀生长现象。温带和寒带树木在一年里，形成层分生的次生木质部，形成后向内只生长一层；但在热带，树木在四季几乎不间断地生长，仅与雨季和旱季的交替有关，所以一年之间可形成几个生长轮；树木在生长季节内，由于受到影响可以生长中断，但经过一定时间后生长又重新开始，在同一生长周期内，形成两个或两个以上的生长轮。

　　二是树木生长轮、年轮的形成原理一致。温带和寒带树木在一年的早期形成的木材，或热带树木在雨季形成的木材，由于环境温度高，水分足，细胞分裂速度快，细胞壁薄，形体较大，材质较松软，材色浅，称为早材。到了温带和寒带的秋季或热带的旱季，树木的营养物质流动缓慢，形成层细胞的活动逐渐减弱，细胞分裂速度变慢并逐渐停止，形成的细胞腔小而壁厚，材色深，组织较致密，称为晚材。在一个生长季节内由早材和晚材共同组成的一轮同心生长层，即为生长轮或年轮。在同一株树木中，越靠近髓心生长轮越宽，靠近树干基部生长轮较窄，靠近树梢生长轮较宽。

三是树木都有管孔。树木具有中空状轴向输

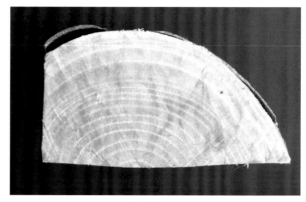

茶树标本

导组织，在横切面上可以看到许多大小不等的孔眼，称为管孔。管孔的组合、排列、分布、大小数目和内含物是识别树木的重要依据。

中国农科院茶科所的虞富莲曾经在中央电视台说，有一年，西南某地一棵号称一千多年的茶树王自然死亡后，他带领茶科所的科研人员，将直径达到76公分的横切面上

研究院的树木标本柜

当年同时种下的同一品种茶树，经过多年生长
后有的粗壮、有的细小

的年轮来来回回数了多次，最后确认为 136 圈。

　　一般情况下温寒带的树木由于生长环境较为恶劣，所以寿命较长；阔叶树木的寿命要比阔叶落叶树木要短；阔叶落叶树木又要比针叶树木要短。有关树木专家指出，作为树木，一般也就存活数十年，一些比较长寿的如黄檀也就只有 100 年左右，在 N 种假设都成立的情况下，绝大部分很难超过 300 年。

　　对于活着的树木如何准确地测量年轮？国外一般是在树茎横钻一小洞取出一小截由树皮至树心的横断面木棒出来，抛光后装上激光机上数年轮，便知该树木的生长年龄。横断面木棒用完后塞回去，用一些填充剂将缝填好，勿让虫、雨水进去就不会影响树木的生长。

　　综上所述，树木是有年龄的，树木年龄是可以用科学的方法比较准确地测算出来的。

上篇　上天恩赐神物——植物与茶树

3. 茶树生长环境

生茶地。唐人首称阳羡，宋人最重建州。阳羡仅有其名，建州亦非佳品，惟武夷雨前者最胜。

——《茶疏》

茶产平地受土气者，其质便浊。蚧茶产于高山，浑是风露清虚之气，其味最佳。

——《蚧茶记》

茶地南向为佳，阴向遂劣。又曰茶地不宜杂以恶木，惟桂、梅、辛夷、玉兰、玫瑰、梧、竹间之。

——《茶解》

类皆以新安之松萝、崇安之武彝为上。盖两处地力深厚，山岩高耸，回出红尘，茶生其间，饱受日月雨露之精华，兼制造得法，不独色白如玉，亦且气芬如兰，饮之自能生智虑，长精神。武彝为闽茶中之圣。

——《茶史》

茶树是半阴性植物，不耐烈日暴晒，有一定的耐寒性，喜温暖湿润气候，适生于肥沃、湿润、排水良好的土壤。

可以说，茶树是喜阳又怕晒、要湿又怕涝、怕寒冻不死、寿命短个别却可长的植物。

生长环境决定茶树芽、叶、梗内含物的高低。要有茶树害虫天敌适合生存和繁殖的环境，利用虫（鸟）吃食茶树害虫的天性，达到对茶树害虫进行防治的目的。如果人们不断砍伐原始森林、将原始植被一扫而光，环境气候变了、生态不一样，动植物就生存和繁殖不下去，茶树再怎么样长也好不到哪去，只能借助农药和化肥。

如果生态环境好，害虫的天敌资源丰富，害虫与益虫之间就会处于相对稳定的状态，在人类尚没发明和大量使用化学、农药之前，茶园病虫害就是靠天敌的相互制约而平衡。自 20 世纪 50 年代以来，我国茶园病虫害的显著增加就是因为化肥、农药的大量不合理使用，破坏了天敌间相互制约作用的缘故。更可悲的是土壤经过几十年化肥、农药浸泡，除被植物吸收、自然降解、雨水冲刷等带走一部分外，其余的只能残留在土地里面。

（1）地理环境

植茶，以高山、大岭及穷谷中至高之处为宜。茶之为物，其感雾露愈深，其味愈浓；而种植之地，其土性愈厚，则茶树愈壮，其叶更厚且大。

茶以自然生者为极品，必在高山之巅，危崖之表，采之不易。若将之移植他处，则以土性既殊，其根干必然腐坏。此种茶，名曰"岩茶"。乃自然之

佳味，非人力所能强致。

——《茶务金载》

对应于海拔高度而言，在 1000 米海拔线上的茶树内含物，一般情况下要比低海拔的茶树要多，例如茶多酚。

温度对于茶树所含各种物质的影响主要体现在糖类、多酚类物质以及氨基酸类物质等方面。在适宜生长情况下，温度升高，糖类、多酚类物质积累较多，氨基酸类物质则随着温度的上升而分解，因此，温度越高越不利于氨基酸的形成与积累。

①地形地势。

不同地理环境能使相同品种的茶树产生不同生长情况。最具代表性的是福建武夷山茶区，茶树的生长环境是典型的"头戴帽、脚穿鞋、中间有腰带"，即山顶生长着茶树等植被，半山腰处以茶树为主生长着门类比较齐全的植被生态圈，山脚下带状河流围绕着茶园等植被。

山高，气候冷凉，早晚云雾笼罩，白天气温较高，光合作用充分、昼夜温差大，茶树的芽、叶、梗在单位时间内通过光合作用制造内含物的数量多，所含"儿茶素类"等苦涩成分降低，进而提高了"茶氨酸"及"可溶氮"等对甘味有明显作用的成分。夜晚气温低，使得茶树的生长趋于缓慢，芽、叶、梗具有柔软、叶肉厚实等优点；呼吸作用弱，消耗少，在保存较多的有机物的同时，茶树内含物中的果胶物质充分形成，果胶含量高。

海拔愈高空气就愈稀薄，气压也就愈低，茶树在这样

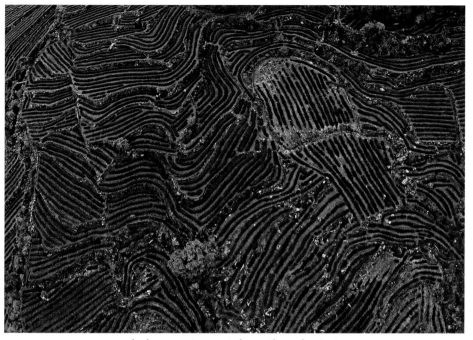

武夷山兴九公司高山茶园鸟瞰图

武夷山冬季高山茶园

国外高山茶园

的特定环境里生长，蒸腾作用相应地加快了，为了减少蒸腾，茶树芽、叶、梗不得不形成一种抵抗素抑制水分的过分蒸腾，这种抵抗素就是茶叶的宝贵成分芳香油，所以一般情况下，海拔高的茶树所制成的茶叶香气都比较好。

另外，高山环境很少受到人为的污染，没受污染的茶叶质量当然是最好的。高山上的云层海拔会比平原上的云层高，海拔越高，温度越低，所以高山比平原上更容易下雪。而下雪，气温低，能有效地减低虫害的发生。因为，冬天害虫的虫蛹会躲进土里，它们把土壤当暖房，保存生命和子孙，等着来年吃茶树的嫩芽叶。下雪后，雪水冻入土层，土壤被冻透了，虫蛹也会被冻死，进而减少来年茶虫害的发生。同时，茶树"喝"足了水分，对提高茶叶品质很有好处。

山脚湿度比山顶大但日照时间短，因此茶树叶片相对较大，这是植物的本能，叶大才能争取更多的日照，所出产的茶叶香气飘逸；处于两者之间半山腰的茶树，融合了上下两处的优缺点，所出产的茶叶香气处于劲霸和飘逸之间。独特的土壤和地域小气候，能使同一品种的茶树出现不同的茶叶香气和味道。

陈裕兴曾说："生长在武夷山中心地带的正岩竹窠水仙（俗称山上）、边缘地带的企山半岩水仙（俗称半山）、靠近武夷山的赤石洲水仙（俗称洲、山下、平地），同是水仙品种，同一个师傅用同样工艺同时制作出来的茶叶，香气和味道也会存在着较大差异。正岩茶香气高长、味道醇浓、岩韵突出；半岩茶香气平正、味道醇和、岩韵不明显；

茶心静语

洲茶香气较低、味道醇淡、无岩韵。"

笔者曾随评茶师们在裕兴茶业公司盲评由陈裕兴师傅制作的多款包括"三坑两涧"等在内的正宗水仙和肉桂，盲评结果却使人大吃一惊，水仙和肉桂两个第一名的，并非长于名坑名涧内，竟然是生长在一座不知名高山上的茶叶。

有关单位曾经对江西庐山、安徽黄山、浙江天台山等地不同海拔的茶树成分进行研究，结果显示：茶多酚和儿茶素随着海拔高度的提高而减少，氨基酸则随着海拔高度的提高而增加；不少芳香物质是随着海拔高度的提高而增加的；天气越冷、阳光柔和、茶树生长较慢，内含物积累较多。

印度阿萨姆地区位于喜马拉雅山脉的南侧，春天冷、夏天凉，加上大陆干冽北风、印度洋的湿热季风和远古时代的海底土壤，在这样的环境下茶树各方面的品性均好而闻名全世界。而山脉的北侧是我国西南部区域，由于干冽的北风、印度洋的湿热季风都较难吹到，加上温度较高、四季不明显，虽然同是远古时代的海底土壤，茶树也同是大叶形体，但其品性相对来说仍有较大差距。

②土壤。

土壤是茶树生长的基础，茶树所需要的养分和水分基本上是从土壤中获取的，因此，土壤的物理、化学品性与茶树生长紧密相关。

剪割之义，为多生树叶起见。缘树枝愈老，则树叶之生长迟而且小，出产愈少，故剪割最宜注意。在平地，每年割一次；在三四千尺高山上者，每二年割一次；在五六千尺高山上者，每三四年或五年割一次。因其易于滋生，茶汁必形淡薄，下肥壅肥以壮田，通例也。以不下肥为然。凡肥田，最壮之料莫过于六畜之骨。故揿以草藤子饼。草藤子饼所含淡气较多，以之肥田，莫善于此。专家于茶林内揿种豆荚，即以荚梗埋于土内，或将所割茶树枝叶同埋于土，两者均可肥田。或锄耘野草，即将所耘之草，埋于土内，借作肥料。印度茶林，则野草任其生长，翻起九寸之深，即将野草埋在土内，作为肥料。茶林内亦有揿种豆荚者，至开花时即行割下，埋于土内作为肥料。地面野草割下，留于田间任其腐烂。

——《印锡种茶制作茶叶考察报告》

长养植物之理，与长养动物之理相同，必给以不可缺少之元质，而后乃能长养，树之所以生长之元质，则多由于空气，即炭质，由炭养气所化。亦有出于土壤者。出于土壤，则必先在水中，化为流质，始能吸入树根，然后向上发生。其实，土壤养树之质，八九分皆坚质；否则遇有大雨冲刷尽净矣。遵化学之法，此质渐化于水中以壅之，则可年年生养其树。

凡植物，得炭质于空气，而后叶出。此炭质，即在干木百分之九十八九：干叶百分之九十五中。试将干木叶燃烧，其所得之灰，即其根由土壤所出之质也。实验此灰中，有四要素之元质：一、氮质；二、钾质，即硝中要质；三、磷质，火柴头所用即此；四、钙质，石灰要质。因此，四要素皆为茶树所需用，宜时以肥料补之。盖有土壤之不肥，或致甚瘠者，皆因此元质之缺乏也。

由此可知，茶树多出于土壤者，氮质也。而钾质较氮质约半，磷质较氮质约五分之一，欲其土壤恒肥，务必保存此三质，如其质将尽，则必以肥料壅而补之，此培养茶树之要诀也。

土壤有不容生长根株者，则其地亦不宜栽茶。遇有此等，则必掘成深而且狭之沟，使肥其土，则所栽始能茂盛。凡用肥料，在茶树每株之间近根处，掘为沟，用腐殖质及牛粪等于沟中壅之。

凡土壤之肥沃，只赖土中较少之要质而已，此不可不知。盖茶树所需之要质，约有十二类。以四类为最要。

土壤内各质滋养树木，设有某质缺乏，则其树不荣，急宜设法补之。

——《种茶良法》

茶无异种，视产处为优劣。生于幽野，或出烂石，不俟灌培，至时自茂，此上种也；肥园沃土，锄溉以时，萌蘖丰腴，香味充足，此中种也；树底竹下，砾壤黄沙，斯所产者，其第又次之，阴谷胜滞，饮结瘕疾，则不堪啜矣。

——《茶录》

优质之茶，以烂石地为最上，瓦砾地次之。惜此等地难以种植，亦不易栽客。其次以高山峻岭、黄土斜坡、雾露云烟经常笼罩之处为佳。土性各异，要之在乎变通。因地制宜，端赖人事。虽膏腴之土，若任其荒芜，荆棘丛生，草茅众长，则与不毛之地何异产尽人事，勤考察，则虽瘠薄之地，亦可灌润之而使其膏腴。

——《茶务佥载》

从历史经验上客观地分析，茶树长得最好的首先是丹霞地貌，主要成分是产状水平或平缓层状铁钙质混合不均匀胶结而成的红色碎屑岩，即主要成分为碎屑砾岩和砂岩，黄进称其品性为"顶平、身陡、麓缓"。丹霞地貌茶区最有名的是福建武夷山，茶树的历史悠久、品种好、树龄老、制作茶叶工艺传统、茶叶品性好。尤其是丹霞地貌山顶上的茶树生长主要是靠自然力的传播和生长，例如在武夷山

石灰岩地貌茶区 火山地貌茶区

丹霞地貌茶区

采集时，人们必须靠攀登绳索才能上到山顶，采集茶树芽、叶、梗后要先行吊下来，人再顺绳而下。丹霞地貌在浙江、湖北、湖南、江西、广东、广西、四川、贵州、云南等地都有很好品种的茶树生长。

其次，茶树长得很好的是石灰岩地貌，又称喀斯特地貌。主要成分为方解石的一种沉积岩，形成地质时代有震旦纪、寒武纪、奥陶纪、泥盆纪、石炭纪、二叠纪、三叠纪。石灰岩地貌茶区较有名的是江苏宜兴、安徽黄山、广西桂林和梧州、贵州、湖南、云南、广东等地，茶树的历史悠久、制作茶叶工艺传统、产量大、茶叶品性好。

最后，茶树长得比较好的是火山地貌。主要由火山碎屑岩、火山灰、火山砂、火山砾等为主，火山地貌茶区较有名的是安徽、江苏、四川、云南等地区。

当然，由于一些地貌小区域内生长的茶树很有名气，社会上一些人就利用民众对地理、历史等知识的不了解，再加上职能管理部门的不作为，便将在丹霞、石灰岩、火山地貌以外又或边缘生长的茶树说成是在地貌内生长的而欺骗世人。

一般情况下，山地和平原的土壤会不一样，山地土壤石砾较多、风化比较完全、通透性好，而且有机质和各种矿物质元素、微量元素较为齐全；而平地由于多年的历史沉淀、人为开发种植利用，有机物等肥力含量低，必须依靠人为添加才能使植物生长度好。从目前的有关研究知道，适量的矿物质元素和微量元素，对茶树的生长和内含物含量是有影响的。例如，镁对氨基酸、咖啡碱、儿茶素的形成；钙对多酚类、咖啡碱的形成；硫对游离氨基酸的形成；铝对茶氨酸的形成；锌对茶多酚、儿茶素、氨基酸、糖的形成；铁对咖啡碱、氨基酸的形成等都有关联。

（2）气候

茶树在光合作用下会产生一些基本物质，其中蛋白质可以分解成氨基酸，氨基酸的主要元素是氮，也包含一定量的碳，因此茶氨酸的主要元素也是氮，同时含有少量碳。氮元素的代谢和碳元素的代谢正好相反，因此茶氨酸和茶多酚的代谢正好相反，通常有利于茶多酚积累的因素会抑制茶氨酸的形成，反之亦然。

植物在生长过程中由于生长的需要，从土壤中吸收大量的各种成分组成的养料，通过空气、阳光作用在植物体内生成很多物质，就茶树而言，有茶多酚、氨基酸、咖啡碱、纤维素、果胶、醇类、醛类、酮类、酸类、酚类等。

①气温与光照。

有关研究表明，气温是随着海拔高度而变化的，一般情况下海拔每提高1千米气温降低6℃。因此，生长在不同海拔高度的茶树的茶多酚、儿茶素、氨基酸等内含物的含量也不一样。茶多酚和儿茶素会随着海拔高度增高而减少，而氨基酸则随着海拔高度的增高而增加。另外，茶树芽、叶、梗中的不少芳香物质也随着海拔高度的提高而增加，这些芳香物质会在茶树芽、叶、梗制作茶叶过程中，经过复杂的化学转化而产生某些特殊的香气。

高山树木多、植被繁茂、土壤肥沃，不但有利于调节空气温度和湿度，而且高山的光照较容易满足适宜茶树生长的条件。所以，宋子安的《东溪试茶录》、黄儒的《品茶要录》、许次纾的《茶疏》、熊明遇的《罗岕茶记》等书籍，都谈到了茶树品种与光照条件之间的关系。虽然前人看问题的角度不同，但都共同认为山地阳坡有树木荫蔽的茶树，其茶树品种最佳。

现代研究证明，茶树虽然需要一定的光照进行光合作用、制造有机物质，但以弱光照为宜，尤其需要有较多的漫射光；高山茶树由于被树木所荫蔽，茶树在漫射光多的条件下生长，会使含氮化合物增加，对改善茶叶品性十分

光照充足下生长的茶树

有利。因此，一般情况下，茶树在光照量足、温度高、水分足时，碳元素的代谢比较活跃，产生的茶多酚含量会较高；光合作用形成的糖类化合物缩合会发生困难，纤维素不易形成，茶树芽、叶、梗可在一定时期内保持嫩度。同时，若雨水允沛还能促进茶树的氮代谢，使茶树芽、叶、梗中的含氮量和氨基酸含量提高。此外，高山上由于湿度较高和水汽较多，可增强漫射光，使橙、红、黄、绿、青、蓝、紫等七种可见光中的红、黄光得以加强，有利于提高茶树芽、叶、梗中叶绿素和氨基酸的含量，叶片颜色深且更具光泽，生成的内含物会更多。

光照是茶树进行光合作用制造内含物所必需的能量源泉，光合作用是一系列复杂的代谢反应的总和，也是动植物界赖以生存的基础，更是地球碳—氧平衡的重要媒介。这种复杂的反应起始于二氧化碳、硫化氢和水，在可见光和叶绿体的作用下，二氧化碳（或硫化氢）经过光反应和碳反应，最终生成有机物，并释放氧气（或氢气），同时还能够将光能转化为化学能储存在有机物中。

光照促使茶树芽、叶、梗中的含氮化合物明显提高，而含碳化合物相对减少，特别是作为茶树品种物质的茶氨酸含量能有明显的提高。我国南部和西南部区域的茶树比中部区域的茶树所含茶多酚相对要多，这与光照强度和温度有一定的关系。光照可以影响茶树碳水化合物的积累和氨基酸分解的速度：一是影响碳代谢，包括糖类和多酚类物质的形成，尤其是在水肥充足的情况下，糖类、多酚类物质特别是儿茶素的含量会随着日照量或者光照强度的增大而增多；二是影响氮代谢，包括咖啡碱、氨基酸的形成，尤其是光照强度和日照量越大，越能抑制含氮化合物的代谢，从而不利于咖啡碱的合成，同时会影响氨基酸特别是茶氨酸的分解。

②风与空气。

风能使茶树附近的空气不断更新，改善二氧化碳浓度，使光合作用保持在较高水平上。

生长良好的茶芽

尤其是在阳光强烈照射的夏季，风可以帮助叶片加强蒸腾作用，降低叶温；在冬季，风能将近地层的冷空气吹走。

我国主要属季风性大陆气候，夏季以从太平洋吹来的东南风为主，海洋上的风会带来潮湿的空气和充沛的降水，对茶树的生长非常有利；冬季以西伯利亚吹来的寒冷和干燥的西北风为主，容易让茶树遭受干旱、寒冻，大风和狂风还能使茶树的叶梗互碰而遭受折枝落叶损伤。

大气和土壤空气中的氧，是茶树芽、叶、梗和根系进行呼吸作用的生命必需物。人们日常生活的空气是由气体分子、液体、固体物质所组成。气体部分包括干洁大气和水汽，干洁大气是混合物，主要包括氮、氧和二氧化碳等，其中，氮的含量较高，达到78%左右。空气中的氮，必须依靠化学方法固定下来，把氮变成硝态氮和铵态氮，才能为茶树吸收，是茶树有机体中氮素的来源之一。而大气中的闪电，可以将少量的氮氧化成硝态氮，随雨水进入土壤，供茶树吸收。大气中的二氧化碳是茶树进行光合作用的重要原料，它的浓度取决于大气中二氧化碳的来源和去向（即被固定），空气中二氧化碳浓度的增加，无疑能促进茶树的光合作用，茶树的光合作用强度随着二氧化碳含量的增加而递增。干洁大气中的氧约占21%，由于茶树芽、叶、梗吸收一部分，另外一部分溶于水中进入土壤。

③水与湿度。

茶树生长的土壤含水量，是随着茶树不同的生长期、

曾明森、汪云刚、笔者（右）等在茶园

茶树品种、土壤质地、土壤孔隙状况及透水性能等而变化。土壤蓄水能力强、保肥沃度高，就能够源源不断地供给茶树生长。水是茶树有机体的重要组成部分，茶树各部位的含水量一般是：芽、叶、梗 60%~80%，枝干 40%~60%，根系 50% 左右。

降水充沛分配均匀、空气湿度大，非常有利于促进茶树生长；雨量不足、空气和土壤湿度太低，则对茶树生长不利。一般情况下，当相对湿度小于 60% 时，土壤的蒸发和茶树的蒸腾作用就会显著增加，如果长时间无雨或不进行灌溉，则会影响茶树的生长。

土壤水分是茶树生长主要来源，土壤水分含量与变化对茶树的生长有着直接的影响。有关研究显示，在湿度处于 80%~90% 时，茶树芽生长快、由嫩变老时间长，叶片大、薄、柔软，梗节间隙长，内含物比较丰富；当湿度小于 50% 时，茶树芽、叶、梗的生长就会受到抑制而生长缓慢；若湿度低于 40% 时，则会对茶树生长造成伤害。

水分是茶树光合作用的原料之一，是根系从土壤中吸收养料和有机物质在体内运输的媒介，并参与茶树体内其他生物化学变化过程，是很重要的溶剂与介质。茶树通过蒸腾作用，促进水分的吸收和运转，以调节体温，使不致过热；水分还可以保持茶树细胞和组织处于紧张状态，使茶树维持一定形状正常生长。在水分供应正常的情况下，茶树芽、叶、梗中的淀粉含量高；若缺水，茶树芽、叶、梗中的多酚类物质如儿茶素就会减少，糖类物质就会一直分解，优先以供应能量方式维持茶树的生命。

茶心 6 环境差异

生长环境差异可决定茶树的质量以及茶叶饮用价值，就像一方水土养一方人，大西北风沙养育出的粗犷女子和江南青山绿水间走出的灵秀女子完全不同，不同生长环境的茶树也是千差万别。风格迥异的茶树可以带给人们不同的体验，各花入各眼，每人都会有中意的那种树。

但是，这些都应该建立在茶树质量有保证的前提下，如果茶树生长环境污染严重，用这样的茶树芽、叶、梗制作出来的茶叶，就应该少饮用，甚至是不要饮用。例如南部区域的某县，虽然是石灰岩地貌比较适宜茶树的生长，该县也有较大规模的茶园，而且出产的茶叶多年以来在一定范围内小有名气，甚至连省的茶科所都设在该地。20多年前，该县却引进了两家大型水泥厂，可以想象方圆百里的空气质量如何；按黄斌说："巨型水泥厂附近种茶树，与在高速公路边上种茶树无异。"众所周知，水泥、印染、电镀、石化、钢铁等行业，早已被世界公认为环境污染的源

荒山

头，也是我国治理污染的重点行业。

这与人的生存环境关系是一样的，如果人的生存环境污染少、水质好、空气质量优，那么人的身体健康状况通常都不会太差；如果人生存在工业废水横流、废气排放超标、汽车尾气污染严重、土壤严重污染等环境下，身体健康状况通常都不会好到哪里，各种疾病高发明显，尤其是肿瘤肆虐。根据有关资料，某环保组织曾经对地球上的大气进行二氧化硫（SO_2）和总悬浮颗粒物（TSP）监测，分别在东方和西方的某些城市设多个监测点。结果表明：在东方的监测点所测到的污染都十分严重，TSP的平均值为200~600μg/m³，全部超过了60~90μg/m³的国际标准值，其中某五个大城市的污染程度均处于全世界最严重的前五位。在这种污染的空气中生存，会导致人的呼吸阻力增大、唾液溶菌酶活性降低、呼吸机能及免疫机能受到严重伤害。其中，某个千万多人口的城市，肺癌、肝癌、白血病三种癌症的人均发病率排在所有城市的第一位。

茶树生长也一样，中部区域得天独厚的地理环境以及绝妙的自然气候使得茶叶小有名气，但早已被现在被追捧的野生茶树超越，这是因为野生茶树远离人类生活，相对地得以保证生长在无污染或污染少的生存环境，进而可以保证安全和品性。相反，茶叶出口时被检出农残超标被退回时有发生，绿色和平组织等团体对茶叶进行农残检测时，多个知名品牌多次被曝超标等，都跟茶树种植环境有关。使用禁用农药或过量使用农药，导致农残超标；土壤严重污染，导致各种重金属农药、化肥、重金属等超标。这与在大型污染企业如水泥厂等附近、在路边尾气严重污染附近种茶有直接关联，才导致检测不合格频现。

茶树生长环境跟茶叶的品性和安全密切相关，人们在判断一款茶品性好坏的时候，如果有条件，可以了解这款茶叶的源头。如果产地青山绿水，方圆百里没有大型污染企业，大气、水和土壤没有被媒体曝污染，那么这种茶叶品性通常较好，即使制作工艺不太讲究，那也是自带一股山野之气，别有一番味道。如果茶树生长地附近烟尘滚滚，

上篇　上天恩赐神物——植物与茶树

现代工业气息浓郁，或者河水、小溪、河涌等臭气冲天，或者该地土壤污染频见报头，或者当地居民疾病高发等，都可以摒弃这款茶去另寻新欢好了。

随着人们对茶树环境与茶叶品性关系的认可和关注，各种有机茶树、绿色茶树、高山茶树、原生态茶树等如雨后春笋般出现在全国各地。那么是否这些茶树的茶叶就一定安全且品性好呢？如果经过了专业正规的有机认证、绿色认证等，或者茶树确实生长于环境优良的高山或原生态环境，这些茶叶确实可以保证安全，至于品性跟树种、种植、制作工艺等关系密切，影响因素众多，这里只能说品性不会太差。但是，鱼目混珠、李代桃僵之事在市场上屡见不鲜，尽管确实有以上经过严格把关的茶叶存在，但你喝的茶叶如果是优质茶树附近区域出品的呢？或从本产地以外收购的呢？这些可能性有多大相信每个人都有自己的计算。

静语2　地形认知

历史地看，自然环境较为恶劣的地方往往会有很好品种的茶树生长，其芽、叶、梗只要经过最简单的制作，其茶叶不论是香气还是味道都是超一流的，那么，在心理层面如何客观地解释环境与品种之间的奥秘呢？

地球演变逐渐形成了地壳表面的不平均性，从赤道到极地、从沿海到内陆、从高山到平原等，都有着明显的地形地貌、水土性质、气候温度等区域差异，这些差异不仅在一定程度上影响人类族群的发展，而且也明显地影响着动植物的区域性生长差异，这种差异基本上是地球按照"适者生存"的法则进行的：一些不适应恶劣生长环境的茶树自然生存不下去；一些能够在恶劣环境下生存下来的可以说都是茶树中最好的品种，尤其是一些海拔因素为主导的茶树。

岩石上种植的茶树

海拔是人为

划分的一种高度单位名称：以某处海平面为海拔高度 0 米，再利用各种仪器，测量、计算出地球上所有地形高度，高于 0 米的为正(＋)，低于 0 米的是负(—)。经测试，每上升 1000 米的高度，气温约下降 6℃；随着高度的不断上升空气中的含氧气也会逐渐减少至无。由于高海拔的地方气温一般都是较为寒冷缺氧，所以植物的生长会非常缓慢，植

广东曲江林场内

冬季杏仁香老茶树

武夷山高山茶园

古画 茶园劳作

被由茂盛、稀少，逐渐至无。

　　而低海拔的地方则完全不同，由于气温较高、雨水充沛、含氧丰富，动植物的品种和数量都呈现多样性，比较适合人类族群的生产、生活。所以人类最早的定居地往往就是依山傍水的平地。"依山"一般挑选有可以挡风遮雨的山洞，方便生活居住；"傍水"一来可以方便生活用水和捕猎、打捞水生动植物；"平地"方便猎取、采摘陆上和天上动植物，方便种植、圈养动植物作为食品。这种以依山傍水、族群为主、比较狭小的生存环境，使各族群只能在某一个小区域内发展，也就特别容易保留着族群的风俗、言语、文字、文化等，从而影响到族群的认知评价。

　　由此可见，由于地形地貌的差异所形成的自然的屏障阻隔，起初各族群之间基本上没有什么交流、往来，都是生活在相对孤立的地域内各自发展、各自进步；但随着族群的壮大，资源性物资开始紧缺，族群间便开始翻越自然屏障而四处征战掠夺资源，开始对农业传播、科技创新，本族群的文明也趁机而兴起。其中，对于茶树的迁移、品种的栽培，应该说在平原、江河沿岸生活的族群有这种可能性；但是对于生长在高海拔山上，或者说对生长在恶劣环境中的茶树进行迁移，则可能性不大。一是环境改变茶树可能活不了而没有意义；二是族群很少从平原往山上迁移，除非是迫不得已；三是族群尚未有进化到有此强的目的性、科学性的认知。因此，当听到全世界的茶树都是由某某地或某某茶树繁育的时候，权当神话、演义、传说、小说陶醉一下便好。

三、茶树主要内含物

茶树的化学成分中有三个是由茶树物质代谢的遗传品性所决定的：一是含有茶多酚，二是含有茶氨酸，三是含有咖啡碱。同时含有上述三种主要内含物，是茶树典型性标志。

植物中茶树的体型不算高大，与其他乔木相比较，只属小乔木，寿命也不算长，通常会生长在其他高大的树木下面（山顶或悬崖边上生长的茶树除外）。自然环境下土壤有机物质会较为丰富，氮代谢旺盛，茶树形成氨基酸一类的含氮化合物会多些；适当遮阴条件下的茶树，碳代谢会受到抑制，合成茶多酚一类的含碳物质会少些，其中复杂酯型儿茶素比例相对少些。因此，用自然生长状态下的茶树芽、叶、梗制作的茶叶香气和味道比较好。

茶树的芽、叶、梗和根系是茶树对营养物质吸收、运转、合成与转化的主要器官。茶树体内产生的物质，都是茶树在地面和地下部分密切配合、互为因果的条件下合成或转化而来，这些物质的形成，反过来又促进了茶树的生长。

碳水化合物是构成茶树有机体生命活动的基础物质，是光合作用合成、代谢、转化的产物。茶树有机物质含量中，糖类占 20%~30%，包括单糖、双糖和多糖类；茶树叶中的单糖和双糖，在酶的作用下较容易转化为其他化合物，如茶多酚、有机酸、芳香物质、脂肪和类脂等代谢物；多糖包括淀粉、纤维素和木质素等，是茶树器官结构和细胞壁的主要成分，也是茶树根、梗中主要贮藏的物质。

氨基酸是茶树中重要的含氮物质，也是组成蛋白质的基本单位。氨基酸的前期化合物是在茶树叶内形成的，并从茶树叶转移到茶树根部，在茶树根部进一步完成氨基酸的合成，然后再从茶树根部运输到地面部分，以供茶树地面部分生长的需要。氨基酸类化合物是茶树生命基础物质的前导物，茶树根系氨基酸的合成功能，对茶树的代谢、生长发育构成具有极重要影响。

1. 芽和叶主要内含物

茶树芽叶中的水分、水溶性浸出物总量、总氮量、蛋白质、游离氨基酸、咖啡碱、茶多酚总量、儿茶素总量、酯型儿茶素、水溶性果胶、磷和钾等含量、多酚氧化酶等活性，一般情况下是茶树芽、嫩叶较高，并会随着芽叶生长顺序逐渐减少；而茶树芽叶中的粗纤维、淀粉、糖、全果胶、类胡萝卜素、粗脂肪、表没食子儿茶素、黄酮醇、钙、锰、铝等含量，则是随着茶树芽叶生长顺序逐渐增加。

（1）芽的主要内含物

茶树芽，是叶的初始形态，一般由芽苞长起到成叶片结束。茶树芽的内含物，如儿茶素总量、咖啡碱、游离氨基酸等含量比茶树叶高；另外一些内含物，如淀粉、纤维素等碳水化合物含量则比茶树叶低。

茶树芽的嫩度，一般指芽的某个生长阶段，例如萌芽、芽苞、芽小展开、半展开、全展开（此时也可称为嫩芽）。

芽的面积从无到小有，从小到大；芽的组织由薄变厚；芽逐步成熟的过程使一些主要内含化学物含量相应变化，如多酚类化合物、蛋白质等含量会下降，糖、淀粉、纤维素、叶绿素等含量则增加；芽的水溶性浸出物含量也会随生长阶段或成熟程度的不同而成正比。

（2）叶的主要内含物

叶片是茶树生长的能源物质工厂，这些能源物质是茶树长高、长粗、开花、结果的生命源泉；它拥有自成一体的香气和味道，是吸引自然界中各种动物、以利自身繁殖的源泉。所以，才有人们用茶树芽、叶、梗制成茶叶，去

茶树的果与芽

岩石堆中的茶树林

享受茶叶所赋予的香气和味道以及药用疗效。

茶树叶片由芽生长为全展开后成为嫩叶，嫩叶慢慢生长至老，最后死亡并脱离茶树。人们习惯将每一轮茶树芽萌发后生长的叶片称为新叶，待下一轮茶树芽萌发后，就将叶片称为老叶。新叶与老叶一样都能进行光合作用合成有机物，尤其是以生长接近成熟的茶树叶光合能力较强，内含物较为丰富、均衡。有关研究表明，茶树叶片由新叶到老叶的光合作用强度是不同的：较嫩的第一、二叶的光合强度较弱，而且是呼吸强度大于有效光合强度，即消耗大于积累；第三、四叶光合强度开始逐渐增强；第五、六叶光合强度则最强；第七、八叶光合强度开始减弱，叶质开始硬化。其中，维生素 C 含量通常是第二、三叶含量较高，随后降低；叶绿素含量通常是随着叶的生长成熟过程逐渐增加，直到接近成熟前含量较高，叶片成熟、老化后的含量则随之减少。

茶心静语

由此可见，茶树叶生长所需的养料和能量主要靠邻近老叶和根部供给，并随着叶片的生长光合能力迅速增强，呼吸消耗相对减少，光合产物除了供茶树本身生长需要外，渐有积累后才向其他新生器官运送。虽然茶树老叶的光合能力强度会开始减弱，但是还是会有一定的光合能力，同时它还是茶树能量的重要贮藏器官。根据有关研究，老叶中还有茶树总量 20%左右的碳水化合物积蓄，是茶树芽能够萌发、生长所需养分的重要来源，茶树光合作用产物总量的 70%～90%是由老叶所提供的，老叶是茶树生长的动力源头。

茶树叶内含各种物质如下：

叶片细胞壁的主要物质是纤维素、半纤维素、木质素、果胶等，其中大部分是水不溶性物质。

叶片细胞质的主要物质是蛋白质、类脂、淀粉、各种色素等，其中大部分是较难溶于水物质。

叶片液泡中的主要物质是茶多酚、咖啡碱、游离氨基酸、糖、有机酸、芳香油、花青素、无机盐等，其中大部分是水溶性成分。

此外，茶树新叶与老叶所含各种物质差别较大，新叶的儿茶素类物质、咖啡碱、游离氨基酸等含量比老叶高得多；而老叶的淀粉、纤维素等碳水化合物含量却比新叶高得多。

有关研究表明，茶树叶不同生长成熟度所含各种物质叶化学成分变化有一定规律：茶树嫩叶的水分、水浸出物总量、总氮量、蛋白质、游离氨基酸、咖啡碱、茶多酚总

量、儿茶素总量、酯型儿茶素、水溶性果胶、磷、钾等含量，以及多酚氧化酶的活性都比较高，并且会随着茶树嫩叶的生长成熟度而逐渐减少。随着茶树叶的生长成熟度而逐渐增加含量的有粗纤维、淀粉、糖、全果胶、类胡萝卜素、粗脂肪、表没食子儿茶素、黄酮醇、钙、锰、铝等。维生素 C 含量通常是茶树叶第二、三叶含量较高，随后第四、五叶开始降低。茶树叶中的叶绿素含量通常是随着叶的生长成熟过程逐渐增加，接近成熟时含量较高，成熟后则随之下降。

在上述茶树叶所含各种物质中，决定茶树是否优秀的标准一般情况下是由茶多酚、氨基酸、咖啡碱以及水溶性浸出物等内含物含量高低、均衡所决定。当然，这些内含物质会随着茶树生长环境的改变而产生较大差异，即使是同一品种的茶树，由于生长环境的改变，含量也会不同。

目前，茶树叶中已知的元素主要是：碳（C）、氢（H）、氧（O）、氮（N）、磷（P）、钾（K）、硫（S）、钙（Ca）、镁（Mg）、铁（Fe）、铜（Cu）、铝（Al）、锰（Mn）、硼（B）、锌（Zn）、钼（Mo）、铅（Pb）、氟（F）、氯（Cl）、硅（Si）、钠（Na）、钴（Co）、铬（Cr）、镉（Cd）、镍（Ni）、铋（Bi）、锡（Sn）、钛（Ti）、钒（V）等。

茶树叶中已知的化合物有约 500 种，其中 95% 左右是有机化合物，主要是：芳香物质、茶多酚、碳水化合物蛋白质酶、氨基酸、嘌呤碱、有机酸、类脂、色素、维生素等。

茶树叶中的香气物质，在经过适当的摊放使一部分的水分蒸腾后，随着细胞的失水，多数水解酶活性提高，很多香气物质就会被解离出来，所以适度摊放的茶树叶往往会呈现出清香、花香的气味。

（3）茸毛的主要内含物

茶树芽叶的茸毛含有较丰富的化学成分，尤其是氨基酸，能有效地增强茶叶的香气和味道的鲜爽感。尤其是茶叶上茸毛颜色一般与茶叶制作时的氧化程度有关：如颜色呈白则说明茶多酚较少被氧化；颜色呈黄则说明茶多酚被较轻氧化，黄色主要来源于茶黄素；颜色呈红则说明茶多酚被多氧化，红色主要来源于茶红素；若茶黄素和茶红素两者均有则会呈金黄色。

带茸毛的嫩芽

茶心 7　鲜味的氨基酸

茸毛的氨基酸含量越多，泡出的汤汁越有鲜爽的味道。那么什么是氨基酸呢？

氨基酸是含有碱性氨基和酸性羧基的一类有机化合物的通称，是蛋白质的基本组成单位。每两个氨基酸相互连接形成一个肽键，肽键是由氨基酸的 α－羧基与另一个氨基酸的 α－氨基脱水缩合而形成的酰胺键。肽是由氨基酸通过肽键缩合而形成的化合物，由十个以内氨基酸相连而成的肽称为寡肽，由十个以上更多的氨基酸相连形成的肽称多肽。多肽链中氨基酸从 N－端至 C－端的排列顺序就是蛋白质的一级结构。蛋白质分子中某一段肽链的局部空间结构，即该段肽链主链骨架原子的相对空间位置，就是蛋白质的二级结构。整条肽链中全部氨基酸残基的相对空间位置，即肽链中所有原子在三维空间的排布位置，就是蛋白质的三级结构。有些蛋白质分子含有两条或两条以上多肽链，每一条多肽链都有完整的三级结构，称为蛋白质的亚基（subunit）。蛋白质分子中各亚基的空间排布及亚基接触部位的布局和相互作用，称为蛋白质的四级结构。因此，蛋白质水解后的产物就是氨基酸。

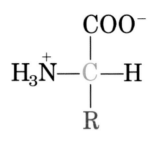

L-α-氨基酸通式

自然界中存在的氨基酸有300余种，但组成人体蛋白质的氨基酸仅有20种，且均属L-α-氨基酸（甘氨酸除外）。这20种氨基酸，可分为必需氨基酸和非必需氨基酸。其中必需氨基酸指人体内需要而又不能自身合成，必须由食品供给的氨基酸，共有八种：缬氨酸、异亮氨酸、亮氨酸、苯丙氨酸、蛋氨酸、色氨酸、苏氨酸和赖氨酸，其余12种氨基酸人体内可以合成，称为营养非必需氨基酸。

蛋白质所含必需氨基酸的数量、种类、比例越接近人体蛋白质，其利用率越高，营养价值越高。动物蛋白质的营养价值高于植物蛋白质，易为人体所利用。鸡蛋所含的必需氨基酸的数量、种类等最接近人类，因此鸡蛋的营养价值最高，其次为牛奶、鱼，再次为猪、牛、羊等红肉，其营养价值则跟大米、白菜差不多，而大豆、花生这些老百姓餐桌上常见的食品，其营养价值更是远不及传说中那么高。那么我们是否每天只吃鸡蛋、牛奶这些高营养价值的食品，而摒弃其他呢？这里面就涉及蛋白质的互补作用，指的是营养价值较低的蛋白质混合食用，其必需氨基酸可以互相补充而提高营养价值。只吃主食和豆类，或者吃主食、豆类和粗粮，营养价值和单吃其中一种相比增加不显著；如果吃主食、豆类、少量肉类，营养价值则显著增加，这就是蛋白质的互补作用。

茶叶中的氨基酸约有 26 种，其中 20 种为蛋白质氨基酸，6 种非蛋白质氨基酸，包含了人的 8 种必需氨基酸。由此可知，茶叶的营养价值比较高，而且和其他食品一起食用，更容易因为蛋白质的互补作用，提高食品总的营养价值。

这么多种氨基酸，对茶叶的味道形成也有重要作用，比如其中的谷氨酸和钠离子形成谷氨酸钠，就是味精的主要成分，可使茶汤喝起来有鲜的味道。因此，茸毛越多的茶叶，其味道越鲜爽。如果条件允许，大家可以收集一些茸毛，单独冲泡，就可以体验到极致鲜爽的味道，如果做菜时添加一些，口感不比加了味精差，而且更健康。

食物	营养价值	食物	营养价值	食物	营养价值
鸡蛋	94	大米	77	大豆（熟）	64
牛奶	85	小麦	67	大豆（生）	57
猪肉	74	玉米	60	花生	59
牛肉	76	小米	57	红薯	72
羊肉	69	高粱	55	马铃薯	67
鱼	83			白菜	76

食物的营养价值

食物名称	单独食用生物价	混合食用所占比例（%）		
小麦	67	37		31
小米	57	32	40	46
大豆	64	16	20	8
豌豆	48	15	…	…
玉米	60	…	40	…
牛肉干	76	…	…	15
混合食用生物价		74	73	89

蛋白质的互补作用

2. 梗主要内含物

茶树的梗是茶树生理机能较活跃的器官，茶树梗中内含物的含量，由于梗的嫩老程度不一、制作茶叶工艺不一而存在较大差别。

由于茶树梗绿色、黄绿或绿褐色的表皮含有一定的叶绿素含量，因此梗也具有一定的光合作用功能；茶树梗内纤维素的迅速增加，使梗组织老化，成为支撑叶的器官；茶树梗内发达的输导组织系统，是茶树体内水分和营养物质运输的主要通道；此外，茶树梗还有萌发不定芽和不定根的功能，有利于茶树的复壮、更新和扦插育苗。

（1）嫩梗的主要内含物

茶树嫩梗中约含 30% 的水溶性物质，这些水溶性物质中主要有多酚类物质，如儿茶素、黄酮、黄酮醇、酚酸等；有含氮物质，如蛋白质、氨基酸、咖啡碱等；有碳水化合物及其衍生物质，如单糖、双糖、有机酸等；有维生素类物质；还有一些矿物质和微量元素。

一般情况下，茶树嫩梗中一些物质的含量，如儿茶素、咖啡碱、维生素 C 等

茶树的嫩梗

会比茶树嫩芽叶少，茶树嫩梗中的儿茶素总量为 6% ～
10%，但其中酯型儿茶素的含量及其占总量的比例又会比
茶树嫩芽叶少；茶树嫩梗中的咖啡碱含量为 1.5% ～ 2%，
相当于茶树嫩芽叶的一半左右。

但茶树嫩梗中也有一些物质的含量比茶树芽叶多，如
氨基酸含量通常会比芽叶高一倍左右，尤其是茶氨酸，第
三叶以上的嫩梗中含量十分丰富，这是因为茶树从根部输
送来的营养要暂时储存在嫩梗之中，才可以不断地提供给
芽叶，满足芽叶生长的需要。基于茶树嫩梗中富含氨基酸，
因此优质的茶叶一般都会是带有嫩梗的芽叶；除了氨基酸
以外，茶树嫩梗中的某些酚酸，如绿原酸的含量也会较高，
含水量和多酚氧化酶活性也较高。除了可溶性物质外，茶
树嫩梗中还含有大量水不溶性物质，诸如纤维素、半纤维
素、木质素、淀粉、蛋白质、不溶性果胶、叶绿素、胡萝
卜素和叶黄素等。

（2）老梗的主要内含物

随着茶树的生长，嫩梗会逐渐变老长成老梗，最明显
的标志是梗的颜色会从绿色、黄绿色、绿褐色，最后渐趋
变成褐色的梗；茶树梗中的纤维素含量也会明显增加而比
芽叶高得多，如褐色的梗可以高达 15% ～ 20%，水溶性物
质的含量也会逐渐减少。因此，为了追求味道，一般情况
下，人们比较喜欢选择嫩梗。

茶树嫩梗长成老梗后，水不溶性碳水化合物便成为主
要成分，包括纤维素、半纤维素、木质素等，这些成分一
般情况下不被茶树全部利用，只有 10% ～ 15% 的碳水化合

茶树的老梗

物可以被利用，如单糖、双糖和淀粉等。

茶梗的碳水化合物变化情况

碳水化合物 ＼ 梗的类别	绿色梗（%）	黄绿色、绿褐色梗（%）	褐色梗（%）
单糖	1.82	1.71	1.36
双糖	6.09	4.63	3.98
淀粉	5.98	5.37	5.50
总量	13.89	11.71	10.84

　　由于老梗生长在茶树的不同位置，老梗可利用的碳水化合物含量也有高低差异。有关研究表明：茶树上层位置的老梗碳水化合物的含量明显高于茶树下层位置的老梗；在茶树休眠时期，茶树老梗的碳水化合物的含量较高，到茶树芽萌发后才会明显下降。

茶心 8　有机物和无机物

　　茶叶中的香气物质大部分都是有机物。那么有机物到底是什么呢？有机物指有机化合物，狭义的有机化合物由碳元素、氢元素组成，是指含碳的化合物，但是不包括碳的氧化物（一氧化碳、二氧化碳）、碳酸，碳酸盐、氰化物、硫氰化物、氰酸盐、金属碳化物、部分简单含碳化合物（如 SiC）等物质；广义有机化合物包括脂肪、氨基酸、蛋白质、糖、血红素、叶绿素、酶、激素等，它们是生命产生的物质基础，所有的生命体都含有机化合物。生物体内的新陈代谢和生物遗传现象，都伴随有机化合物的转变。

　　有机化合物对人类的生命、生活、生产具有重要意义，地球上的生命形式，主要由有机物组成的。此外，许多与人类生活密切相关的物质，如石油、天然气、化纤、棉花、染料、塑料、有机玻璃、自然和合成药物等，均与有机化合物有着密切联系。有机化合物的现代定义为碳氢化合物及其衍生物，主要包括烃类及其衍生物。烃类包括烷烃

（甲烷、乙烷、己烷）、烯烃（乙烯）、炔烃（乙炔）、芳香烃（苯、甲苯、蒽、萘），烃的衍生物包括醇（甲醇、乙醇）、醚（乙醚）、醛（甲醛）、酮（丙酮）、羧酸（乙酸）、酯（乙酸、乙酯）、胺（甲胺、苯胺）、酰胺（尿素）、杂环类（呋喃、糠醛）、核酸和核糖核酸等。

有机物数目众多，可达几千万种，无机物目前却只有数十万种，因为有机化合物的碳原子的结合能力非常强，可以互相结合成碳链或碳环。碳原子数量可以是一两个，也可以是几千、几万个，许多有机高分子化合物（聚合物）甚至可以有几十万个碳原子。此外，有机化合物中同分异构现象非常普遍，这也是有机化合物数目繁多的原因之一。有机物一般情况下多数难溶于水，易溶于有机溶剂，受热

油画　法国香水花

易分解、易燃烧，多数是分子晶体、熔点低，以及是非电解质、不能导电，有机物参加的反应一般比较复杂，且速率慢、副反应多。

无机化合物简称无机物，指除有机物（含碳骨架的物质）以外的一切元素及其化合物，主要是由水和无机盐组成。无机物包括所有化学元素和它们的化合物，不过大部分的碳化合物除外（除二氧化碳、一氧化碳、二硫化碳、碳酸盐等简单的碳化合物仍属无机物质外，其余均属于有机物质）。无机物主要包括单质和无机化合物，单质包括金属单质（铁、铜、锌等）和非金属单质（氢气、氧气、氮气、碳、硅等）；无机化合物主要包括氧化物（一氧化碳、二氧化碳、一氧化硫、氧化铁、三氧化铁）、无机酸（硫酸、盐酸、硝酸）、碱（氢氧化钠、氢氧化钙）、无机盐（氯化钠、碳酸钙、硫酸钠）等。

茶叶的香气物质多是小分子有机化合物，结构复杂，性质不太稳定，因此茶叶的香气会呈现出多变的特点，这也是茶叶迷人的特性之一。

古画
青山绿水茶园图

3. 芽、叶、梗主要物质

茶树的主要内含物有芳香物质、茶多酚、茶氨酸、生物碱、酶类、糖类、各种色素、矿物质元素、维生素、脂类等。这些物质的组成与含量高低，往往能决定茶叶的香气和味道的优劣。也就是说，一般情况下与茶叶品性呈正相关的某些化学成分含量越多，往往就是好的茶树品种。例如，茶树的萜烯醇类含量高则香气会比较好，茶多酚含量高则味道会比较浓烈，氨基酸含量高则味道会比较鲜美，花青素含量高则味道会比较苦涩。

正常情况下，茶树芽、叶、梗中含水量高是茶树代谢旺盛的标志，不同部位的芽、叶、梗，含水量是会有差异的：往往较嫩的含水量较多，起输导功能的嫩梗含水量则会更多。茶树芽、叶、梗的含水量除了与老嫩度有关外，还与茶树的品种、生长环境、季节、树龄等有关，如雨季的雨水多则土壤含水量会高；空气湿度大，茶树芽、叶、梗的含水量一般也较高；高温、干旱季节茶树芽、叶、梗蒸腾量大则含水量相对会较低。

水分多，有助于物质的合成，尤其对含氮化合物的合成更为有利，由于氮代谢的加强，茶树芽、叶、梗中氨基酸、蛋白质的含量增高，制成的茶叶香气较好、味道浓醇。

（1）芳香物质

目前已经知道的茶树芽、叶、梗中含有的芳香物质有百多种，一般情况下以醇类为主，如青叶醇、沉香醇、苯甲醇、苯乙醇、橙花醇、牛儿醇等，而青叶醇又占总量的

茶花

苏仲山钢笔画茶花

60%；其余是醛类（青叶醛等）、酮类（茉莉酮等）、酸类、酯类、内酯、酚类、杂氧化合物、含硫化合物、含氮化合物等。以上这些物质很多是和其他物质结合在一起的，成为一种混合状态，可以产生花香、果香、动物香等气味。

芳香物质含量一般是茶树的上部高、下部低，而由于茶树的品种、生长环境造成芳香物质含量的较大差异。如有些茶树由于苯乙醇、苯乙醛等花香物质含量较高，容易产生较好的香气；一些肥料足的茶树，吲哚的组成比例增长协调，可带来浓郁的香气；另外一些肥料少的茶树，由于沉香醇较多，也可以产生清爽的香气。

茶树内含香气物质的组成及其含量多少，与茶叶的香气的优劣关系密切，香气成分在茶叶制作过程中会发生很大变化，尤其是低沸点的挥发性物质会大量散失，也就是人们在茶厂经常嗅到的茶香气味；而高沸点的芳香物质则会保留较多。另外，一些非香气的物质也会因制作茶叶过程中发生转化反应，转变成新的香气物质。

（2）茶多酚

茶多酚是多酚类物质的总称，是芽、叶、梗中水溶性物质含量较多的一类化合物，是茶树新陈代谢的产物，是茶树三大物质之一。茶多酚的含量因品种、生长环境、季节等的不同而存在较大差异，一般在 15%～45% 之间。目前已经发现茶多酚物质约有 30 多种，可分为四大类：儿茶素类、黄酮类、花青素类和酚酸类。

20 世纪 60 年代，日本科学家发现茶多酚的化学特点：一是在化学反应中能降低反应中的氧含量；二是能阻止、减弱氧化酶的活性；三是能使氧化过程中的链式反应中断，破坏氧化过程；四是能封闭有催化作用的金属离子和引起氧化反应的物质，以延长氧化的诱导期，减慢反应速度。

茶多酚是一类组成复杂、分子量不同、极性与结构差异很大的多酚类衍生物的混合体，具有二苯并吡喃的苯基碳架，含有两个以上互为邻位的羟基多元酚，故有酚类化合物的通性。这些多酚类物质具有较强的供氢能力，如儿茶素结构中的酚性羟基具有供氢能力，在氧化过程中生成邻醌类及联苯酚醌，是一种理想的自然抗氧化剂。茶多酚是一种理想的自然药物，具有清除自由基和抗氧化等生物活性，在抑菌、抗病毒、防癌抗癌、抑制肿瘤、防治心血管疾病等方面具有良好功效。

①儿茶素类。

儿茶素类约占到了茶多酚总含量的 60% ~ 80%，又分为两类：非酯型儿茶素和酯型儿茶素，亦称为简单儿茶素和复杂儿茶素。

一般情况下，芽、叶、梗中的酯型儿茶素的含量总量比较多，所以味道是比较苦涩的，在经过制作茶叶工艺的处理后，儿茶素得到一定的降解、异构和转化，苦涩味道可以得到减轻，变化后的儿茶素是构成味道浓醇爽口的重要成分。儿茶素的氧化物与氨基酸结合后可形成香气，同时，儿茶素的氧化又或是人为加速氧化都能聚合形成颜色产物，氧化程度不同可形成芽、叶、梗和茶叶以及茶叶汤汁不同的颜色。

②黄酮类。

又称花黄素，茶树芽、叶、梗中的黄酮及其糖甙约有20多种，含量只有1%～2%，其中较重要的是牡荆甙。

黄酮醇类物质约有十多种，包括山奈酚、槲皮素、杨梅酮以及它们的糖甙。黄酮类物质一般呈黄、黄绿至绿色的主要色素，从结构上可分为黄酮和黄酮醇两大类。

花青素含量较高的芽叶

③花青素类。

茶树遇到异常环境条件时可能长出红紫色的芽、叶、梗，主要是茶树变异，花青素突然增多所致，花青素是在茶树紫色芽、叶、梗中含量较多的一类水溶性色素，一般在幼嫩芽、叶、梗中含量多，含量多时可达0.5%～1%以上，花青素是具有明显苦味道的物质。

花青素主要由儿茶素、黄酮醇等转化而成，随着芽、叶、梗的生长，慢慢又会转化为儿茶素和黄酮醇，所以待叶生长成熟后花青素含量就会减少；但是，一些茶树由于品种变异关系，终年都可以长成紫色的，因此花青素的含量是可以比较稳定的。

花青素有飞燕草花青素、青芙蓉花青素以及它们的糖甙等多种。

④酚酸类。

芽、叶、梗中的酚酸类物质种类较多，主要有没食子酸、鞣花酸、间双没食子酸、绿原酸、异绿原酸、咖啡酸、对香豆酸、对香豆鸡纳酸和茶没食子素等。其中绿原酸的含量为 2%～4%，没食子酸和茶没食子素含量约为 2%。

（3）游离氨基酸与蛋白质

茶树芽、叶、梗中的游离氨基酸种类有 20 多种，含量在 2%～6% 之间。主要的有茶氨酸、天门冬氨酸、天门冬酰胺、谷氨酸、谷氨酰胺、精氨酸、丝氨酸、丙氨酸、赖氨酸、组氨酸、苏氨酸、酪氨酸、甘氨酸、脯氨酸、缬氨酸、苯丙氨酸、亮氨酸、异亮氨酸等。在这些氨基酸中茶氨酸的含量较高，它约占氨基酸总量的 40%～60%，是茶树三大物质之一，能产生鲜、醇、甜的味道，所以含量高是茶树品种优秀的标志之一；其次是谷氨酸、天门冬氨酸和精氨酸。

游离氨基酸和蛋白质都是茶树氮代谢的产物，主要是在根部合成然后输送到顶部，因此，根系发达的茶树、土壤的氮肥充足、合成氨基酸的数量也较多，在芽、叶、梗中的含量就更加显著提高。由于强光下茶氨酸易受光分解，由根部输送来的氨基酸会加速分解，其分解产物中的碳元素就去合成茶多酚，因此会造成芽、叶、梗中茶氨酸含量累积降低，而茶多酚含量累积增高。因此，一些地方会采用人工或种植遮阴树等方法，减少茶树的直接光照，有目的地提高茶氨酸的含量。此外，人们还发现若昼夜温差大，不但可以减少茶氨酸的分解，而且还利于茶氨酸的形成和积累。

由于若干氨基酸合成的高分子化合物就是蛋白质，毫多、细嫩部位、海拔高、气温低、光照弱、较嫩的茶树芽、叶、梗蛋白质含量可达25%以上。虽说茶树中蛋白质能溶于水的水溶性蛋白质只占1%～2%，但这部分水溶性蛋白质对增加茶叶汤汁的味道却能起到较重要作用，同时，在制作茶叶时一些蛋白质还能转化为香气物质。

（4）嘌呤碱

茶树芽、叶、梗中的嘌呤碱主要是咖啡碱、茶叶碱和可可碱等，是茶树三大物质之一。嘌呤碱中以咖啡碱含量较多，含2%～5%；茶叶碱含量较少，只有0.05%左右；可可碱也只有0.2%左右。咖啡碱又称咖啡因，化学名称为1，3，7～三甲基黄嘌呤，咖啡碱味道苦，主要含有氮元素，是世界上消费最广泛的日常饮食成分及精神类药物之一。

咖啡碱的含量与芽、叶、梗嫩度有关，较嫩的芽、叶、梗中含量较多；较老的叶梗含量较少。咖啡碱属含氮化合物，与氮肥量、氮代谢强度有很大关系，氮肥足氮代谢旺盛则含量较高。除此之外，不同品种、不同季节也不同，一般大叶种比小叶种含量高；嫩的芽叶含量比老叶多；夏天茶树生长快，所以夏茶含量高于春茶和秋茶；遮阴的茶树比露天茶树氮元素代谢更快，因此咖啡碱含量更高。

（5）酶类

酶是植物细胞产生的具有催化功能的一种蛋白质，因此，酶是生物体进行各种生化反应的催化剂。茶树芽、叶、梗中的酶种类很多，已经发现有：多酚氧化酶、过氧化物酶、肽酶、叶绿素酶、苯丙氨酸脱氨酶、脱氢莽草酸还原酶、亚麻酸氧化酶、果胶甲酯酶、磷酸酯酶、核糖核酸酶、茶氨酸合成酶等。由于有各种酶茶树才能正常而有规律地转化、合成各种物质。

茶树芽、叶、梗中多酚氧化酶存在于叶绿体和线粒体中，有 5~6 种酶。品种不同、老嫩程度不同，多酚氧化酶的数量和酶活性便存在显著差异，酶活性较高，发酵性能好；多酚氧化酶对茶多酚的氧化聚合起着重要的作用，尤其是在嫩芽、叶、梗中，多酚氧化酶的活性一般会比较高。

（6）碳水化合物

茶树芽、叶、梗中的碳水化合物包括单糖、双糖和多糖三类，总量为 20%~30%，是茶树叶进行光合作用的产物。茶树嫩芽、叶、梗的光合产物少所以积累量也少，因此碳水化合物的含量也比较低；但随着茶树芽、叶、梗生长成熟，碳水化合物的合成积累量也会逐渐增加，同时单糖、双糖也会逐渐向多糖转化，因此茶树芽、叶、梗老化后多糖的积累量就会越来越多。

茶树芽、叶、梗中的多糖含量常在 20% 以上，其中淀粉只有 1%~2%，含量较多的是纤维素和半纤维素，含 9%~18%，多糖含量和纤维素含量与茶树叶老嫩程度有关，两者的含量若高，在一定程度上可视为茶树老的标志。

茶树芽、叶、梗中的多糖主要有淀粉、纤维素、半纤维素和木质素等物质，淀粉常以淀粉粒的形式贮藏在成熟的叶细胞中，这种淀粉在茶树叶加工过程中一部分可水解变成可溶性糖，除增加味道的浓度外，还参与茶叶香气的形成。

除了上述碳水化合物以外，茶树芽、叶、梗还含有4%左右的果胶质，果胶质对茶叶条索的形成、颜色光润度等都有好处，其中0.5%～2%的水溶性果胶与汤汁浓度有关。同时，还有0.1%左右的茶叶皂素以及0.5%～1%的脂多糖等。茶叶皂素味道呈苦，汤汁容易起泡沫。一般情况下，能被水浸出的碳水化合物只占总量的5%左右。

(7) 色素

茶树芽、叶、梗中的色素主要有叶绿素（绿色）、类胡萝卜素（黄色到橙红色）、花青素（红紫色）、花黄素（黄色）等，具体又可分为不溶于水的色素（称脂溶性色素）和溶于水的色素（俗称为水溶性色素），脂溶性色素包括叶绿素、类胡萝卜素等，水溶性色素包括花青素、花黄素等。

茶树芽、叶、梗中的叶绿素存在于细胞的叶绿体中，由蓝绿色的叶绿素 a 和黄绿色的叶绿素 b 两种物质所组成。成熟茶树叶的叶绿素 a 的含量比叶绿素 b 高2～3倍，所以呈深绿色；茶树刚萌发嫩芽的叶绿素 a 含量少，所以呈黄绿色；随着茶树芽叶的生长，叶绿素含量逐渐增加，其中叶绿素 a 的比例也逐渐增大，一般可以达到0.3%～0.8%。茶树品种不同，叶绿素含量的差异会较大。

类胡萝卜素是一类黄色和橙黄色色素物质，存在于叶

绿体中，类胡萝卜素大约有 15 种，主要包括叶黄素和胡萝卜素等物质。茶树叶中叶黄素的含量为 0.01%~0.07%，胡萝卜素包括 α-胡萝卜素、β-胡萝卜素和 γ-胡萝卜素等，含量为 0.02%~0.1%。

一般情况下，茶树芽、叶、梗中类胡萝卜素与采摘嫩度有关，愈嫩芽、叶、梗的含量愈少，愈成熟含量愈多。β-胡萝卜素在茶树叶加工过程中，加温干燥时可以降解转化成 β-紫罗酮、二氢海癸内酯等具有花香的物质，对增进茶叶香气有积极作用。某些茶叶通常是采摘茶树全开叶，这与胡萝卜素含量较高、有利于茶叶独特香气形成有关。

（8）矿质元素

茶叶经过高温灼烧灰化后剩下的都是无机物质，又称为灰分，灰分含量一般为 4%~7%。灰分中矿质元素种类很多，其中含量较多的是磷和钾，其次是钙、镁、铁、锰、铝和硫，微量成分有锌、铜、氟、钼、硼、铅、铬、镍、镉等。

茶树梗的灰分含量一般较少，嫩芽叶的水溶性灰分含量较多，总灰分中有 50%~60% 为水溶性灰分。嫩芽、叶、梗中含有较多的磷、钾，而老叶梗中钙、镁等含量增加，钙常以草酸钙结晶体的形式储存于细胞中，成熟的茶树叶梗中可观察到较多的草酸钙结晶体。

茶树芽、叶、梗中氟和铝的含量相当丰富，铝能催化茶树生长，但铝在栅栏组织细胞中蓄积过多时，叶质便容易硬化，味道也会较涩。另外，氟的含量也是随着茶树芽、叶、梗的老化而增加。

（9）维生素

茶树芽、叶、梗中含有多种维生素，其中含量较多的是维生素 C，是较重要的营养成分。春季茶树芽、叶、梗中一般含有 0.6% ~ 1% 维生素 C，以第一、二叶的含量较高，第三、四叶含量开始显著下降；夏、秋季茶树芽、叶、梗中的含量则会相应减少。

除了维生素 C 以外，茶树芽、叶、梗中还含有维生素 B_1、维生素 B_2、维生素 B_3、维生素 B_{11}、维生素 B_5 和肌醇等，这些都是水溶性维生素。而茶树芽、叶、梗中含有的脂溶性维生素一般难溶于水。

（10）脂类

凡是水解时产生脂肪酸的物质统称为脂类，是脂肪和类脂的总称。类脂即复合酯类，是脂肪以外的溶于脂溶剂的自然化合物的总称，除含脂肪酸和醇类外，尚有其他非脂成分的分子，主要包括磷脂、糖脂、蜡、萜类和甾族化合物等。茶树芽、叶、梗中含有大约 8% 的脂类物质，以类脂为主。

茶树芽、叶、梗中的类脂是某些香气成分的基础，类脂经过水解和转化后可形成青叶醇和青叶醛，对香气的形成有积极的作用。一般情况下，较嫩的茶树芽、叶、梗中含有较多的磷脂，而较老的茶树叶梗中则以含半乳糖和双半乳糖甘油酯为主。

一般情况下，成熟茶树叶的叶片表会附有蜡质，蜡质多的叶质一般会比较硬，嫩芽叶中蜡质较少。蜡质的多少与茶树的抗性有关，抗寒性强的茶树品种蜡质会较多。

茶心 9　消化代谢

各种食品经过消化道的消化吸收后，以简单物质的形式进入血液，由血液运送到细胞内，在细胞内合成复杂物质，行使其各种生理功能，然后再分解成简单物质，最后作为废物排出体外，这就是物质的代谢。物质代谢的过程中伴随着能量的代谢，包括能量的合成、分解、转变、调节、生存、储存、释放、转化等，而物质代谢和能量代谢

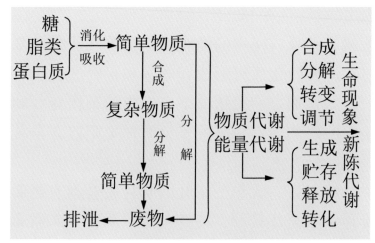

人体新陈代谢示意图

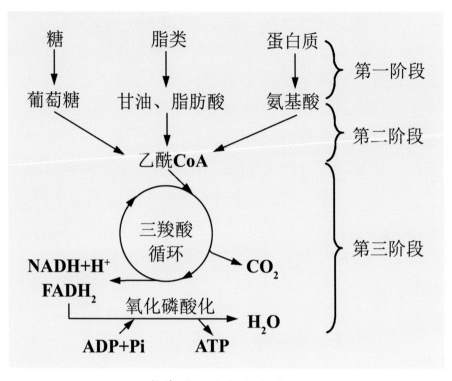

氨基酸人体内代谢过程

一起，就组成了生命现象新陈代谢。

　　茶叶中包含的物质很多，有茶多酚、氨基酸、生物碱、芳香物质、糖类、脂类、色素、矿物质、维生素等，这些物质的代谢都遵循上述总的规律，而每种物质又有自己的代谢途径。常说的三大营养物质代谢指的是糖、脂类、氨基酸的代谢，而茶叶中这三种物质都含有，以氨基酸含量最高，因此以氨基酸为例，看一下茶汤中的物质如何对人体起作用。

　　食品蛋白质经消化吸收的氨基酸（外源性氨基酸）与体内组织蛋白质降解产生的氨基酸及体内合成的非必需氨基酸（内源性氨基酸）混在一起，分布于体内各处参与代谢，称为氨基酸代谢库（metabolic pool）。这些氨基酸代谢的去路很多，可以通过氨基酸的水解作用生成非必需氨基酸、糖、胺类、尿素等含氮物质，也可以进行氧化生成能量，还可以经过代谢转变生成嘌呤、嘧啶、组织蛋白质等含氮化合物，总之，氨基酸的代谢产物众多，起到的作用多且重要，茶叶中的氨基酸也是如此。同时氨基酸本身也有一定的作用，比如在茶叶中大部分氨基酸口感鲜、爽、甜，形成了茶汤良好的口感；茶叶氨基酸中含量最高的茶氨酸，不但能够抑制咖啡碱所引起的中枢神经系统兴奋、大脑皮质活化的作用，而且还能促进注意力集中，尤其是对思维、记忆、学习等脑力活动具有非常好的促进作用。

茶叶中的其他物质，也和氨基酸一样，本身以及代谢产物对人体起着各种重要且丰富的作用，因此茶叶具有较高的营养价值。

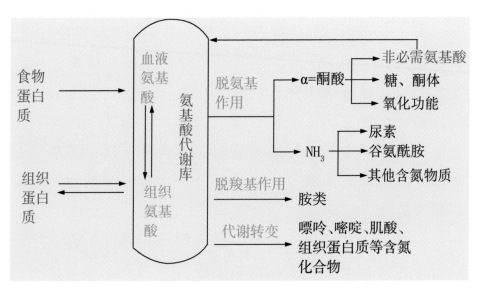

氨基酸人体内代谢概况

静语3　遗传认知

　　茶树品种的优劣除受生长环境影响外，其自身的遗传基因也相当重要，好的遗传基因可以带来好的代代繁育，尤其是茶树内含物品种多少和含量高低，不同品种之间的茶树会有较大差异，可以决定用其芽、叶、梗所制作茶叶的优劣，同时可具有不同的药用功效。

　　地球上的动植物之所以能发展与进步，主要靠的就是代代繁殖。茶树的遗传与动物的遗传相似，是生物亲代与子代之间、子代与子代之间的性状，在下一代表现出来的现象，即从上代传给下一代的现象，在胚胎形

染色体

成时就已经继承了父系或母系的某些特有的遗传基因品性。遗传基因是贮藏动植物遗传品性的地方，一个遗传基因往往携带着祖辈一种或几种遗传品性，同时决定着后代的一种或几种品性。遗传基因还有显性和隐性之分，在一对遗传基因中只要一个是显性遗传基因，其后代的相貌和品性就能表现出来；而隐性遗传基因则只有当成对遗传基因中的两组遗传基因同时存在时，其品性才能表现出来。

　　为什么会出现遗传这种现象呢？19世纪末，人们从细胞的细胞核内发现了一种形态、数目、大小恒定的神经递

质，这种神经递质甚至用当时最精密的显微镜也观察不到，只有在细胞分裂时，通过某种特定的染色法，才能使它显形，因此人们给它取名为"染色体"。遗传基因是一种比染色体小许多倍的微小的神经递质，它们按顺序排列在染色体上，由染色体将它们带入人类细胞，每条染色体都是由上千个族群遗传基因组成的。

人们发现，不同的动植物的染色体数目和形态各不相同，而在同一种动植物中，染色体的数目及形状则是不变的。例如，人类在总数为46条的染色体中，有44条是男性和女性都一样的，另外不同的两条，分别是男性的性染色体"XY"与女性的性染色体"XX"。人类染色体的数量，不管在身体哪个部位的细胞里都是成双成对的存在的，即46条染色体。但是，唯独在生殖细胞——精子和卵子里，却各自只有23条。当一条精子与一个卵子结合成受精卵时，人类新的生命胚胎就出现了，此时，胚胎里染色体的数量又恢复为46条。可见在这46条染色体中有23条是来自父亲，另外23条则来自母亲，也就是说，既携带有父亲的某些族群遗传基因，又携带有母亲的某些族群遗传基因。

由此可见，茶树不同的遗传基因决定了茶树的不同品种，即大叶形体的茶树不可能由于生长环境的变化而变为小叶形体；小叶形体茶树不断更换生长环境也变不成大叶形体。随着科学进步，相信会有更多不同品种的茶树，慢慢被新发现。同理，内含物优质、丰富、和谐的优质茶树品种，在同等生长环境下，其后代也必然优质，这是人们不断培育其后代的主要原因。

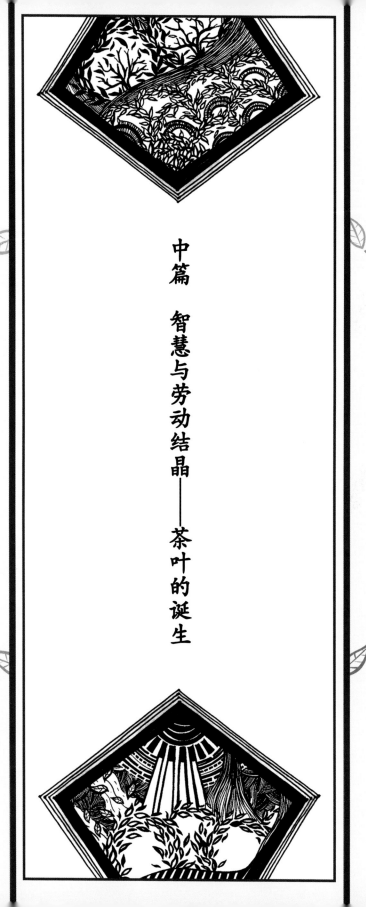

中篇　智慧与劳动结晶——茶叶的诞生

制作茶叶。西夏制作茶叶之法，世变者凡四：古者蒸茶，出而捣烂之或曰捣而蒸之，为团干置，投汤煮之如《茶经》所载是也，余《茶经详说》备悉之。其后磨茶为末，匙而实碗，沃汤筷搅匀之以供。其后蒸茶而布散干之，焙之，是所谓"煎茶"也。后又不用蒸，直　之数过，捻之使缩。及用实瓶如碗，汤沃之，谓之"泡茶""冲茶"。

采茶，制作茶叶，最忌手汗，羝气，口臭，多涕，多沫不洁之人及月信妇人。

茶，酒性不相入，故茶最忌酒气，制作茶叶之人，不宜沾醉。

茶性淫，易于染着，无论腥秽及有气之物，不得与之近。即名香亦不宜相杂。

夫一草一木，罔不得山川之气而生也，唯茶之得气最精，固能兼色，香，味之美焉。是茶有色，香，味之美，而茶之生气全矣。然所以保其气而勿失者，岂茶所能自主哉。盖采之，采之而后有以藏之。如获稻然，有秋收者，必有冬藏。藏之先，期其干脆也。利用焙藏之，须有以蓄贮也。利用器藏而不善，湿气郁而色枯，冷气侵而香败，原气泄而味变，气之失也，岂得咎茶之不美乎？

——《煎茶诀序》

一、茶树芽、叶、梗采集

前人将茶树的芽、叶、梗、子、花和根等采集后，经过一些简单的制作工艺，统称为"茶"或"茶叶"，属于中草药的一种。

根据古代书籍记载：每年农历的五月初五就是采集植物制作中草药的最佳时间，此日采集并制作的中草药，其药性最佳。植物采集后，一般要经过切、榨、蒸、晒、烘、炒、阴干等处理后才方便储存，同时也方便一年四季都能按医生的处方配伍使用。使用时，一般是用陶土容器装载，先注水浸泡，再温火煎熬，待中草药中的水溶性浸出物浸出后让患者服用，前人就是靠具有药性作用的水浸出物，起到医治疾病的效果。

世界上最古老的茶叶

中国制作茶叶历史悠久。根据英国《独立报》2016年报道：1995年至2005年间，在中国陕西西安汉阳陵（汉景帝刘启，公元前188—公元前141）墓中出土了一大堆植物遗存，考古学家在随葬品中发现一只木盒，内装有一些棕黄色层状集合体，由宽约1mm，长为4mm~5mm的细长叶片组成。

2015年，中科院地科所用植物微体化石和生物标志物方法，对不明植物遗存标本进行了鉴定，经质谱仪器分析后，确认为这些标本是由茶树的芽制成的茶叶，进一步研究发现，这些茶叶距今已有两千多年，是目前为止世界上最早的茶叶实物。

由于茶树的品种、生长环境、制作茶叶工艺、储存时间、氧化程度等的不同，导致茶叶香气、味道和汤汁颜色等存在差异。任何茶叶，只要储存环境良好，一般都是可以长时间储存；良好的长期储存会导致茶叶不同的氧化程度，各种物质的含量会减少甚至消失，另一些物质的含量会增多或者是新增，从而产生不同的香气、味道和汤汁颜色，甚至产生不同的药效。

1793年特赐国王普洱茶团四十，茶膏五盒，武彝茶，六安茶各十瓶。其余官员的品种和数量相应减少。

——《海国四说》

128

利用茶树的芽、叶、梗制作茶叶，又或者是对不同品性的茶叶进行再制作，从而再转变成不同品性的茶叶，其根本就在于不同的制作茶叶工艺所致。当然，如果没有优质茶树的芽、叶、梗，是制作不出优质茶叶的；有了优质茶树的芽、叶、梗，没有好的制作茶叶工艺，也是制作不出优质茶叶的。

夏月之间，如有野草或野生小树萌生，宜铲除之，以防伤害茶苗萌蘖。种成之后，俟三四年，即可采摘。但初年不可采摘过多，若过多则恐伤害茶树之本矣。

——《茶务佥载》

采摘中国产茶，自谷雨至立夏，旬日之间，为时磅促。园户急忙从事，贪多务得，鲜能求精。无论其叶之大小，芽之强弱，悉行采捋，混杂错间，鲜能纯粹。不知采摘为第一要看，万不能不谨择其叶。采茶当有次第，过早则叶未足，稍迟则叶已老。先从向阳之枝，择其叶之肥嫩者采取。但采其叶，勿损其牙，则芽又复次第发叶，叶齐而复采之。似此则茶质既纯，茶味亦厚，虽有先后，断无参差，且能保茶树。

——《整饬皖茶文牍》

茶树嫩梗中含有大量的茶氨酸、香气物质、茶多糖等，其含量大于茶树叶的含量。茶树梗中的维管束是养分和香气的主要输导组织，所含物质大部分是水溶性的，在制作茶叶过程中，香气物质会从梗中随水分蒸发转移到叶片中，这些物质转移到叶片后，与叶片的有效物质结合转化，变成气味更浓的香气物质。因此，要有适当的茶树梗才能制出香气清、味道浓的茶叶。

氨基酸是一种重要的味道物质，在汤水中起着鲜爽的味道，对香气的形成也有着重要影响。嫩梗中的氨基酸含量比芽叶的多，这是由于茶氨酸主要在根部合成，经木质部输送到地上部分后，一部分产生谷氨酸参与茶树的氮代谢，另一部分则在新梢中积累，所以嫩梗中的茶氨酸含量高。此外，茶梗作为茶树芽、叶、梗的营养传导脏器官，含有较高的糖分、水溶果胶。

1. 采集时间

问茶之性，贵知采候。太早，其神未定。太迟，其精复涣。前谷雨五日间者为上，后谷雨五日间者次之，再五日者再次之，又五日者又再次之。白露之采，鉴其新香。长夏之采，适足供厨。麦熟之采，无所用之。凌露无云，采候之上。霁日融和，采候之次。积阴重雨，吾不知其可也。

——《茶录》

吴淞人极贵吾乡龙井，肯以重价购雨前细者，狃于故常，未解妙理。嶰中之人，非夏前不摘。初试摘者，谓之开园。采自正夏，谓之春茶。其地稍寒，故须待后，此又不当以太迟病之。往日无有于秋日摘茶者，近乃有之，秋七、八月重摘一番谓之"早春"，其品甚佳……他山射利，多摘梅茶，梅茶苦涩，止堪作下食，且伤秋摘，佳产戒之。

——《茶疏》

　　采时，宜晴不宜雨，雨则香味减。武夷采摘以清明后谷雨前为头春，香浓味厚。立夏后为二春，无香味薄。夏至后为三春，颇香而味薄。至秋，则采为秋露。

——《闽产录异》

　　采摘。大概清明至谷雨，为头茶。谷雨后，为二茶。立夏小满后，则为大叶颗，以制红茶矣。世所称明前者，实则清明后采。雨前，则谷雨后采。

——《种茶良法》

　　采集若按四季可划分为春、夏、秋、冬；若按节气可划分为清明至小满为春，小满至小暑为夏，小暑至寒露为秋，霜降至立冬为冬。

雨天采茶交货

采集各地差异较大：有些地方是露水天不采、雨水天不采；但有些地方下大雨也照采不误。

不同时节的采集，茶树芽、叶、梗的氨基酸含量不同。一般情况下是春天比夏天的含量高；而茶树芽、叶、梗的嫩老程度不一样时，氨基酸的含量也会不同，基本上是嫩的比老的含量多。

在江浙一带，习惯上将十月间采集的称为"小春茶"，如《茶史》中就有"吴人于十月采小春"的记载，但在云南则是"谷花茶"（《云南通志》），四川则称"晚茶"（《四川通志》），而湖南的"桂花茶"（《柳县志》）则在七、八月间采集。另外一些地方的采集还分为"春茶"（谷雨前）、"仔茶"（芒种前）、"禾花茶"、"白露茶"等。各地的温度、降水、土肥、茶树品种、位置等不同，对茶树芽、叶、梗的生长会造成一定的影响，从而影响采集时间。

（1）春采

一般指当年茶树第一次萌发芽叶开始至立夏节气之间的时间。在中国农历二十四节气中，立春到立夏之间共有如下节气：立春、雨水、惊蛰、春分、清明、谷雨。春采一般指的是立春到立夏之间采集的芽、叶、梗。

茶树在冬季大部分时间处于不长芽的状态，休养生息的时间会较长；少部分生长在南方的茶树则相反。一些有雪地方的茶树则会生长得更好，不但可以冻死大部分害虫，使来年的害虫量大大地减少，而且由于雪水中氮化物含量比雨水中多5倍，融化后的雪水，能够给土壤带来较多的氮化物，对茶树来说雪水象征着肥水。

春季来临后，温度适中，雨量充沛，茶树会缓慢发芽，初春的阳光照射相对较弱，叶梗的养分多而消耗少，生长缓慢积累了不少营养物质，使得春季茶树的芽、叶、梗一般比较肥硕，颜色翠绿，叶质柔软，且含有丰富的维生素，特别是氨基酸及相应的全氮量和多种维生素富集，此时采集的芽、叶、梗所含的各种物质往往是比较丰富的。初春气温相对较低，有利于茶树对含氮化合物的合成，芽、叶、梗中的游离氨基酸、蛋白质等营养成分含量较高，低温使芽、叶、梗中的芳香类物质更容易保存。

（2）夏采

天时。茶感上天阳和之气，故虽有微寒，而不损胃。以采于谷雨前者为佳，盖谷雨之前，春温和气未散，唯此时之生发为最醇。若交夏，则暑热为虚，生机已失，亦犹豪杰不遇，未免有生不逢时之叹也。故曰：夏茶不如春茶。

——《茶史》

春采

夏采

秋采

冬采

5月至7月的夏季天气炎热，茶树芽、叶、梗生长迅速，使得内含物的含量相对地有所减少，特别是以氨基酸为主的物质会减少，使芽、叶、梗的紫色加深，花青素、咖啡因、茶多酚等含量比春采的多。

（3）秋采

秋采是二十四节气立秋至白露之间，也就是8月中旬以后。秋季气候是秋高气爽，雨水较少，这个季节的茶树芽、叶、梗内的沉香醇、苯乙醇、香叶醇等含量高。而白露至秋分之间的茶树经过春、夏季的生长、消耗，到了白露前后便会进入又一次生长佳期，芽、叶、梗的内含物含量相对平稳、和谐、丰富，不像春、夏时期可以有较大的起伏，各方面都会显得比较稳健，更能显现出茶树品种的品性，所以古人云"春茶苦，夏茶涩，要好饮，秋白露"就是此道理。

（4）冬采

冬采一般是在10月下旬开始，冬季是在秋采完结后，气候逐渐转冷，茶树芽、叶、梗开始缓慢生长，若气温持续下降茶树的生长会更加缓慢甚至停止。但由于自然环境的原因，南方一些地方的茶树在冬季还是可以正常生长并且少量采集。一般情况下，冬采的芽、叶、梗所含各种物质含量与秋采的差不多，某些地方的茶树芽、叶、梗内所含各种物质还会逐渐增加。

茶心 10　量物而为

茶树芽、叶、梗的采集时间，一般是根据茶树芽、叶、梗不同的品种、生长时间、自然环境情况、所需要制作的茶叶品性等进行调整。

制作茶叶要从实际出发进行调整，比如一些茶树生长在交通不便、无人居住的地方，茶树芽、叶、梗采集后不可能短时间投入到制作中，假设送到制作工厂都要三四个小时，若按陈椽 1973 年所提的六种茶叶分类，一般情况下是制作不了"绿茶"，因为这段时间芽、叶、梗已经氧化比较严重，只能制作青茶、红茶、黑茶。

春季采集，尤其是每年的第一次采集，由于茶树经过了冬季的休养生息，内含物比较丰富，芽苞肥硕、颜色翠绿、叶质柔软，加上春天雨水充沛，温度适中，适合氮元素的积累，因此茶氨酸的含量会较高，若做成微氧化的茶叶则气味清香，味道鲜爽。

夏季天气炎热，日照较多，适合碳元素的累积，此时的茶多酚和带苦涩味的咖啡因、花青素等含量会比较高；同时，因为芽、叶、梗生长迅速使氨基酸等减少，若做成微氧化的茶叶则口感会比较差；如果做成中、重氧化的茶叶，则因为芽、叶、梗所含各种物质含量丰富，利于茶叶进行再制作，或长时间储存氧化，味道会比较醇厚。因此，中部区域以前一般是很少或不进行夏季采集，而是让茶树继续休养生息；而南部、西南部区域则进入繁忙的夏季采集和制作。

秋季气候介于春夏之间，因茶树经过两季的采集内含物有所消耗，芽、叶、梗所含各种物质的含量除芳香物质外一般会比高峰时低，若做成中、重氧化的茶叶，香气则比较浓烈，而味道则比较醇和。

冬季一般情况下茶树除根系外，芽、叶、梗会停止生长，此时也没有芽、叶、梗可以采集，多用于对茶树的护理与休养，如松土、施肥、剪枝修缮，方便来年开春的采集等；只有极个别的地方由于小环境气候的原因，茶树的芽、叶、梗还可以进行缓慢的生长，芽、叶、梗可以适当采集，所制作出茶叶的香气较好，味道则较为平和。

嫩芽

2. 采集

采茶不必太细，细则芽初萌而味欠足。不必太青，青则茶已老而味欠嫩。须谷雨前后，觅成叶带微绿而园且厚老为尚。

——《茶笺》

我国茶树品种丰富，各地茶树的生长情况和茶叶制作方法千差万别，即使是处于同一茶区，甚至同一块茶林，茶树发芽的时间也可以相差较大，所以采集时间各地不可能一致。一般情况下，茶树生长缓慢时，只要长有10%～20%的芽就可以开采；若茶树生长较快，尤其是气温上升较快、雨量充沛，茶树萌芽力强、生长旺盛特别明显，只要长有5%～10%的芽就要开采。

就开采次序而言，为迎合市场需求和价值所在，一般情况下是先采芽后采叶、梗；先采向阳处茶树后采阴处茶树；先采低处茶树后采高山茶树；先采产量大、青壮年的茶树后采幼年或老年茶树。

（1）采集类型

六安茶产自霍山。第一蕊尖无叶。第二贡尖即皇尖，皇尖只取一旗一枪。第三客尖。第四细连枝。第五是白茶。有毛者，虽粗亦是白茶，无毛者，即至细亦是明茶。明茶内有粗老叶，其梗有骨，大小不齐。明茶之后，名曰耳环。耳环之后为封顶。封顶之后为大运，即老叶，乃隔冬之枝干也。

——《援鹑堂笔记》

由于茶叶的品性不同，芽、叶、梗优良的定义也不相同，如一些茶叶品性以嫩度为标准，要求全是芽苞，追求的是嫩；一些茶叶品性以香气为标准，要求芽叶相对均衡，追求是高锐的香气；一些茶叶品性以味道为标准，要求芽、叶、梗相对均衡，追求的是霸道回甘；一些茶叶品性以香气和味道为标准，要求芽、叶、梗有一定成熟度"开面叶"，追求的是中庸和谐；一些茶叶品性以储存时间、氧化程度为标准，要求叶、梗有相当成熟度，追求的是药用价值。由此可见，茶树的芽、叶、梗的成熟度是以茶叶的品性需求而采集。

国人喜欢茶树的芽苞作为首选，其中一个原因可能是"顶端优势"作怪。"顶端优势"是指植物顶端的芽苞可以产生维持植物生长的生长素，生长素按照顶端芽苞—叶—梗（枝）—茎的顺序往根部输送，由此可以认为芽苞的生长素要比较多才能完成往根部输送的任务，所以

小开面

用芽苞制作的茶叶香气和味道会最好。

茶树芽叶的生长成熟度俗称为"开面叶"，其中第一叶为第二叶面积一半的时候称为"小开面"；第一叶长成第二叶的三分之二的时候称为"中开面"；第一叶长到与第二叶大小相当的时候称为"大开面"。因此，对茶树芽、叶、梗的采集习惯上分为两种：以芽叶多少分为芽、一芽一叶、一芽二叶、一芽三叶、一芽四叶等；以叶片展开程度分为芽一叶初展、芽二叶初展、芽三叶初展等。

由此可见，茶树芽、叶、梗中的内含物成分会随着成熟度不同而改变，有的逐渐减少，有的逐渐增加。从制作茶叶的有关文献中发现，茶树梗中含有较多的内含物能转化为茶叶香气的物质，但转化为味道的物质较少；茶树梗中所含物质大多数是水溶性的，能随着水分从输导组织向叶片转移，与叶片内的有效物质结合转化形成量更高、味更浓的香气物质。同时，芽、叶、梗的大小、粗壮与嫩老

中开面

关系不大，往往只能限制在同一品种、同一生长环境条件下才相关。例如，大叶种的芽、叶、梗，就比小叶种同样嫩度的芽、叶、梗要大得；而且，茶树生长旺盛的芽、叶、梗比生长差、不旺盛的要大，但不一定嫩。

（2）采集手段

采集的芽、叶、梗一般情况下是根据所制作茶叶品性而决定。采集手段一般分为手工和机械采集两种。

人工采集一般用"掐采"手法（俗称"折采"），凡细

人工采集

机械采集

嫩的芽、叶、梗都适宜使用；另一种是"提手采"手法，适宜成熟度较好的芽、叶、梗使用；采集比较粗大的叶梗一般会用锋利的小型刀具进行采割，如常见的有月形小刮刀、小镰刀、小铁铗等。人工采集成本较高、效率较低，茶树芽、叶、梗的损伤会比机械采集的大，即芽、叶、梗与树体分离的冲击力度相对来说较大，尤其是各种捋、搓等速度较快的采集手法。

机械采集技术国外较为流行，19世纪开始英国等便在海外领地如印度等大规模使用，好处是成本较低、损伤较少、效率较高、品性较好。由于芽、叶、梗与茶树的分离速度较快，所以所含各种物质流失较少，采集较为干净规整。虽然芽、叶、梗是统一采割，由于有自动筛选系统，一般情况下可以快速分选出芽、一芽一叶、一芽两叶、一芽三叶等，方便进入制作茶叶工序。

3. 芽、叶、梗贮运

采集的芽、叶、梗离开茶树母体后，要尽快运回制作茶叶场地，装载芽、叶、梗的容器应干净、透气、无异味。芽、叶、梗不宜太过拥挤、不可重压，要保证透气良好，利于散热，否则芽、叶、梗之间很容易因相互摩擦而损伤，又或因为拥挤导致散热不良而使其发热、催化其氧化，所以装载芽、叶、梗时的工具通常采用竹筐进行装载。所以，装载、装运芽、叶、梗的器具必须通风透气以利散热，并且在每次装运后，器具必须清理干净，不能留有过夜叶。这样，既可防止细菌繁殖，不使芽、叶、梗腐烂，又可避

茶心静语

142

芽、叶、梗集箩

集箩装运

免芽、叶、梗中含有的烯萜类物质吸附异味分子而产生异味。

（1）氧化开始

芽、叶、梗离开茶树母体后，新陈代谢很快就停止，芽、叶、梗细胞马上发生变化，失水加快，呼吸作用反而有所加强，结果使叶内糖分分解，并放出大量热量，热量若不能及时散发掉，将更加促进呼吸作用的加强，有机物质分解相应加快，多酚类物质不断氧化，以致茶树芽、叶、梗由绿色逐渐变为红色。

在采集过程又或运输过程中，芽、叶、梗一般都会受到损伤，多酚类化合物多少都会溢出液胞外与多酚氧化酶接触便开始了氧化。一般情况下，这种氧化的速度在常温条件下相对来说还是比较慢的，芽、叶、梗的新鲜度是逐步减弱，原本鲜艳的芽、叶、梗颜色慢慢开始变色减退。

（2）厌氧反应

茶树芽、叶、梗在通风透气不良的情况下，呼吸所产生的热量就不能及时散发掉，这样将更加促进呼吸，有机物质分解相应加快，多酚类不断氧化，以致芽、叶、梗逐渐红变；此外，在茶树芽、叶、梗若堆积过厚、挤压紧实、透气不良的情况下，还会因氧气供应不足而产生无氧呼吸，结果使糖类分解为醇类，产生酒精气味，若情况加剧还会产生酸馊气味，细菌开始大量快速繁殖，芽、叶、梗开始腐烂。

芽、叶、梗在剥离茶树母体后，正常情况下是一股清淡的青草气味，若发出难嗅的、发酵酒、腐败等气味，则说明芽、叶、梗堆放时间太长、太厚、太高温以及氧气不足，碳水化合物被大量消耗，蛋白质水解成氨基酸和酰胺然后转变成了氨气，这时，芽、叶、梗已经变质。

茶心 11 呼吸作用

当芽、叶、梗还在茶树上的时候，它们的呼吸是在光合作用下进行。光合作用是植物在光照的作用下将二氧化碳和水转化为有机物并释放出氧气；呼吸作用是植物吸收氧气、将有机物分解成二氧化碳和水以及能量的过程。所以，植物的呼吸作用也可被视为光合作用的一种逆反应形式。

当芽、叶、梗被剥离茶树后，光合作用便停止，但呼吸作用仍会继续进行，失水会加快，而水分的减少又能进一步促进呼吸作用逐渐加快。呼吸作用会消耗芽、叶、梗的化合物并使能量释放，若有机物的能量堆积便很容易产生闷热，导致芽、叶、梗缺氧变坏。所以，采集后的芽、叶、梗用何物装载和运输，如何能及时运回制作茶叶场所，是一个十分重要的环节，决定了茶叶品性的好坏。

植物的呼吸作用日常中比较常见，而人体内也有类似的生物氧化作用。生物氧化主要是指糖、脂肪、蛋白质等

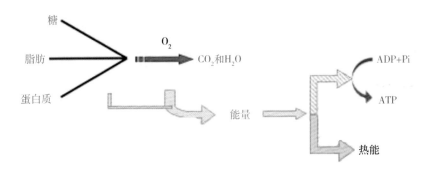

人体生物氧化过程

在人体内分解时，逐步释放出能量，最后生成二氧化碳和水的过程。

人体生物氧化是营养物质分解的过程，同时生产能量，一部分用于满足人体各种活动的需要；一部分用以维持人体温度；多出部分则要以热能的形式散发掉。

生物氧化也可被视为糖、脂肪、蛋白质等物质合成的一种逆反应，如果人体只进行生物氧化而不进行物质合成，就相当于人体不断消耗能量而且没有能量的补充。同理，芽、叶、梗被剥离茶树母体后，只进行呼吸作用而不进行光合作用，就会影响芽、叶、梗的品性；当影响严重时，芽、叶、梗的品性就会变差，若用这种品性的芽、叶、梗制作茶叶，肯定是不可能做出好的茶叶的。

无论如何，芽、叶、梗的采集、运输都是一种对芽、叶、梗损伤的过程，所以运输时间越短、散热透气散水的措施越好，对芽、叶、梗的损伤就会越小，芽、叶、梗内所含各种物质就能更多、更好地得到保留。

静语 4　定势思维

　　某些地方的人比较喜欢追求茶树的芽，又或是一芽一叶，这其实是一种定势思维在起主导作用。实际上，经过科学检测，茶树的二、三叶片，四、五叶片，甚至六、七叶片的内含物各有特点。综合地来说，芽无论是香气、味道，还是内含物的数量和分量，都是排在最后一位的。因此，很有必要改变定势思维的习惯。

　　定势思维源于遗传和环境风俗影响，不同地域可以形成思维上的明显差异，从而支配着人们的行为。

　　有关研究报道，遗传与某些族群的性格密切相关，可以影响大脑内产生多巴胺和 5-羟色胺等神经递质多与少的分泌，通过这些神经递质进而能影响定势思维，这属于先天的部分。尤其是在国内

1979 年的 250MB 硬盘

一些神话、传说、演义等仍然盛行地方，并且往往会比较讲究将简单事情复杂化，因为当常人听不懂、看不明的时候，才能显得其有很深高的学问，可以赢得满堂喝彩的掌声，于是，某些能说会道的人逐步成为"××之父""××之母"；而在国外一些地方，却坚持讲究实用为主，一位卓越的历史人物，是以他将科学技术向前推动多大而定，因此科学家、发明家往往是比较受人尊重。

环境风俗指本族群那些历经人类生存发展与进步后，至今还能生生不息、难以泯灭、深层稳定、无形或有形的传统观念、生存习惯、经验精髓等，一般是通过言传身教、生活应用、长辈示范等，经过一代又一代在族群中传承下去。它能不同程度地影响定势思维，尤其是那些至今还根深蒂固、难以泯灭的风俗，必然要靠一套完整的、健全的系统来运作。所以，人类生活中，或多或少总是能感受到定势思维的强大力量，尤其是当受到外来族群试图改变、同化、干涉时，本族群的强大力量就会充分体现出来并加以维护。

虽然要改变定势思维比较困难，但在崇尚科学技术的现代社会，只要相信科学，还是可以做出适当改变的。例如，对茶树的芽、叶、梗有所了解，知道其基本品性后，重点可了解茶树品种生长地区和局部生长小环境；茶树的生长环境非常重要，可直接影响芽、叶、梗内含物的高低；同时，还要知道好环境不一定就能生长出好茶树，好品种不一定制作出好茶叶。

二、茶树芽、叶、梗制成茶叶主要工艺

一般情况下，茶树的芽、叶、梗都可制成各种品性不一的茶叶，只是由于茶树的品种、生长环境、制作工艺、储存时间、氧化程度等不同，导致茶叶内含物数量和含量有所不同，造成茶叶香气、味道和汤汁颜色的较大差异。尤其是茶叶各种不同的外形，均由制作时不同源的物理性状变化所致。

简单地说，制作茶叶就是一个将茶树芽、叶、梗进行氧化的过程，比较有意思的是，当制作工艺停留在哪个工艺阶段（包括各式各样的氧化），香气和味道的品性就会停留在某种氧化程度上，汤汁颜色按茶叶氧化轻重程度开始由绿色向黄色，再向红色或褐色转化，或者是从明到暗的颜色过渡。1973年，陈椽按茶多酚的氧化程度从低到高分别命名为绿茶、白茶、黄茶、青茶、红茶、黑茶等六种；与之相对应的茶多酚按照氧化程度的轻重，可以转化为茶黄素、茶红素、茶褐素等；味道则从浓到淡、从强到弱的顺序排列，即茶多酚氧化程度越高，含量就会变得越少，强烈的刺激性味道则会变弱。

制作茶叶过程中常以高温运作，可以强调出明显的熟果酸、焦糖甜或木质甘，茶叶及汤汁颜色会跟着变化。但若操作过当就会造成汤水伤害，让风味变沉，增加燥味、火味或焦味等，茶叶及汤汁颜

色也会暗沉。其他如茶叶本质不良、工艺技术粗劣、混堆茶叶等所引起的各种杂味、油耗味、焦燥味及咖啡因过多的苦味，甚至是太强过浓的人工化学味，都是市场上很容易出现的不佳品性。

——《深入大吉岭，探寻顶级庄园红茶》

前人制作茶叶的工艺相当原始、古朴，除以人力、手脚为主以外，工具多用竹木为主，最常用的是背篓、簸箕、草席等；场地一般兼用为多，一些地方甚至是利用晒谷、晒麦场地、家庭厨房等制作茶叶。即使利用所谓的机械，也只是一些用水力和兽力，以较为简单的日常田间劳动机械为主。

现代常用的杀青机、揉捻机、发酵机、烘焙机、分筛机、包装机等设备，有记载国外是从蒸汽机出现后便开始配套使用，尤其是英国海外领地印度由于大规模使用机械制作茶叶，使得茶叶的品性、产量、标准、效益等方面都获得空前成功，19世纪中期便成为世界茶叶第一产销大国。

根据有关报道，2016年8月贵州省湄潭县某茶厂，采用酶、臭氧、碱、清水、强光、特殊材料吸附等工艺清洗茶树芽、叶、梗，其目的是降低芽、叶、梗的农药、化肥、重金属残留以及其余对人体有害物质。

1. 摊凉、萎凋

摊凉、萎凋的目的是降低从茶树上采摘下来的芽、叶、梗的水分含量，这是各种品性茶叶制作的第一道工艺。一般情况下，萎凋得当的物理品性是：叶形皱缩叶片软绵、颜色转暗绿、外表光泽消失，嫩梗萎软曲折不断、手捏成团松手可缓慢松散，青草气味减退透发清香。

摊凉、萎凋两道工艺的严格区别在于芽、叶、梗的失水量不同：摊凉一般指芽、叶、梗失水量在10%以内便转入下一道制作茶叶工艺；萎凋一般是芽、叶、梗失水量在10%以上才转入下一道制作茶叶工艺。

茶叶经过摊凉、萎凋既发生物理变化，也发生化学变化，这两种变化是相互联系、相互制约。物理变化既能催化化学变化又能抑制化学变化；反之，化学变化亦影响物理变化。化学变化与叶片液体的浓度有关，芽、叶、梗剥离茶树后水分会不断蒸发，叶片液体的浓度也就随之不断变化；尤其是在空气温度、湿度、风、气压等影响作用下，能起到较大的变化。一般情况下是符合变化条件的成分变浓，不符合变化条件则慢，甚至停止变化。如何能人为地

摊凉

广西茶科所木质带网眼摊凉台

云南春福润茶厂不锈钢摊凉台

控制芽、叶、梗的物理变化或化学变化朝有利于某些茶叶品性的方向发展，一直都是衡量制作茶叶师傅手艺高低的主要标准。

（1）程度与作用

茶树芽、叶、梗的水分含量多少，由所采集茶树品种、树龄、采集部位、生长环境、采集天气、采集时间等不同而存在较大差异。一般情况下，芽、叶、梗的水分含量，芽要比第一叶多，第一叶比第二叶多，梗的水分含量又比芽、叶多。

茶树芽、叶、梗失水主要通过叶背上的气孔蒸发水分，当叶片感觉含水量多时，气孔会自动开放蒸发水分；当叶片感觉含水量少时，气孔会自动收缩锁住水分；若芽、叶、梗继续蒸发水分，叶面会因失水而皱缩，气孔则会被动开放蒸发水分。细胞失水后细胞内部张力减弱，由于叶背气孔失水快，所以叶片大多呈背卷状。

另外，茶树芽、叶、梗还可以通过表皮的角质层蒸发水分。由于老叶的角质化程度高、角质厚而坚实，失水的速度相对来说会比较慢，所以嫩叶虽比老叶水分含量高却比老叶失水速度快；梗虽然是以内含物的输导组织为主，自身的水分含量较高，但由于表面积太小而使水分难于蒸发，其大部分的水分是通过输导至叶片后，通过叶片蒸发掉的。角质层比叶面薄细胞萎缩快，因此叶背收缩较叶面快，所以叶缘会向叶片背面卷曲。

随着茶树芽、叶、梗失水，细胞膜透性提高，多酚类化合物的氧化还原逐渐失去平衡，氧化大于还原。若萎凋时间过长或重萎凋，细胞膜近于变性，多酚类化合物氧化量不断增加，芽、叶、梗会出现红变现象。

无锡茶科所不锈钢萎凋槽

可溶物的增长主要是一系列酶促作用的结果，首先是酶的活性增长，其次是氧的吸取量增加。

随着失水，芽、叶、梗开始出现水解等化学质变，叶细胞组织脱水，细胞液浓缩，细胞膜渗透作用

萎凋芽、叶、梗

加强，蛋白质的理化品性改变，使酶由结合态变为溶解状态，酶系反应方向趋向于水解，酶系的活力逐渐增强，一些贮藏物质如淀粉、多糖、蛋白质、果胶类物质开始水解生成简单物质，如原果胶转化为水溶果胶，是芽、叶、梗变柔软的原因之一，同时还可以增进汤汁的黏稠度和醇厚度；青草气逐渐消失，特别是氨基酸含量的增加，是蛋白质水解的结果，氨基酸含量随着萎凋时间延长和水分减少而有较多的增加，芳香成分、氨基酸等有所增加，清鲜的花香气味开始显露。

芽、叶、梗摊凉、萎凋程度的优良与否，对后继制作茶叶工艺和茶叶品性关系较大：萎凋不足，叶质硬脆，揉捻工艺时芽、叶、梗容易断碎，芽、叶、梗汁稀薄易流失，揉捻难于充分，氧化程度不易控制；萎凋过度，芽毫枯焦，叶质干硬，揉捻工艺时芽、叶、梗汁难于揉出，氧化程度不容易均匀。因此，控制摊凉、萎凋程度至关重要。

(2) 主要方法

摊凉、萎凋程度一般由所制作茶叶品性工艺而定，即各种氧化程度不同的制作工艺，要求芽、叶、梗的失水量高低要求也不一样。例如，若下一步是揉捻工艺，一般情况下要求茶树的梗能弯曲 300 度时仍然不折断，但芽叶又不能失水量过大为佳。

在一定的自然条件下，茶树芽、叶、梗可以一直摊凉或萎凋至干燥而成为某种品性的茶叶，即茶叶的含水量可低至 5% 以内，此种制作茶叶工艺，由于没有其他方法介入，能使芽叶的茸毛能够比较完整地保留下来。这种制作

武夷山兴久公司日晒场

茶叶工艺，由于摊凉或萎凋时候叶尖、叶缘的失水速度比叶肉细胞快，叶背失水比叶面快，从而会引起叶面、叶背张力的不平衡，当失水达到一定程度时，叶尖与嫩梗部位会有所翘起，叶缘开始向叶背反卷，使叶片呈船底形状，形成该种茶叶特有的抱心形芽叶连枝的品性。

①自然法。

自然法摊凉、萎凋，能最大限度地利用自然界所赋予的一切，最大限度地保持芽、叶、梗内所含各种物质。一般是将芽、叶、梗摊得厚薄比较均匀，可放置在室外日晒，也可放置室内通风透气的地方，使水分自然地慢慢蒸发掉。

日晒是将茶树芽、叶、梗薄薄地摊在干净的地上或棚架上，在阳光下直接暴晒，利用太阳热能使芽、叶、梗水分蒸发的过程。日晒摊凉、萎凋的时间长短一般是由所制作茶叶的品性需要而定。

若天气好，日晒芽、叶、梗还可完成"杀青"以及"干燥"工艺，从而完成某些品性的茶叶制作。

根据有关文献记载，利用日晒制作茶叶历史悠久，是我国最古老的茶叶制作方法，不但能加速芽、叶、梗的水分蒸发，还能催化芽、叶、梗的化学反应。通过日晒摊凉、萎凋过程中的物理和化学变化比较自然和谐，特别是光化学反应的产物能催化芽、叶、梗中酶的活性与内含物一系列的变化，有利于内含物的协调形成，尤其是能促使苄基氰和吲哚的形成，从而产生日晒工艺所特有的香气品性。

一般情况下，日晒摊凉、萎凋时芽、叶、梗的失水速度快慢不一：芽苞的失水较快，叶片的失水较多，梗的失水较少。若日晒时间和阳光强度掌握不当，则得不到良好的效果。根据有关资料记载，同是水仙品种的茶树芽、叶、梗，若按武夷茶制作方法进行日晒萎凋，其水溶性浸出物含量会比其他萎凋方法较多，香气较为高锐，味道较为鲜爽浓醇，尤其是汤水颜色较为透亮。若按过度日晒方法进行萎凋会使叶片变焦、变红，结果水溶性浸出物的含量减少，茶多酚类化合物也会减少。

将茶树芽、叶、梗摊放在室内或室外上有棚顶等干净的地上，又或摊放在棚架、U形槽、专用透气平台等器具上，

阴凉

让流动的空气能穿过芽、叶、梗之间的间隙透气，使水分蒸发的过程，俗称"阴干"。阴干摊凉、萎凋的时间长短一般是由所制

热风

作茶叶的品性需要而定。若阴干的时间够长，同样可以完成"干燥"工艺，从而完成某些品性的茶叶制作。

②人工法。

人工摊凉、萎凋方法能最大限度地不受天气因素干扰，及时、顺利地完成制作工艺，同时，可以初步完成一些茶叶品性的特殊风味，如烟熏味道。

人工摊凉、萎凋一般是将芽、叶、梗按需要摊放在通风透气的棚架、U形槽、专用透气平台等器具上，以利于芽、叶、梗水分的蒸发。

由于茶树是按时间、季节生长的，到采集芽、叶、梗的时候，就是下雨天也得进行采集，为应对在下雨、潮湿天气的时候芽、叶、梗如何摊凉、萎凋走失水分的问题，尤其是如何使芽、叶、梗含水量能够尽快达到制作茶叶工艺要求，前人发明了用吹风、吹热风、吹热烟等方法来蒸发芽、叶、梗的水分。

一般是将茶树芽、叶、梗薄薄地摊在架空的里面布满

烟熏

微波

通气孔的棚架、U形槽、专用透气平台等器具上，利用热空气往上升的原理，在低处燃烧柴、煤等，使热空气从下往上穿过芽、叶、梗之间的间隙，从而带走水分的蒸发过程，俗称"风凉"。风凉摊凉、萎凋的时间长短一般是由所制作茶叶的品性需要而定。若风凉的时间够长，同样可以完成干燥工艺，从而完成某些品性的茶叶制作。

烟熏摊凉、萎凋是利用竹、木材等不完全燃烧时产生的熏烟、热空气等作用带走芽、叶、梗的水分。熏烟是竹、木材中的纤维素、半纤维素以及木质素的热分解产物，熏烟的组成根据竹、木材的种类与发烟温度的不同而变化。熏烟过程中各种脂肪族和芳香族化合物如醇、醛、酮、酚、酸类等会凝结在芽、叶、梗表面，又或渗入芽、叶、梗表面的内层上，可在一定程度上抑制微生物的繁育和生长，并且使茶叶形成特有的品性，是某些茶叶品性的特有制作工艺。

烟熏摊凉、萎凋解决了在下雨、潮湿的天气制作工艺的问题。它利用热空气和热烟上升原理，最下一层是热源，上面是人工修建的一层或多层的架空棚架或专用透气平台，里面布满通气孔。上面薄薄地摊放着芽、叶、梗，利用热烟空气从下往上穿过芽、叶、梗之间的间隙，再继续上升，通过屋顶非常多的裂缝排放出去带走水分。这种使水分蒸发的摊凉、萎凋过程，俗称"烟萎""烘萎""熏萎"等。

热源的炉灶专门燃烧所需茶叶品性气味的木柴，如需要松树的熏烟气味就要燃烧松树木柴。

微波加热属现代化工具，有穿透深、加热速度较快、热量均匀、产量大、抗环境干扰、热功率大小可控制等特点。微波加热的原理是让微波穿过茶树芽、叶、梗，使里面的水分子相互碰撞、摩擦从而产生热能，从里至外使芽、叶、梗发热，迫使内部的水分向外蒸发，这一过程俗称"微萎"。

微波摊凉、萎凋时，芽、叶、梗较厚地装置在专用容器里，一般使用的微波功率较小，使芽、叶、梗能慢慢受热升温和蒸发水分，最大限度地保持摊凉、萎凋相适应的物理和化学变化。

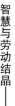

茶心 12　植物蒸腾

摊凉和萎凋都是为了控制茶树芽、叶、梗的含水量，使其在人为控制下有计划地减少含水量，水分从植物体内散失到空气中的方式有两种：一种是以液态逸出体外，另一种是以水蒸气状态挥发至空气中，这一过程称为植物蒸发，俗称"蒸腾"，这是植物失水的主要方式。

一般情况下水汽主要是透过叶子的表面气孔和梗的皮孔、穿过叶片和梗的角质层等渠道蒸发掉，蒸腾不仅受到外界环境条件的影响，如微风有利于蒸腾，强风蒸腾降低；而且还受植物自身的调节和控制所影响，如当植物感觉到含水量足够时，叶片气孔的细胞因充水而将气孔开放，使水分得以蒸发；当植物感觉到含水量太少或过多，又或是温度过高时，叶片气孔的细胞会收缩使叶片气孔处于关闭状态而使水分难以蒸发。

蒸腾是一种比较复杂的生理过程，蒸腾的部位主要是在叶片，方式有两种：一种是水分通过叶片角质层的蒸腾，俗称"角质蒸腾"；另一种是水分通过叶片气孔的蒸腾，俗称"气孔蒸腾"，而且气孔蒸腾又是植物蒸腾的最主要方式。此时，若失水状态继续，叶面会因失水而皱缩，叶片气孔则会被动开放，水分得以继续蒸发。

植物蒸腾是植物对水分的吸收和运输的一种主要动力，特别是生长得比较高大的植物，假如没有蒸腾作用，由蒸腾拉力引起的吸水过程便不能产生，植株较高部分也无法获得充足的水分。由于矿质盐类要溶于水中才能被植物吸收和在体内运转，随着蒸腾作用的影响，矿物质就能被吸入和分布到植物体内各个部分中去。此外，植物蒸发还能够降低叶片的温度。太阳光照射到叶片上时，大部分能量转变为热能，如果叶子没有降温的本领，叶温过高，叶片会被灼伤。而在蒸腾过程中，由于水变为水蒸气时需要吸收热能，因此蒸腾能够降低叶片的温度。

芽、叶、梗被剥离茶树后，蒸腾作用得以继续，芽叶

露天蒸腾

的水分蒸腾后，梗又会补充，不断循序渐进，直到芽、叶、梗的含水量达到制作茶叶品性的要求才会停止。叶片中嫩叶虽然比老叶的含水量要高，由于角质化程度低所以蒸腾速度会比较快；老叶的角质化程度高、角质厚而坚实，所以蒸腾速度会比较慢；嫩梗本身是输导组织，含水量比较高，但由于表面积太小，本身难以蒸腾，主要是通过输导至叶片后蒸腾。

室内簸箕蒸腾

室内架子蒸腾

2. 杀青

杀青是某些茶叶品性的必要工艺。

杀青是使茶树的芽、叶、梗尽快地均匀受热，又可说是尽快地以高温使芽、叶、梗内含物中的酶物质失去活性，使其停止对众多内含物促进氧化反应作用。因此，某些茶叶品性要求酶物质慢慢失活，使芽、叶、梗内含的化合物

古画　手工杀青

半手工杀青

化学反应和谐、中庸，例如消除青草味、焦煳、水闷等难嗅气味；有些茶叶品性则要求酶物质瞬间失活，使芽、叶、梗内含化合物的某些化学反应瞬间停止，例如追求某些比较特殊的香气、味道和汤汁颜色等。

（1）目的

杀青是茶叶制作中较重要的一环，其主要目的一是尽量多些保留芽、叶、梗中最主要的活性物质茶多酚，尽快地钝化或破坏酶的活性，制止多酚类物质在酶的催化作用下快速氧化；二是进一步蒸发水分，使芽、叶、梗变得柔软，有利于下道工艺顺利进行；三是促使芽、叶、梗中的

芳香类物质产生物理、化学反应，例如低沸点的青草气味物质基本上挥发散失，高沸点的芳香物质显露出来。还有酶的催化、热裂解和酯化作用等化学反应，开始形成酯类化合物质，生成人们普遍比较喜欢的香气味道。

①保留茶多酚。

杀青能破坏酶的活性，从而抑制酶催化芽、叶、梗中茶多酚的氧化。一般情况下，酶的活性在叶温40℃～45℃时最强，当叶温达到70℃时，酶活性被抑制并开始钝化，叶温达85℃时酶将几乎全部变性，当温度接近100℃时，几乎所有酶都在顷刻就失去催化作用。

酶在制作茶叶过程中起到催化剂的作用，所以如何控制酶催化作用，有目的地产生所需的化学反应物质，形成不同的茶叶品性就较为关键。一般情况下是通过控制芽、叶、梗的损伤、温度、含水量等，达到控制酶的催化作用。

杀青能使叶绿素从叶绿体中解放出来，便于开水冲泡后溶解在汤水中，保持汤汁颜色碧绿，叶底嫩绿。

②蒸发水分。

杀青能进一步蒸发芽、叶、梗的水分，使芽、叶、梗从较硬易断裂转变为柔软、不容易断裂，有利于下一道工艺顺利进行。

③促使芳香类物质反应。

杀青促使芽、叶、梗中的芳香类物质产生物理反应和化学反应。高温可以使一些具有难嗅的气味的成分，例如低级醛、酸、青叶醇等具有青草气等低沸点的成分挥发散失掉，并将那些具有花香或水果香的高沸点芳香物质显露出来。杀青过程的化学反应，依其变化的程度不同，产生的香气、味道、汤汁颜色也不同。香气由青草气转化为清花香、熟香等；味道由苦涩转变为醇和、淡薄等；叶片由绿转变为暗绿至淡黄绿色。

（2）主要方法

杀青的方法一般要"看青杀青"。也就是要根据茶树的芽、叶、梗的老嫩、粗细、含水量多少、热源温度高低、受热时间长短等情况进行。温度太高则容易焦煳；温度过低则容易闷青；温度适当则气味清纯，叶色由青绿转为暗绿，叶张皱卷，手捏柔软，带有黏性。无论使用何种方法，杀青完成的标准一般是茶树的芽、叶、梗柔软不断裂，手揉紧后无水溢出并且有点黏手，青草气味大部分挥发掉，开始呈现出清香气味。

①太阳能导热。

利用太阳的热能抑制芽、叶、梗中酶的活性，是一种最古老、最传统、最自然的制作茶叶方法，芽、叶、梗内所含物质能相对地全面保留，各种化合物的反应温和，香气和味道较为独特，唯一欠缺的是需要"靠天吃饭"。民间有些地方俗称"晒青"。热能可以引起芽、叶、梗内含物的一系列化学反应，高温同时可以使芽、叶、梗失去

太阳杀青

水分而呈热软状态。

②热水能导热。

利用热水的热能抑制芽、叶、梗中酶的活性，是一种比较古老、比较传统的制作茶叶方法。民间有些地方俗称"煮青""水捞""泡青"等。

热水杀青

热水使芽、叶、梗全面受热，也可以说是芽、叶、梗的受热面积最大，能够在瞬间抑制酶的活性；热能引起内含物的一系列化学反应；高温同时可以使芽、叶、梗失去水分而体积缩小，呈热软状态，为下一道工艺提供基础条件。虽然水的导热速度比较快，煮青能让芽、叶、梗均能受热，青"杀"得相当干净，但是一些水溶性浸出物质会通过芽、叶、梗的创伤面流失，对香气和味道有所影响。另外，煮青结束时，由于水分子在温度下降时容易在芽、叶、梗上冷凝集聚，使其外表水分增加，一般情况下要尽快使用强风将之吹散，使其不能凝聚在芽、叶、梗上。

③蒸汽能导热。

利用蒸汽抑制芽、叶、梗中酶的活性，也是一种比较古老、比较传统的制作茶叶方法。民间有些地方俗称"蒸青"。

蒸汽主要由水分子组成，导热比较快，芽、叶、梗受热面积比较大，能够在较短的时间内抑制酶的活性。

蒸汽杀青

另外，蒸青结束时，由于水分子在温度下降时容易在芽、叶、梗上冷凝集聚，使其外表水分增加，对香气和味道有所影响，所以一般情况下要尽快使用强风将之吹散，使其不能凝聚在芽、叶、梗上。

④金属能导热。

炒用寻常铁锅，对径约一尺八寸，灶称之。火用松毛，山茅草次之，它柴皆非宜。火力毋过猛，猛则茶色变赭。毋过弱，弱又色黯。炒者坐灶旁以手入锅，徐徐拌之。每拌以手按叶，上至锅口，转掌承之，扬掌抖之，令松。叶从五指间纷然下锅，复按而承以上。

——《种茶良法》

利用金属导热和热空气的热能抑制芽、叶、梗中酶的活性，也是一种比较古老、比较传统的制作茶叶方法。民间有些地方俗称"炒青""烘青"等。

铁锅、铁筒（也有用铜制）等金属物传热较快，热能作用较强烈，热能在较短时间内抑制芽、叶、梗中酶的活性。

若在转动的热筒上炒青，芽、叶、梗会不断地随着转动而翻腾，时而接触金属物受热、时而接触热空气受热，因此相对来说受热比较均匀。若在热锅上炒青，相对来说则没有转筒上那么均匀，这是因为热锅上的热空气相对比较闭塞，而转筒内的热空气温度要低，芽、叶、梗翻腾接触热空气时，温度也随之比较低。

火源的强弱决定了锅、筒的温度高低，锅炒翻腾、转筒转动速度则决定芽、叶、梗的受热程度。因此，各环节的掌控是否到位就显得较为重要，翻腾慢、温度高容易使芽、叶、梗煳焦；翻腾快、温度低容易使芽、叶、梗"闷"的时间过长，产生"闷"的气味和味道。

还有些地方，在茶树芽、叶、梗下锅、

金属锅杀青

金属筒杀青

筒前，会先喷些水到锅、筒中，使水分汽化后再将茶树芽、叶、梗倒入翻炒。这种炒青工艺，既有金属导热的干热作用，又有水气的湿热作用。

⑤微波能导热。

利用微波抑制芽、叶、梗中酶的活性，是一种国外发明、比较现代的制作茶叶方法。它利用微波穿透较深、加热速度较快、全面导热、功率大小可控制等特点，通过微波穿透茶树芽、叶、梗时使里面的水分子相互碰撞、摩擦从而产生热能抑制芽、叶、梗中酶的活性。尤其是芽、叶、梗含水量较多的部分温度就越高，所以可将芽、叶、梗比较厚地装在容器里，处理芽、叶、梗的速度快、产量大。

微波杀青

茶心 13　酶失活

　　制作茶叶中的重要一环是杀青工艺，主要目的是使酶钝化并失去促进氧化的性能，尤其是停止催化茶树芽、叶、梗内含物的氧化速度。影响酶活性即催化反应速率的因素主要是：底物浓度、酶浓度、环境温度、pH值、抑制剂和激活剂等。

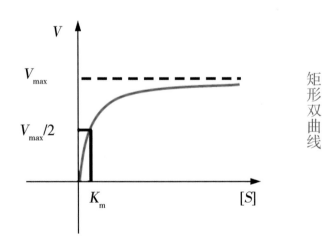

底物浓度与酶促反应速率的关系

底物浓度即被酶催化的化合物浓度，茶树芽、叶、梗内含有茶多酚等化合物。当底物浓度较低时，反应速率与底物浓度成正比；底物浓度增高，反应速率成正比例加速，因此，制作茶叶时要根据芽、叶、梗的变化程度来判断茶多酚等的氧化程度，一到所需茶叶品性时就要立即杀青，否则茶树芽、叶、梗便会氧化过度。

当底物浓度大于酶浓度时，反应速度与酶浓度成正比，也就是说茶树芽、叶、梗的细胞破损越严重，释放的酶就会越多，化合物的氧化速率就越快。

温度对酶反应速度具有双重影响，酶促反应速度最快时的环境温度称为最适温度。在最适温度以

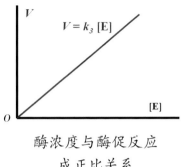

酶浓度与酶促反应
成正比关系

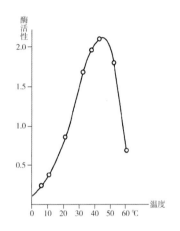

温度对淀粉
酶活性的影响

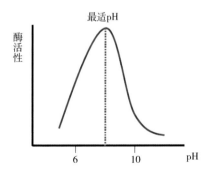

pH 值与酶活性
的关系

下，酶的反应速度随着温度的升高而有所加快；在最适温度以上，酶的反应速度随着温度的降低而有所减慢。杀青就是利用高温使酶先钝化再失去活动的性能，从而终止酶对茶树芽、叶、梗内茶多酚等的氧化催化作用，使茶叶的品性停留在某一氧化水平上。这种通过温度对酶的反应进行控制，在医学中也非常常见，比如临床手术采用低温麻醉，采用低温保存菌种等。

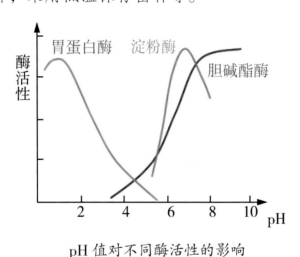

pH 值对不同酶活性的影响

酶	最适 pH 值
胃蛋白酶	1.5
过氧化氢酶	6.8
胰蛋白酶	7.8
淀粉酶	6.8
脂肪酶	7.0
精氨酸酶	9.8

人体部分酶的最适 pH 值

酶催化活性最大时的环境 pH 叫做最适 pH 值，越接近最适 pH 值酶催化的反应速度越快，越远离最适 pH 值酶催化的反应速度越慢。不同酶的最适 pH 值不同，要具体问题具体对待。

凡能使酶的催化活性下降或丧失而不引起酶蛋白变性的物质称为酶的抑制剂，一般情况下分为不可逆性抑制和可逆性抑制两种：不可逆性抑制指抑制剂通常以共价键与酶活性中心的必需基团相结合，使酶失活，抑制剂不能用透析、超滤等方法除去，比如有机磷中毒、重金属中毒等；可逆性抑制指抑制剂通常以非共价键与酶或酶－底物复合物可逆性结合，使酶的活性降低或丧失，抑制剂可用透析、超滤等方法除去，如抗生素、抗肿瘤药物等。

使酶由无活性变为有活性，或使酶活性增加的物质叫做激活剂，一般情况下分为必需激活剂和非必需激活剂两种：必需激活剂有如 Mg^{2+} 对于己糖激酶等，非必需激活剂有如 Cl^- 对于唾液淀粉酶等。

制作茶叶中的茶树芽、叶、梗杀青工艺，就是利用高温使酶先钝化再失去活性的过程，为什么高温能改变酶的活性呢？因为酶的本质是蛋白质，在某些物理和化学因素作用下，蛋白质特定的空间构象被破坏，从而导致其理化性质改变，如溶解度降低、黏度增加、结晶能力消失、易被蛋白酶水解等，并且导致生物活性的丧失。造成变性的因素包括物理因素，如高温、高压、射线、振荡等，以及化学因素，如强酸、强碱、重金属盐、生物碱试剂、尿素、有机溶剂等。杀青工艺就是利用了高温可使蛋白质变性的特点，用高温使茶树芽、叶、梗中的酶失活，结束茶多酚等物质催化氧化的作用。同样的应用在日常生活中也能经常见到，比如用酒精消毒、高压灭菌等，都可以使细菌变性、失去活性。

3. 做青

做青是使茶叶形成某些独特香气和味道的必要工艺，也可以说是茶树芽、叶、梗深化萎凋的工艺，相对于其他制作茶叶工艺来说，做青技术含量较高，高在一是既要催化茶树芽、叶、梗多酚类化合物发生氧化，又要限制茶树芽、叶、梗多酚类化合物的氧化速度。二是要在催化氧化与限制氧化这对矛盾体的多次反复往来之间，确定茶叶香气和味道在其品性何时能达到最高峰，并且还要立即将其锁住或固定。做青一般可以分为茶树芽、叶、梗碰撞、静置和确定结束三个阶段。

（1）碰撞

碰撞工序是人为地将茶树芽、叶、梗进行相互碰撞，使其接触部位的边缘互相碰撞、摩擦、挤压，导致叶片边

人工碰青

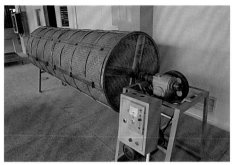

机械碰青

缘细胞被擦破，即叶片边缘组织损伤，叶绿体被破坏，芽叶的颜色由绿色转为淡黄绿色，甚至逐步氧化转变为红色；蛋白水解酶活力增加，游离氨基酸增多，氨基酸在氧化还原过程中形成特有的香气物质和有色物质。碰撞的方式有人工摇动装载芽、叶、梗的竹筛和机械摇动装载芽、叶、梗的桶（盘、笼）两种，因此一些地方将其称为"摇青""碰青""撞青"等。

人工摇动装载芽、叶、梗的竹筛，一般以特有的"手握竹筛"手势使芽、叶、梗有序地旋转、相互碰撞。摇动的力度轻重、时间的长短、次数多少等，全凭制作茶叶师傅"看青摇青"的经验而定；在制茶师傅认为有必要的情况下，甚至用双手以适当的力度，将叶片相互碰撞。

机械摇动装载芽、叶、梗的桶（盘、笼），一般以电动机为动力将桶（盘、笼）旋转，使芽、叶、梗在竹笼内上下、左右相互碰撞。机械摇桶（盘、笼）的旋转方向、转速快慢、时间长短、碰撞次数、静止时间等虽然现在已经可以由电脑控制自动运行，但控制电脑的数据录入，还是得由制茶师傅凭经验而定。

（2）静置

　　芽、叶、梗碰撞后，需要静置一段时间，主要是利用植物自身损伤后自动修复功能，让梗脉里的物质往叶片细胞里输送修复创伤；同时，让叶片水分蒸发速度快于梗脉里物质往叶片输送的速度，使刚修复补充了水分等特质的叶片又再次萎软。如此碰撞—静置—碰撞—静置往复循环

静置

多次，梗中的维管束养分和香气输导组织随水分蒸发转移到叶中，这些物质转移到叶片后，与叶片中的有效物质结合转化形成更高更浓的香味品质。通过不断地催化芽、叶、梗化合物，不停地氧化和化学反应，才能制出香高味浓的

茶叶，俗称"还阳""走水"。

（3）确定结束

由于芽、叶、梗被不停地碰撞—静置，催化芽、叶、梗内含的化合物不停地氧化和化学反应，使叶梗中所含有相当数量的芳香物质和含量比芽叶高出1~2倍的氨基酸和非酯型儿茶素随着水分扩散到叶片，与叶片里面的有效物质结合，转化成更高更浓的香气和味道物质。

什么时候判断做青完结呢？根据陈俗兴师傅介绍，目前尚无电子技术方法，仍全凭制作茶叶师傅的经验，一是以鼻嗅来判断，俗称"辨香"：在第一、二次碰撞和静置后芽、叶、梗一般会发出青草、清香的气味；第三、四次碰撞和静置后芽、叶、梗一般会发出香甜、花香气味；第五、六次碰撞和静置后芽、叶、梗一般会发出熟香、果香气味；而碰撞和静置的最高境界是芽、叶、梗发出烂水果的气味。二是用眼看、手摸来判断，俗称"辨色"：叶片表面有光泽则为较理想状态；通过逆光透视第二片叶，以叶面呈亮黄色，叶缘呈焦枯色，近叶缘之叶内呈淡黄色，靠近主脉及叶柄处呈淡黄绿色时则为较理想状态；用手触摸芽、叶、梗柔软如棉则为较理想状态。

因此，制茶师傅一般按芽、叶、梗的气味和颜色来确定碰撞的次数、力度、静止时间等，俗话说"看青做青"就是此道理。陈俗兴师傅说："做青是茶叶制作里面最复杂、最考师傅水平的一道工艺，它决定了茶叶的香气、味道和汤汁颜色的等级。"

茶心 14　酶催化

茶树芽、叶、梗的细胞组织没有被损伤前，酶是存在于细胞器中，不能与其他化合物接触，而空气中的氧元素更是无法进入，因而内含的化合物无法发生氧化反应。做青则通过破坏茶树芽、叶、梗细胞组织让其损伤，酶就被释放出来，与化合物接触、和空气中的氧一起，催化内含化合物的氧化，从而形成茶叶特有的品性。那么什么是酶呢？

酶的研究源于 19 世纪中叶对发酵的研究，1857 年，巴斯德发现酒精发酵是酵母细胞活动的结果；1878 年，德国库恩提出了酶的概念；1897 年，布鲁克纳用不含细胞的酵母提取液实现了发酵，证明发酵无需活细胞；1913 年，米凯利斯和米氏提出酶的催化原理——米氏学说；1926 年，萨姆纳首次提取出脲酶并证明其本质是蛋白质；1982 年，切赫首次发现 RNA 具有酶的催化活性，提出核酶的概念；1995 年，绍斯塔克研究室报道了具有 DNA 连接酶活性

DNA 片段，称为脱氧核酶。

前面所述的蛋白质，是一种由氨基酸组成、具有特定空间构象和生物活性的生物大分子，是任何生命的物质基础。酶是活细胞合成的、对其底物具有高度特异性和高度催化效能的蛋白质，酶进行反应的条件温和，具有高效催化作用、可以被巧妙地调节作用，从而保证生命活动有条不紊地进行。

酶具有一般催化剂的特点，可以加速反应进程。这是因为任何的化学反应都会涉及能量变化，任何化学反应的过程中都需要一定量的活化能，而酶能够极大地降低反应所需的活化能，并且提高反应的速度。

大部分的酶可以将其催化反应的速率提高，提供一条

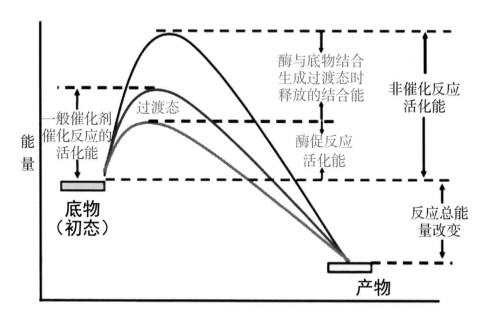

酶促反应活化能的改变

活化能需求较低的途径，使更多反应粒子能拥有不少于活化能的动能，从而加快反应速率。就像一辆汽车若要翻过一座大山，是需要上很多坡、付出很多能量，但是如果在山脚挖掘一条隧道，车就能很轻松，并且快速地越过这座大山了。

那么为什么活化能会被降低呢？因为反应物一般情况下都是比较稳定的，不会轻易地转变为另外的物质，而酶可以和反应物相结合形成一个不稳定的中间产物，这个不稳定的中间产物容易分裂成反应产物和酶。由此可知，在一个化学反应的完成，只要是有酶参与其中，是可以加快反应速度；同时，酶作为催化剂，本身在反应过程中不被消耗，没有量的变化，也就不会影响反应的化学平衡。

茶叶交易市场

4. 揉捻

揉捻，指通过一种旋转扭曲挤压的力量，迫使茶树芽、叶、梗的细胞破裂，从而引起内含物的各种化学反应过程，是影响香气、味道和汤汁颜色等形成的一种制作茶叶工艺。由于一般的平面摩擦压力较难使芽、叶、梗的细胞破裂，细胞破裂一般需要较大的旋转扭曲挤压力量，即当芽、叶、梗位于两个平面之间存在旋转扭曲压力时，外表层的细胞受到两面的压力才能破裂、皮膜裂开，使所含汁液流出。

芽、叶、梗的细胞破裂、汁液外溢后，一是可以加快茶树芽、叶、梗多酚类物质的氧化速度，尤其是酶的催化氧化作用；二是使茶树芽、叶、梗部分汁液快速流出，使细胞汁液浓缩从而加速化学反应；三是使芽、叶、梗在制成茶叶后，冲泡时水溶性浸出物容易溢出；四是利用向心力将叶片卷成条状或紧卷状态。

揉捻芽、叶、梗时的力度大小、时间长短等较为关键，若旋转扭曲挤压的力量不足或时间过短，芽、叶、梗的细胞破裂会不充分而导致氧化不良；若旋转扭曲挤压的力量过重或时间过长，则很容易将芽、叶、梗揉成碎片；若芽、叶、梗的水分过少、较为枯燥时，也会比较容易揉成碎片。因此，旋转扭曲挤压的力量大小、时间长短等，一定要视芽、叶、梗的状态而决定。根据曾明森师傅的经验，揉捻是否到位，一是观察芽、叶、梗有多少紧卷成条就能大概知道细胞破裂达到多少，例如当有90%紧卷成条，则说明约有80%的细胞破裂，汁液大部分已经外溢；二是用手紧握芽、叶、梗，若汁液能黏附于表面无溢出，或有溢出但未成滴，又或松开手指芽、叶、梗能成团停在掌心，则说明揉捻时间与力度恰到好处。

揉捻一般分为人工揉捻和机械揉捻两种。

（1）人工揉捻

人工揉捻是一种最古老的制作茶叶方法，主要是利用手或脚旋转产生扭曲的压力使芽、叶、梗细胞破裂，目前人工揉捻工艺在各地几乎失传，尤其是能用双脚旋转产生扭力和适当的压力的揉捻师傅基本上已经断代。

对于幼嫩的芽苞，一般将芽苞合在双掌中旋转扭曲挤压就可以完成揉捻；对于较嫩的一芽一叶或一芽两叶，一

旋转脚揉

旋转手揉

般放在竹筛、木盆内，用双手旋转扭曲挤压也可以完成揉捻；而对于常态的芽、叶、梗，一般放在竹筛、木盆内，用双脚（套上专用布套）旋转扭曲挤压才能达到细胞破裂、汁液溢出的目的。

（2）机械揉捻

机械揉捻是利用机械力模仿人工的旋转扭曲挤压动作，利用机械从上下两个方面产生旋转扭曲和挤压力，使芽、叶、梗的细胞破裂、汁液溢出。揉捻时间长短和压力大小等，同样应视芽、叶、梗的状态而定。有些地方在揉捻的同时也进行茶叶的造型，如可分别揉成条状、球状、片状等。

旋转揉压机

冲击挤压机

现代还有用机器压揉方法替代揉捻工艺。压揉机跟城乡常见的垃圾压缩站内的压缩机相仿，将茶树的芽、叶、梗放进压缩箱内，机械便会从 4 个方向朝中心位置运动压缩，可将芽、叶、梗压缩为一个方体，然后抛进松解机内将芽、叶、梗打散后，再放进压缩箱内压缩，压揉两次即完成。

切揉机

另外，国外讲究将复杂的事情简单化、快节奏生活，所以关注的重点是汤水的香气和味道，对茶叶的外形、颜色，对汤水颜色以及汤渣（俗称"茶底"）等全部忽略，只要是在冲泡时候非常利于茶叶水溶性内含物能快速浸出便最好。所以英国在两百多年前便使用一种边揉边切碎茶树芽、叶、梗的工艺（俗称"揉切"），此工艺在国外制作茶叶时普遍使用，至今仍在世界流行。它被简称为"CTC"，是 Crush（压碎）、Tear（撕裂）、Curl（揉卷）三个英文单词的第一个字母的缩写，具体是用两个不同转速的滚筒将芽、叶、梗挤压、撕切成小碎片（大小可调），使其细胞撕裂、组织破损、汁液外溢，并在机械旋转力的作用下使碎片卷曲成粒状。由于芽、叶、梗在被揉切的时间很短，揉切后的芽、叶、梗仍能保持绿色。

茶心 15　细胞壁

揉捻工艺是为了破坏芽、叶、梗的细胞壁。细胞壁主要由多糖、纤维素、半纤维素、果胶类物质等聚合而成，一般分为胞间层、初生壁、次生壁等。细胞壁中大约 10% 是蛋白质、酶类以及脂肪酸等，次生壁中则有较多的木质素。

细胞壁的主要成分是纤维素，它是由 1000～10000 个 β-D- 葡萄糖通过 β-1，4- 糖苷键连接形成的无分支长

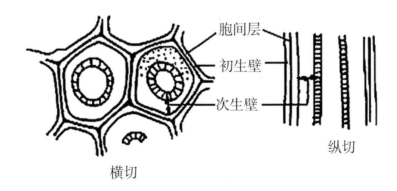

胞间层
初生壁
次生壁

纵切

横切

植物细胞壁

链，分子量在 50000～400000 之间；纤维素内葡萄糖残基间形成大量氢键，而相邻分子间氢键使相邻分子彼此平行地连在一起，这些纤维素分子链具有相同极性，排列成立体晶格状，称为分子团，又叫微团，微团组合形成微纤丝，微纤丝又组成大纤丝，因此纤维素的结构非常牢固，使细胞壁具有高强度和抗化学降解的能力。

果胶类物质也是细胞壁的重要成分，是由半乳糖醛酸组成的多聚体，胞间层基本上是由果胶类物质组成的，果胶可使相邻细胞黏合在一起。

半纤维素是除纤维素和果胶物质以外的，溶于碱的细胞壁多糖类的总称，半纤维素在纤维素微纤丝的表面，它们之间虽彼此紧密连接，但并非以共价键的形式连接在一起。因此，它们覆盖在微纤丝之外并通过氢键将微纤丝交联成复杂的网格，形成细胞壁内高层次上的结构。

根据有关研究，细胞壁有如下功能：

一是维持细胞形状，控制细胞生长。细胞壁增加了细胞的强度，承受着内部原生质体由于液泡吸水后所产生的压力，使细胞具有一定的形状，不仅保护了原生质体，而且维持了器官与植株的固有形态；细胞壁控制着细胞的生长，因为细胞要扩大或伸长的前提是要使细胞壁松弛和不可逆伸展。

二是物质运输与信息传递。细胞壁允许离子、多糖等小分子物质和低分子量蛋白质通过，而将大分子或微生物等阻于其外，因此，细胞壁参与了物质运输、降低蒸腾作用、防止水分损失、植物水势调节等一系列的生理活动；

(A)   (B)

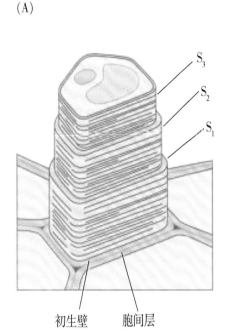

S_3
S_2
S_1

CW_1

ML

W

S_3

S_2

S_1

初生壁   胞间层

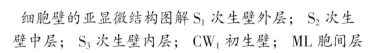

细胞壁的亚显微结构图解 S_1 次生壁外层； S_2 次生壁中层； S_3 次生壁内层； CW_1 初生壁； ML 胞间层

细胞壁是激素、生长调节剂等化学信号、电波、压力等物理信号传递的介质与通路。

三是防御与抗性。细胞壁中的一些寡糖片段能诱导植保素形成，并对其他生理过程有调节作用，这种具有调节活性的寡糖片断称为"寡糖素"，通过寡糖素可以对细胞起到一定的防御作用。

由此可见，细胞壁的成分和结构决定了细胞壁的坚固性，从而可对细胞内物质进行有效的保护。而揉捻工艺恰恰正是要破坏坚固的细胞壁，使细胞内物质释放出来进行氧化反应。

5. 闷

对茶树芽、叶、梗进行"闷"的过程，是某些茶叶品性的制作工艺，一般情况下是可以利用上一道工艺的余温、余湿或专门的增温、增湿，将芽、叶、梗堆积在一起"闷"着使其氧化。"闷"的氧化过程可使芽、叶、梗内含物发生减少或减弱，一些甚至转化，又或者说是消耗掉相当一部分的内含物。

闷芽、叶、梗是为了加快茶多酚等物质的氧化，是一种相对密闭、不透气，或气不通畅的湿热促进氧化作用。氧化的本质是加氧、脱氢、失电子，只要有这些反应就是氧化，湿热只是可以加速氧化过程，氧化速率没有酶促般快；酶也只是起到催化剂的作用，即加速氧化的过程。因此，闷芽、叶、梗的工艺是利用湿热作用催化茶多酚的氧化，有酶则快速，无酶则慢速，但是不论是有酶或者是无酶参与，都离不开湿热的基础条件。

闷一般是将一定温度和湿度的芽、叶、梗置于相对密闭的空间内堆置，在保持一定温度、湿度、相对不透气或空气不流通的环境下，促使芽、叶、梗的氧化，氧化时间长短不同，氧化程度就会不同。一般情况下，芽、叶、梗闷的时间长则氧化程度高；闷的时间短则氧化程度低。从而形成某些较为独特、差异较大的香气、味道和汤汁颜色。

不同温度、湿度、时间的氧化过程，可以使芽、叶、梗内的茶多酚分别氧化成为茶黄素、茶红素、茶褐素等物质，一些地方将其俗称为"闷黄""闷红"工艺。

（1）短时间闷

茶树芽、叶、梗闷的时间比较短，内含物的氧化程度会相对很轻，茶多酚氧化成为以茶黄素为主的物质。短时间闷往往在芽、叶、梗完成上一道工艺后进行，趁其还含

闷房

有一定的温度和湿度，将芽、叶、梗堆积在一起闷着使其氧化，尤其是茶多酚类物质可以氧化成为以茶黄素为主的物质，此过程俗称"闷黄"。

短时间闷使芽、叶、梗的叶绿素被氧化后，绿色减少并开始转变为橙黄、黄、红黄等以黄色物质为主的颜色，即茶黄素的基本颜色；同时，氨基酸等物质与其他物质结合形成较独有的清香气味，苦涩的味道大大减弱并开始转为鲜醇，茶叶、汤汁的颜色随着氧化的程度不同呈现出橙黄、黄、红黄等颜色。

（2）稍长时间闷

茶树芽、叶、梗闷的时间若长点，茶多酚的氧化程度也相对比较轻，可继续氧化成为以茶红素为主的物质。这时若仍利用上一道工艺的余温余湿往往达不到适宜氧化的条件，就要专门地增温、增湿，使堆积在一起的芽、叶、梗满足于较长时间闷的基本条件，使茶多酚继续氧化成为

稍长时间闷

较长时间闷

以茶红素为主的物质，俗称"闷红"或"渥红"等。

（3）较长时间闷

较长时间的闷使芽、叶、梗的叶绿素被氧化而基本消失，开始转变为橙红、红、褐红等以红色物质为主的颜色，即茶红素的基本颜色；同时，糖类物质逐渐被分解形成浓郁的果香气味，味道开始变得醇甘，茶叶、汤汁的颜色随着氧化的程度不同呈现出橙红、红、褐红等颜色。

较长时间的闷，芽、叶、梗内含物的氧化程度会相对比较重，可继续氧化成为以茶褐素为主的物质。这时候的闷更要保持相对稳定的温度、湿度和一定的通风透气，使堆积在一起的芽、叶、梗满足于更长时间 闷的基本条件，使茶多酚继续氧化成为以茶褐素为主的物质。

6. 干燥

干燥是制作茶叶必经的工艺，完成这道工艺后，茶树芽、叶、梗便成为茶叶。茶叶的含水量越少越利于保证质量，一般最好能在3%含水量以下。

干燥的过程是让芽、叶、梗内的水分汽化，汽化的速度以热空气的流通温度和时间以及芽、叶、梗的含水量多少而定。干燥的目的是靠热力作用使芽、叶、梗大部分水分蒸发掉，让茶叶品性稳定，适合长时间储存，防止微生物滋生繁殖，尤其是防止各种对人体有害、使茶叶变质的霉菌入侵；利用高温破坏酶的活性，制止多酚类化合物的酶促氧化；同时还可以诱发芽、叶、梗内含化合物的裂解或异构化，从而形成某些茶叶特有的香气、味道和汤汁颜色等品性。

干燥水分汽化过程中，由于环境温度要比芽、叶、梗的温度高，芽、叶、梗表面上的水蒸气压大于空气中的水蒸气压，芽、叶、梗内水分汽化转入空气中，气压差愈大，则蒸发强度也愈大，干燥速度愈快。

干燥的温度假若适宜，可令一些低沸点、能令人身心不愉快的芳香物质挥发掉，将一些高沸点、能令人身心愉快的芳香物质诱发出来；假若温度过高，一些芳香物质很容易因高温损失并产生焦味、糊味。有关研究发现，干燥过程中一些物质因高温而产生热化裂解或异构化，可以转化为多种挥发性香气成分，从而决定茶叶品性的香气、味道和汤汁颜色等。例如，具有较强苦涩味道的酯型儿茶酚裂解成简单儿茶酚和没食子酸，可以减少苦涩的味道；蛋白质可以裂解成氨基酸；淀粉可以裂解为可溶性糖等。

茶叶的含水量一般是越少越利于储存时间和维持茶叶品性。如何能快速、简单地测试茶叶的大概含水量？最简单的方法是用手指甲去轻掐茶叶：茶叶成粉末状则说明含水量大概在3%以下；如果茶叶轻轻一掐就断裂并同时发出清脆的断裂声音，说明含水量大概在5%以下；若茶叶可以掐断但没有清脆的断裂声音，则说明含水量大概在8%以下。

干燥除了采用一些传统的如日晒、阴干、人工加铁锅烘炒等方式外，主要都采用机械进行流水化作业，热源主要是电、竹木、油、汽、煤等。

（1）晒干

日晒一般是利用太阳光的热能缓慢地将芽、叶、梗干燥变为茶叶的方法，是最古老的制作茶叶方法。日晒芽、叶、梗的茶叶都会带有一股强烈、特殊的日晒香气和味道。

王新平等专家研究晒干茶叶的品性

笔者在相关研究中发现，日晒能最大限度地保留芽、叶、梗内含物的有效成分，尤其是茶叶经历长时间的储存后，众多内含物可以均衡地氧化，生成其他干燥方法出不了对人体非常有益的新物质，特别是香气成分和味道物成分能量变或局部质变，药用功效作用异常明显。

（2）烘焙干

> 烘焙者，其香缓而不远透，其味短而色黄，其水带红而浑；故绿茶宜炒不宜烘。
>
> ——《茶务佥载》

烘焙是以空气导热为主，将芽、叶、梗干燥变为茶叶的方法，有用篾笼薄摊装载和用烘焙机托盘薄摊装载芽、叶、梗两种方式，热源主要是燃煤、竹木、竹木碳以及电热等，借助高温使芽、叶、梗快速脱水后变为茶叶。在热的作用下，芽、叶、梗不断氧化，使氨基酸、糖等含量增长，从而可以提升茶叶的香气、味道和加深汤汁颜色。

烘焙时由于芽、叶、梗一般处于静止受热状态，掌握

木柴热源烘干茶叶

电热源焙干茶叶

好烘焙温度是保证茶叶品性的重要工序：若温度太高或时间较长，则可以将耐热菌、大肠杆菌、痢疾杆菌等杀灭，但往往又是茶叶的着火点，非常容易造成芽、叶、梗焦灼，凝固过氧化物酶、过氧化氢酶、多酚类内含物等；若温度太低或时间较短，则容易造成芽、叶、梗受热、水分蒸发不均匀，有害菌杀灭不了或不彻底；只有在温度和时间都适宜时，芽、叶、梗的内含化合物在干热作用下才能发生适宜转化，茶叶才能形成独特香气、味道和汤汁颜色的品性。

（3）炒干

干炒，炒青之水清碧，其香也烈，其色翠，其味长。

——《茶务佥载》

茶山中土茶味微苦，炒熟性极温，土人呼为炒子茶。然唯山中人嗜，揭所饮啜皆建茶也。

——《揭阳县续》

炒干一般是以金属导热为主，将芽、叶、梗干燥后变为茶叶的方法。由于干炒是以金属导热为主，且需要不断地炒动芽、叶、梗，所以芽、叶、梗一直处于翻动状态，各部位受热较为均匀，水分蒸发也会比较均匀，水蒸气也能立即散开挥发掉。同时，因为水分的蒸发，芽、叶、梗会收缩，此时若对芽、叶、梗施加某些外力，就可以得到某些不同的茶叶外形，如球形、扁平、针条等形状。又分为有手工和机械间接通过热源进行干燥两种方法。

人工炒干

手工炒干使用金属容器如铁锅装载芽、叶、梗，借助热源使金属容器受热，采用轻揉、轻炒手法，使芽、叶、梗在铁锅内滚动受热，体积收缩、形状改变，同时使芽、叶、梗中水分慢慢减少，催化化学变化，最后干燥后变为茶叶。

机械炒干使用干炒机。金属容器装载芽、叶、梗，通过热源对金属容器受热传导，并通过机械力不停

机械炒干

地翻动金属容器内的芽、叶、梗，使其慢慢干燥后变为茶叶。热源燃料一般有燃煤、竹木、竹木碳以及电热等。

（4）热风干燥

热风干燥也是一种以空气导热为主，将芽、叶、梗干

热风干燥

烟楼熏干

燥变为茶叶的方法。一般是通过热风炉或无烟灶将空气加热后，通过专用通道输送到装有芽、叶、梗的空间内，让热空气穿过芽、叶、梗并带走水分，使芽、叶、梗的水分慢慢减少，内含的化合物受热失水从而产生化学变化，最后干燥后变为茶叶。这种干燥方法，由于芽、叶、梗远离热源，热能作用较为温和。热源燃料一般有燃煤、汽、油、竹木以及电热等。

（5）烟熏干燥

烟熏干燥也是一种以空气导热为主将芽、叶、梗干燥后变为茶叶的方法，是一种古老的干燥工艺，使芽、叶、梗在干燥的同时吸收大量浓烟的味道，使茶叶形成独有的烟熏品性。烟熏所用木柴各地有所不同，一般来说用当地枯死的茶树最佳，其次的有松树、杉树、龙眼树、荔枝树等。

烟熏干燥的主要方法有：

一是烟楼（俗称"青楼"）烟熏干燥。在两、三层的楼房内，将装载有芽、叶、梗的水筛放置于架子上，呈斜形鱼鳞状排列；在楼下低处（一层或负一层）建一个炉灶，让竹、木等在缺氧或非干燥的条件下使之在炉灶内不能完全燃烧，从而产生大量的热浓烟，并且利用热浓烟往上升的物理原理，将热浓烟引导至烟房内，从下往上穿过芽、叶、梗，让芽、叶、梗吸收烟味，热浓烟继续上升挥发出楼顶外，从而带走芽、叶、梗的水分，待芽、叶、梗干燥至用手捏时，茶叶可成粉末即完成烟熏干燥过程。

老式的烟楼隔层一般用砖砌成，并在烟道上设置活动砖块，可根据所需烟量大小和温度高低，灵活掌握砖块开启的数量：砖块开启愈多，温度愈高，烟量愈大。

二是烟笼（俗称"烟管""烟筒"）烟熏干燥。一般是

装笼

烟笼熏干

在房间外设炉灶，通过灶口与专门的烟道相连，烟道再与房间内若干个出烟口相通，出烟口上放置水筛或筛笼，内置芽、叶、梗，烟筒烟熏芽、叶、梗干燥的原理与烟楼一致，都是让热浓烟穿过芽、叶、梗吸收烟味，热浓烟继续上升挥发出烟房外，从而带走芽、叶、梗的水分。

至今，在许多农村烧柴火的厨房内，房梁上往往会挂着里面装着茶叶的竹笼，利用烧水做饭的烟雾让茶叶吸收烟味，这是一种家庭烟熏茶叶的制作方法。

（6）红外线干燥

用红外线光波为主，将芽、叶、梗干燥后变为茶叶的方法，是一种现代化的干燥工艺。主要是采用各种红外线灯泡、瓦斯燃气红外线加热器、管头（棒状）红外线发生器等设备产生热源，利用红外线能渗入被加热物体内部，为物体所吸收，引起激烈的分子共振，并迅速转变为热能，使物体表里都均匀地得到加热的原理，使芽、叶、梗快速脱水后变为茶叶。由于设备不相同，导致失水原理和失水方式不同，所以干燥芽、叶、梗后得到的茶叶品性以及香气、味道和汤汁颜色等也不同。

红外线干燥

茶心 16　结合水与自由水

　　水是人体所必需营养物质，也是食品中最重要的成分之一，食品的品种不同其含水量也会差别较大，含水量影响到食品的贮藏性能和消费者的接受程度，水作为代谢所需的营养成分和废物的输送介质，为生化反应提供了一个适宜的环境。

　　生物体内的水分一般可分为结合水和自由水。在生物体内或细胞内可以自由流动的水是自由水，它是良好的溶剂和运输工具。结合水则是吸附和结合在有机固体物质上的水，主要是依靠氢键与蛋白质的极性基（羧基和氨基）相结合形成的水胶体，通常指存在于溶质或其他非水组分附近的那部分水，与同体系的水相比较，其分子的运动减小，并且水的其他性质明显改变。结合水较明显的特点是在 −40℃ 以上尚不能结冰、不能作溶剂、不能被微生物所利用。

　　结合水又分为单分子层结合水和多分子层结合水。单分子层结合水主要以离子形式存在的一些强极性基团，可以通过氢键与水结合，好像在非水组织的外层覆盖一层水膜，按照这种方式结合形成的第一层水，因其氢键键能较大所以结合比较牢固，而蒸发时能比纯水吸收更多的热量所以导致蒸发能力较弱。一般情况下，单分子层结合水不易失去，可以被视为食品其中的一部分。多分子层结合水是水与非水成分中的弱极性基团，如蛋白质分子中的酰氨基、巯基等；而淀粉、纤维素、果胶分子中的羟基以及单分子层以外的几层水，它们靠水分子的弱极性键和水分子之间的氢键结合。

自由水指存在于组织、细胞和细胞间隙中容易结冰的水。常见的是毛细管水，动植物体内自然形成的毛细管是由亲水物质构成的，毛细管内径很细，毛细管有较强的束缚水的能力，一般情况下将保留在毛细管的水称为毛细管水，属于自由水。自由水具有全部水的性质，包括在-40℃以上可以结冰、在食品内可以作为溶剂、可以以液体形式移动、在气候干燥时可以以蒸汽形式逸出、在潮湿的环境中容易吸收一定量的水分增加含水量、微生物可以利用自由水繁殖、各种化学反应也可以在其中进行等。

1957年Scott研究提出水分活度的概念Aw，指一个物质所含有的自由状态的水分子数与如果是纯水在此同等条件下同等温度与有限空间内的自由状态的水分子数的比值。纯水Aw＝1，溶液Aw＜1。水分活度越高，结合程度越低，水分活度越低，结合程度越高。水分活度反映了食品中的水分存在形式和被微生物利用的程度，是食品的内在性质，它决定于食品的内部结构和组成。食品中各种微生物的生长发育是由其水分活度而不是由其含水量决定的。食品的水分活度决定了微生物在食品中萌发的时间、生长速率及死亡率。细菌对水分活度最敏感，Aw < 0.90 时，细菌不能生长；酵母菌次之，Aw < 0.87 时，大多数酵母菌受到抑制；霉菌的敏感性最差，Aw < 0.80 时，大多数霉菌不生长。反之，Aw > 0.91 时，微生物变质以细菌为主；Aw < 0.91 时可抑制一般细菌的生长。毒菌生长的最低水分活度在0.86~0.97。

由上可知，茶叶干燥是为了降低水分活度，进而抑制微生物生长，从而保证茶叶的质量。科学实验提醒我们，在储存茶叶时也要注意茶叶的含水量不要超过 11% 这条警戒线，只要茶叶含水量高于 11%，各种微生物便立即可以生长、繁殖。

7. 筛选

筛选是对茶叶进行挑选，抛弃非茶叶类物质，或是将茶叶外观相同者合并提高茶叶等级的过程。茶叶的分类筛选往往是按市场需求而进行，即投其所好的等级标准分类。目前国内茶叶的等级主要参考茶叶的嫩度、条索、颜色、整碎和净度等五项指标，通过这样的等级指标筛选出的茶叶，有利于定价、销售。

茶树的芽、叶、梗在采摘、运输、制作茶叶等过程中，或多或少都会夹带一些非茶叶类杂物质，例如较老的叶片、茶花、茶果、伴生物或寄生物，甚至会有一些小石块、小泥块、小竹木、塑料绳带等杂物，茶叶制作完成后就要将这些东西挑选出来抛弃掉，保持茶叶外观的一致性。同时，可针对价值、市场需求，或不同饮用人群的习惯与爱好，将外观相同的茶叶分类合并。例如，将芽苞、一芽一叶、一芽两叶或一芽三叶等筛选出来单独归类，亦可将四、五叶和梗以及碎片等筛选出来单独归类。

茶叶的"老叶"由于品种、地域的不同，

机选

前人筛选茶叶

人力风选茶叶

现代人筛选茶叶

含义也有所不同。在一些少数民族地区，最老的茶树往往被尊敬为"神树"，只能供奉绝对不允许采摘，但神树上的树叶变金黄色后还是会自然老化掉落下来，这时才可以拾回去冲泡饮用，这些金黄色的落叶被当地人称为"黄叶"或"黄片"。

不知从何时起，为了达到某些茶叶品性，制作时需要附带第四、五、六叶片，待茶叶制作好后再筛选出来，而被筛选出来的四、五、六叶的茶叶，也被泛指为"老叶"。其实这些叶片只是外观显粗老而已，内含物却异常丰富，香气、味道都会比较高锐和醇厚。

筛选一般分人工和电动机械两种方式。人工筛选又可分为人工一根根地筛选，或使用人力风车，用风吹去筛选茶叶。电动机械则利用筛网、静电来拣剔杂物，筛网先细后粗，顺序安装，工作时，筛床往复抖动，让茶叶在振动过程中随筛面纵向前进，使大小不同的茶颗粒分离出来，通过不同大小尺寸的网筛，从而达到茶叶分类的目的，电动机械筛选一般适用在较大规模生产。

8. 封装、储存

茶叶在筛选、分类后便可以进行封装工序，封装茶叶的材料较为广泛，一般以天然材料为主，比如

古画　封装

竹、木等，包装尺寸往往以商家要求为主，相对密封不透气就可以。

茶叶储存环境和储存时间是茶叶完成制作后至饮用前一项非常重要的工艺，关系到能否保持茶叶的优良质量。茶叶的储存时间其实就是一种继续氧化的过程，可以说是茶叶的一种生命延续，需要的条件是干净的空气、恒定的温度、适度的湿度三个方面。

正贤茶业蔡团永在封装茶叶前的检查

芳发茶厂的高建春、李展鹏（右起）
在封装茶叶

茶叶是收缩多毛孔结构，具有较强的吸附性，较容易吸收空气中的水分，在潮湿环境容易霉变滋生细菌，有毒的细菌代谢物则再也去不掉。因此，茶叶是较容易受到外界环境影响的物品，储存时间过程中稍有不慎就会受到破坏。

藏茶。茶宜箬叶而畏香药，喜温燥而忌冷湿，故收藏之家，以箬叶封裹入焙中，三两日一次。用火常如人体，温温然以御湿润。火亦不可过多，过多则茶焦不可食矣。

——《茶史》

藏茶宜箬叶，畏香药，喜温燥，忌冷湿。藏时先取青箬，以竹编之，焙茶候冷，贮其中，可以耐久。

——《蚧茶记》

凡贮茶之器，始终贮茶，不得移为它用，又切勿临风近火。临风易冷，近火先黄。

——《茶录》

茶性淫，易于染着，无论腥秽及有气味之物，不宜近。即名香，亦不宜近。

——《茶解》

凡收茶，必须极密之器，锡为上，焊口宜严，瓶口封以纸，盛以木箧，置之高处。

——《茶说》

长期常温下储存时，温度、湿度等都不会提高酶的反应活性，也不会加速茶多酚的氧化，因此这时茶多酚氧化生成茶黄素、茶红素的速度非常缓慢。但另外一种氧化反应产物会随着时间的延长而逐渐增多，这就是美拉德反应，这是经久老茶叶可以治疗"顽疾""恶疾"的核心所在。

(1) 品性

茶叶内含化合物和多孔性组织结构，决定茶叶具有很强的吸湿性，比较容易受潮。

将茶叶储存在常温、常湿、无异常味道等环境下，应该是没问题的，不会被霉菌等侵袭，只是茶叶在慢慢氧化。不同的茶树品种、不同的制作茶叶工艺、不同的茶叶品性，在同样的储存环境下，茶叶的氧化时间与氧化程度成正比关系。氧化的程度能使茶叶颜色由绿色渐变至黑色，所有品种的茶叶氧化到最后都能成为黑色，并且茶叶这种氧化是不可逆转的。

对于这种氧化目前还没有科学的解释，尤其是时间、温度和湿度可以使茶叶一些内含物的含量降低甚至消失，而另一些物质的含量则会上升，甚至会产生一些含量较高的新的物质出来。

(2) 保质时间

正规茶叶的外包装上，一般会标明包装内茶叶的保质期和出厂时间，这是按照国家有关规定必须标注的。从严谨方面来说，其实质是保证所标示时间内该茶叶应符合的品性，例如香气、味道和汤汁颜色等，只是超过时限便不再保证有此品性。

事实上，茶叶毕竟是植物而已，只要不饮用，茶叶会一直处于不断氧化过程中，尤其是较长时间的氧化，能使茶叶内含化合物不断反应、分解、变化，氧化到某种程度便会产生某些香气、味道和汤汁颜色。长久以来，茶叶并没有保存时效的问题，只有储存不当的问题，只要茶叶储

古时包装茶叶

存环境优良，一般情况下是不会变质。当然，现代有高科技支持，如将茶叶放置在0℃以下低温储存，可以维持茶叶的品性相当长一段时间。

(3) 专业储存

专业储存涉及以下不确定性：

①资金积压：涉及利息、货币贬值、物价上涨等。

②储存环境：有20多年茶叶专业储存经验的陈永堂认为"只有确保储存环境优良，茶叶的质量才能优良"。因为茶叶的含水量只要超过10%，微生物就会生长。

③变化质量：随着氧化时间的增加，茶叶内含物的变化也会越来越明显，但其变化质量的好坏，与原来茶叶的质量好坏相关。

④政策方面：茶叶是食品，按现行有关规定有效期为两年。规定在若干年后是否会改变，存在着未知数。

所谓专业储存，通俗地说就是"用专门的仓库去储存茶叶"，除了温度、湿度、通风换气等模拟一年四季自然环境外，还要针对不同茶叶品性，定期分门别类地进行定期轮换，确保茶叶氧化处于最佳状态；适时通风换气，让茶叶有足够的空间去呼吸氧气，帮助其氧化，所以，一般应

广东东莞双陈公司专业储藏仓库

散茶仓库储存

在天气晴朗，空气新鲜，温度、湿度比较适宜的条件下轮换仓库空气。

（4）家庭储存

涉及茶叶选料和储存空间问题。选料与购者的修养、品位、感悟等相关；空间则与储存的温湿度、阴凉、不串

家庭储存

味等相关。所以家庭环境储存茶叶相对来说没有专业茶叶仓库的条件好，往往会面临比较多的不利因素：

一是家庭储存茶叶的空间一般相对偏小，茶叶的呼吸、空气轮换等会受到一定的影响，茶叶的氧化程度相对会较弱或较差。

二是家庭毕竟是人类生活居住的主要场所，各种生活气味丰富。例如厨房煮食的油烟味，厕所臭味，洗澡间的香皂或洗涤液味，衣柜和鞋柜里的樟脑丸味，用的杀虫剂、香精油、香水味，塑料制品味，家具、装修等气味较多，这些气味易被茶叶吸附，也是对茶叶有致命影响的异味。

三是家庭内的温度和湿度一般较难控制在茶叶适宜氧化的范围内。某些地方每年必有数月的"梅雨季节"，这样的潮湿环境不但不利于茶叶正常氧化，而且很容易使茶叶霉变滋生细菌。

茶心 17　氧　化

茶树芽、叶、梗制作成为茶叶，茶叶的再制作，茶叶的储存等方面，都绕不开氧化。那么氧化是什么呢？

狭义上的氧化指非一价原子上氧原子数增加，氢原子数减少的反应；而广义上的氧化则指物质失去电子或发生部分电子转移的过程，对于以共价键结合的有机内含物，可将氧化视为碳原子周围的电子云密度降低的过程。通俗简单地说氧化就是加氧、脱氢、失电子，与之相反则是失氧、加氢、得电子。

一般情况下生物体氧化分为两种状态：一种是在生物体外氧化，另一种是在生物体内氧化，

亦称生物氧化。

常见的生物体外氧化有炒菜用的煤气燃烧、发动机燃油做功等；而生物体内的氧化主要是指糖、脂肪、蛋白质等物质在体内分解时逐步释放能量，最终生成 CO_2 和 H_2O 的过程。那么这两种氧化有什么异同点呢？首先这两种氧化都遵循氧化的一般规律，即加氧、脱氢、失电子，此外物质在体内、体外氧化时所消耗的氧量、最终产物（CO_2，H_2O）和释放能量均相同。

两种氧化的区别在于生物氧化是在细胞内温和的水溶液环境中（体温，pH接近中性），由一系列酶的催化下逐步进行的，而体外氧化环境剧烈，比如燃烧；生物氧化能量逐步释放，有利于机体捕获能量，提高ATP生成的效率，而体外氧化能量可突然释放；生物氧化中生成的 H_2O 由脱下的氢与氧结合产生，CO_2 由有机酸脱羧产生，而体外氧化产生的 CO_2、H_2O 由物质中的碳和氢直接与氧结合生成；生物氧化速度受体内多种因素调控，比如各种小分子化合物、多种激素等，而体外氧化速度在某种程度上是可以人为调节。

生物氧化过程比较复杂、反应较多，可产生一系列氧化功能很强的化合物，如活性氧和活性氮，ROS 包括（超氧阴离子自由基）、HO·（羟自由基）、H_2O_2（过氧化氢）等。NOS 包括 NO·（一氧化氮自由基）、NO_2·（二氧化氮自由基）等。ROS 和 RNS 这些高活性分子化学性质非常活泼，可引起 DNA、蛋白质等生物大分子的氧化损伤，甚至破坏细胞的正常结构和功能，从而引起相应疾病，比如肿瘤、心脑血管疾病、糖尿病、神经退行性疾病等，都和活性氧和活性氮损伤有关。

超氧阴离子自由基是最常见的活性氧，可由体内多种酶催化产生，细菌感染时也可诱发生成。超氧阴离子自由基是一把双刃剑，对机体既有有利作用，比如参与体内多种代谢反应，强氧化性还具有杀菌作用；也有有害作用，比如造成细胞膜损伤、结合 DNA 使 DNA 突变、破坏细胞内蛋白质结构和功能、导致胆固醇转运障碍从而滞留血管、加重炎症反应过程、催化老年斑的生成等。

活性氧的产生是自然过程，而机体本身存在着清除它的机制，比如可以通过抗氧化酶及时清除，也可以通过小分子抗氧化物的作用来清除，常见的有维生素 E、维生素 C 等，这些化合物均具有还原性，可提供电子给活性氧，从而消除其强氧化性，防止其累积造成有害影响。

茶叶的氧化，无论是工艺造成的氧化，还是储存造成的氧化，也不论是有酶参与的酶促氧化，还是非酶促氧化，都会遵循氧化的一般规律：加氧、脱氢、失电子。

静语 5　比较思维

　　茶叶的产生一直都贯穿着比较思维，从采集开始，到不同的制作工艺，都是为了能给茶叶标记上一种能产生特别香气和味道的符号，故意体现出茶叶制作者的与众不同让茶客们去比较、选择，这种比较思维导致中国茶叶制作工艺得以技法万种，茶叶的品性花样异常丰富多彩。

　　比较思维使人们注重自然、征服自然，对自然的寻根究底导致发展出科学，继而诞生了哲学、物理学、数学、

同一品种不同生长时期的茶树芽叶

无虫叶

有虫叶

化学、医学等学科。尤其是 18 世纪蒸汽机的发明，结束了人类对畜能、风能、水能的依赖，人类社会开始进入工业化时代。据有关记载，制作茶叶是较早使用蒸汽机的行业之一，蒸汽机给制作茶叶带来了出乎预料的促进作用。1839 年，英国海外领地印度就已经使用蒸汽机为动力的机器制作优质茶叶，"所安机器甚多，机器分碾压，烘焙，筛青叶，筛干叶，扬切，装箱六种而贯以一。生产出的茶叶香气强烈、味道浓厚"。由于机器制作茶叶的出现，又推动茶园的大面积种植。

而国内由于每家每户都想着标新立异，以便从众多产品比较中脱颖而出，因此比较思维占了主导地位，导致各地各户的茶叶品性明显，以小众茶叶产品为主，但基本上都是离不开传统的古法工艺。一些所谓的创新，基本上都是局部地改变一下，甚至人为增添点东西进去而已，又或是用机械代替人工，很难做到真正的制作茶叶工艺创新。其实国内很多人的比较思维并没有错，只是大家一股脑儿地将精力都用在如何夺人眼球上，忽视了产品质量的真正提高，如何能潜心于制作茶叶工艺改进、设备更新标准统一、质量一致等方面，以及茶叶内含物深入开发等，将是国人所面临的最大挑战。

三、茶叶再次制作主要工艺

茶叶再次或多次制作工艺，是一种从古到今都有的古老工艺，主要目的是使茶叶内含化合物再次产生物理变化或化学反应，使茶叶产生新的香气、味道和汤汁颜色以及不同的药用效果。

1. 熬膏

用茶叶（或芽、叶、梗）加水慢慢熬炼成膏，是最古老的茶叶再制工艺之一。它源于中草药的熬膏法，由于茶叶乃中药，用此法制作是正常之事。笔者珍藏的茶叶中，有一款清朝的茶膏，曾经被王维白先生收藏，还即兴写下观膏感言："茶以新为贵，而酒以陈为美。时论如是，殊不尽然。茶中之普洱乃愈陈而愈佳。逊清鼎革所遗普洱甚多，其年限至少在三十年以上，然大率为茶珍，而茶膏则为稀世之珍，不可多得。制精而味美，却病延年，殊非虚

清朝茶膏

语。余觉得一盒计百十二块，视为至宝，未敢轻易作饮料也。丙子除夕前一日经识数语于此，以示珍贵。时在廿六年二月九日。"

普洱茶膏，黑如漆，醒酒第一，绿色更佳；消食化痰，清胃生津。

普洱茶膏能治百病。如肚胀，受寒，用姜汤发散，出汗即可愈。口破喉颡，受热疼痛，用五分嗜口过夜即愈。

——《本草纲目拾遗》

茶叶熬膏工艺较为神秘，一般只传直系不传外人，较为遗憾的是已经失传很久，只能从文献资料中略知一二：

茶叶经过选、切、洗、净、泡、炙、炒、蒸、煮、煎、秘、滤、收等多道工序后，经过 24 小时以上的山泉水浸泡；浸泡后经三道提取四次浓缩后才能在四天后化胶；化胶时要经过多次武火熬煮后才能文火收成膏。熬膏的时候，师傅们要紧盯着茶叶熬制膏化程度，凭经验决定武火、文火火力大小、搅拌速度和频率、收火起锅收膏时间，只要一个工序出错，满锅全废。熬好的茶膏，一般还要趁热可以流动时倒进专门的模子里，待其冷却后便凝固形成规格统一的形状。

茶膏熬制传统工艺繁琐复杂，现代工艺可以通过低温、负压提取等工艺制作。低温、负压提取是利用负压环境下水的沸点低，能够尽可能地使茶叶内含物质的原始结构不变。

茶心 18　人体代谢

　　好的茶叶能够促进人体的代谢。而人体参与代谢的系统有很多，包括呼吸、消化、泌尿、循环系统等。

　　呼吸系统是执行机体和外界进行气体交换的器官的总称，主要是呼出二氧化碳，吸进氧气，进行新陈代谢。呼吸系统包括呼吸道（鼻腔、咽、喉、气管、支气管）和肺等，是气体的交换通道。

　　消化系统由消化道和消化腺两大部分组成。消化道包括口腔、咽、食道、胃、小肠（十二

白蚁蛀后的茶树

指肠、空肠、回肠）和大肠（盲肠、阑尾、结肠、直肠、肛管）等部位。临床上常把口腔到十二指肠的这一段称上消化道，空肠以下的部分称下消化道。消化腺有小消化腺和大消化腺两种。小消化腺在消化管的管壁内，大消化腺有三对唾液腺（腮腺、下颌下腺、舌下腺）、肝和胰。茶叶对消化系统有很多有益作用，尤其是对消化系统肿瘤，包括胃癌、肝癌等，均有研究证据表明有一定的抑制作用。

泌尿系统由肾脏、输尿管、膀胱及尿道组成，其主要功能为排泄。排泄是指机体代谢过程中所产生的各种不为机体所利用或者有害的物质向体外输送的生理过程，被排出的物质一部分是营养物质的代谢产物；另一部分是衰老的细胞破坏时所形成的废物。此外，排泄物中还包括一些随食物摄入的多余物质，如多余的水和无机盐、蛋白质等。茶叶中的咖啡碱有明确的利尿作用，因此在古代中国医药书籍就有"茶，苦，能泄下"的记载。

循环系统是生物体的细胞外液（包括血浆、淋巴和组织液）及其借以循环流动的管道组成的系统。从动物形成心脏以后循环系统分心脏和血管两大部分，叫做心血管系统。循环系统是生物体内的运输系统，它将呼吸器官获得的氧气、消化器官获取的营养物质、内分泌腺分泌的激素等运送到身体各组织细胞，又将身体各组织细胞代谢产物运送到具有排泄功能的器官排出体外。此外，循环系统还维持机体内环境的稳定、免疫和体温的恒定。茶叶对循环系统的作用在古代医药书中有述及，具体可参见笔者的著作《小茶方大健康》。

2. 窨香

用花朵窨香茶叶的方法，是古老的茶叶再制作工艺之一。

薰袭之香：用茶叶稍粗，茶之本味不甚馥郁者。其法于茶炒焙后，以茉莉，玫瑰，珠兰等半开之蓓蕾与茶叶相拌，然后加以密封盖好。如此，三数日后，花之香味，以尽为茶所吸收矣。

——《茶务佥载》

窨香茶叶

莲花茶，则于日未出时，将半含莲花拨开，放细茶一撮，纳落蕊中，以麻皮略扎，令其经宿。次早摘花，倾出茶叶，用建纸包茶焙干。再如前法，又将茶叶入别蕊中，如此者数次，取出焙干，不胜美香。

——《茶谱》

百花有香者皆可。当化盛开时，以纸糊竹笼两隔，上层置茶，下层置花。宜密封固，经宿开换旧花，如此数日，其茶自有香味可爱。有不用花，用龙脑熏者亦可。

花香茶。有莲花茶者，就花半开者，实茶其内，丝匝拥之一宿。乘晓含露摘出，直投热汤，香味俱发。如兰茶，摘花杂茶，亦经宿而拣去其花片用之。并皆不用焙干。或以蒸露罐取梅露、菊露类，投一滴碗中，并佳。

至于木樨，茉莉，玫瑰，蔷薇，兰蕙，橘花，栀子，木香，梅花，皆可作茶。法宜于诸花开时，摘其半开半放蕊之香气全者，量其茶叶多少，摘花为茶。花多则太香而脱茶韵，花少则不香而不尽美。唯三停茶，一停花始为相称。假如木樨花，须去其枝蒂及尘垢虫蚁，用瓷罐一层茶、一层花投间至满，纸箬絷固，入锅重汤煮之。取出，待冷，用纸收裹，

茶心静语

置火上焙干收用。诸花仿此。

——《茶谱》

　　茶叶具有吸收异味的吸附性能，主要是由茶叶的结构造成。茶叶的吸附可简单分为化学和物理吸附两种。化学吸附是由于茶叶中含有棕榈酸等具有吸附作用的内含物质所致；物理吸附是由于茶叶为一种疏松的多孔隙性物质所决定，这些孔隙与外界相通，虽然从表面上看不到，但是若从显微镜上观察，茶叶表面布满许许多多的孔隙和内壁。人们一方面利用茶叶的吸附性来窨制各种香型气味的茶叶；另一方面则需要处处提防，小心茶叶在制作、储存、运输等环节受到异味的侵袭，导致茶叶受到异味的污染。

茉莉花拌茶叶

有关研究发现，茶叶内孔隙的长度和弯曲与其吸附速度有关：在同等条件下，比较细嫩茶叶孔隙细小、孔隙数多而且长，其吸附速度较慢；茶叶较老则孔隙较粗短，其吸附速度比较快。所以，窨香比较嫩的茶叶时，所配花朵的数量一般也会多，同时也要窨多几次；而窨香比较老的茶叶时，所配花朵的数量一般会少些，同时只窨1~2次的占多数；而一般的茶叶就往往不采用窨香工艺了，直接将花朵拌入茶叶内就行。另外，随着现代科技的发展，20世纪80年代，已经有众多香型的人工合成茶叶化学香精问世，并且投入到窨香工艺中。经过几十年发展，香精技术已经相当成熟，一些好的香精窨完茶叶后，已经达到绝大部分人们分辨不出是天然的还是人工的程度。

窨香茶叶一般选用人们较喜爱和较芬芳的梅花、桂花、茉莉花、珠兰花、白兰花、玳玳花、柚子花和玫瑰花等的花朵，花朵在温度、酶、水分、氧气的作用下，会缓缓释放出芳香物质，在相对密闭的空间内，茶叶将花朵的芳香物质吸附，同时引起自身内含物中的芳香物质发生变化，使香气有所改变。当花朵由于自身代谢萎凋时，香气会大大减弱至无，这时可更换新的花朵继续窨香茶叶，待茶叶吸附饱满时窨制工艺结束。由于在窨制过程中，茶叶既吸收了香气又会吸收一部分的水分，因此，要尽快干燥茶叶。

茶心 19　吸附特征

一般的固体表面有以下特点：

一是表面上的原子或分子与液体一样，受力是不均匀的，所以固体表面也有表面张力和表面能。

二是表面分子（原子）移动困难，只能靠吸附来降低表面能。

三是表面是不均匀的，不同类型的原子化学行为、吸附热、催化活性和表面态能级的分布都是不均匀的。

四是表面层的组成与体相内部不同。

以上这些特点决定了固体表面存在剩余键力，可与其他分子相互作用，因此出现了吸附现象。当固体表面上的气体浓度由于吸附而增加，称为吸附过程；气体浓度在表面上减少的过程，称为脱附过程；当吸附过程进行的速率和脱附过程的速率相等时，固体表面的浓度不随时间而变化的状态，叫做吸附平衡。

吸附一般情况下分为物理吸附和化学吸附两种形式。

物理吸附和化学吸附的区别

	物理吸附	化学吸附
吸附力	范德华力	化学键力
吸附层数	单层或多层	单层
选择性	无	有
吸附热	较小，近于凝聚热	较大，近于化学反应热
吸附速率	较快，不受温度影响，不需活化能	较慢，温度升高速度加快，需活化能
可逆性	可逆	不可逆或可逆
吸附态光谱	强度变化或波数位移	出现新特征吸收峰

物理吸附是指吸附分子通过物理过程与表面结合，即以弱的范德华力相互作用，吸附前后被吸附分子结构变化不大，吸附过程类似于凝聚和液化过程，这种吸附没有选择性，可以多层吸附。

化学吸附是指分子或原子与固体表面接触时，可能通过与表面形成化学键而结合。一般情况下化学吸附会有选择性，由于固体表面上的原子或离子与内部不同，它们还有空余的成键能力或存在着剩余的价力，可以与吸附物分子形成化学键，所以吸附是单分子层的，吸附过程中有电子共享或电子转移，有化学键的变化电子云重新分布，分子结构的变化。

物理吸附和化学吸附往往可以同时发生，在不同的温度下，起主导作用的吸附可以发生变化，吸附一般为放热过程，释放的热量为吸附热。第一阶段时，以物理吸附为主，进行放热，快速趋向吸附平衡；第二阶段时，随着温度升高，由物理吸附主导转向化学吸附主导，而化学吸附开始时速度较慢，会随着温度升高而加快；第三阶段时，

茶心静语

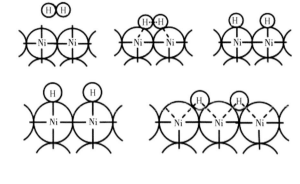

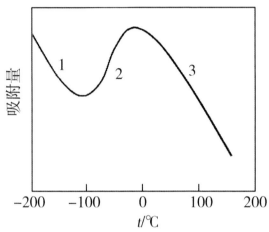

氢分子在 Ni 表面
由物理吸附转为
化学吸附示意图

温度对吸附的影响

温度继续升高，以化学吸附为主，进行放热，快速趋向吸附平衡。

　　茶树芽、叶、梗和茶叶都具有化学吸附和物理吸附的功能，尤其是在制作茶叶时的烟熏工艺、茶叶再制作时的窨香工艺就是利用这种吸附特性进行制作，从而制作出更多香型品性的茶叶。但是，茶叶的吸附性质，也对储存提出了要求，储存时要格外注意环境中可以被吸附的异味、水分等，才能最大限度避免吸附的发生，保持茶叶好的品性。

3. 勾兑果花草

枸杞茶，是用茶末与枸杞末，入酥油调匀。玉磨茶，是用上等紫笋茶，拌和苏门炒米，匀入玉磨内磨成。酥签茶，是搅入酥油，用沸水点泡。

——《饮膳正要》

择果，茶有真香，有佳味，有正色。烹点之际，不宜以珍果香草杂之。夺其香者，松子，柑橙，杏仁，莲心，木香，梅花，茉莉，蔷薇，木樨之类是也。夺其味者，牛乳，番桃，荔枝，圆眼，水梨，枇杷之类是也。夺其色者，柿饼，胶枣，火桃，杨梅，礼橙之类者是也。凡饮佳茶，去果方觉清绝，杂之则无辨矣。若必日所宜，核桃，榛子，瓜仁，枣仁，菱米，榄仁，栗子，鸡头，银杏，山药，笋干，芝麻，莒蒿，莴苣，芹菜之类精制，或可用也。

——《茶谱》

岭南人往往用糖梅，吾越则好用红姜片子。他如莲药榛仁，无所不可。其后杂用果色，盈杯溢盏，略以瓯茶注之，谓之果子茶，以失点茶之旧矣。

又有从而反之者，聚诸干蔽烂煮之，和以糖蜜，谓之原汁茶。可以食矣，食竟则摩腹而起。盖疗饥之上药，非止渴之本谋，其于茶亦了无干涉也，他若莲子茶、龙眼茶，种种诸名色，相沿成故。

——《赵言释》

橙茶，将橙皮切作细丝一斤，以好茶五斤焙干，人橙丝间和，用密麻布衬垫火箱，置茶于上烘热，净棉被罨之两三时，随用建连纸川袋封裹，仍以被罨焙乾收用。

——《茶史》

将茶叶勾兑珍果、香草在一起，是古老的茶叶再制工艺之一，从古至今，中外皆有。其实，勾兑源于茶叶作为中草药的配伍。茶叶作为单方中草药来治病，一般是视疾病情况按不同茶叶的药性和功效决定用法：一是将茶叶切碎，或研磨成为粉末，或制成茶丸，与汤、水拌和后直接吞服（或涂抹至外伤患处），俗称"吃茶"或"食茶"；二是将茶叶浸泡、煎煮后，使茶叶中的水溶性物质溶解于水中后，再直接饮用其水，俗称"喝茶"或"饮茶"。

茶叶作为单味中草药使用的好处

果、花、草勾兑茶叶

是简单、方便、快捷，但在功效的全面性和药力方面，可能就会比多味中草药弱些。所以，前人为达到医治疾病的目的，将茶叶与其他中草药一起配伍使用，经浸泡、煎煮后，其药性和药力相对来说较为强大而且全面，起到助其药性的功效。例如，茶叶具有利尿功效，若将其与车前草、泽泻等利尿中草药配伍使用，利尿的药力就会更加显著。

但是，对于勾兑历来都有反对声音，比如刘源长的《茶史》记载："茶有真香，有佳味，有正色。烹点之际，不宜以珍果香草杂之。夺其香者，如松子，柑橙，杏仁，莲子，梅花，茉莉，蔷薇，木樨之类。夺其味者，如番桃，荔枝，龙眼，水梨之类。夺其色者，如柿饼，胶枣，大桃，杨梅之类。"

根据有关资料，宋朝初期就有茶叶勾兑"龙脑香"的记载，到了12世纪，往茶叶勾兑"杂珍果香草"已经比较普遍，例如"茶苏"就是将茶叶与姜、橘皮、红枣、茱萸、薄荷、荔肉、松实、鸭脚等勾兑，待使用时再将其一起捣烂后煎煮。苏辙曾在写给苏东坡的一首诗里提到："君不见，间中茶品天下高，倾身事茶不知劳。又不见，北方俚人茗饮无不有，盐酪构文重夸满口"。

其中，较为特别的是将茶叶与黄油、炒米、香草、花生、陈皮、橄榄、芝麻、麦芽、红枣、桂圆肉等勾兑，待使用时再将其一起捣烂后煎煮，这种茶的各地叫法差异较大，例如"擂茶""炒茶""米茶""咸茶"等。如吴自牧《梦粱录》中说的就是在宋朝临安茶馆里，不但卖各种奇茶异汤，而且到了冬天还有"七责擂茶"卖。

朱权《耀仙神隐》中有擂茶记载："将芽茶用汤水浸软，同炒熟的芝麻一起擂细。加入川椒末、盐、酥油饼，再擂匀。假如太干，就加添汤水。假如没有油饼，就斟油代之以干面。入锅煎熟，再随意加上栗子片、松子仁、胡桃仁之类。"

章回小说《金瓶梅》里，有用芝麻、盐笋、榛子、松子、栗子、胡桃肉、瓜仁、核桃仁、橄榄仁、土豆、笋干、青豆、樱桃、芫荽、桂花、玫瑰、蜜蜂蜡等物勾兑茶叶的描写。

4. 焙烤

焙茶。茶采时，先择茶工之尤良者，倍其雇值，戒其搓摩，勿令生硬，勿令生焦，细细炒燥，摊冷，方贮罂中。茶之燥，以拈起即成末为验。凡炙茶，慎勿于风烬间炙，燥焰如钻，使炎凉不均。持以逼火，屡其翻正，候炮出培墣状，虾蟆状，然后去火五寸，卷而舒则本其始，又炙之。夏至后三日焙一次，秋分后三日焙一次，一阳后三日，又焙之。连山中共五焙，直至交新，色香味如一。茶有宜以日晒者，青翠香洁，胜以火炒。火干者，以气热止。日干者，以柔止。茶日晒必有日气，用青布盖之可免。

——《茶史》

独《五杂俎》载，松萝僧说：日茶之香，原不甚相远，惟焙者火候极难调耳。茶叶尖者太嫩，而蒂多老，火候匀时尖者已焦而蒂尚未熟。二者杂之，茶安得佳。松萝茶制者，每叶皆剪去尖蒂，但留中段，故茶皆一色。而功力烦矣，宜其价之高也。余以为此说，真制作茶叶之要也。若或择取其尖而焙制之，恐最上之品也。

——《煎茶诀序》

制作之香：不论茶叶嫩否，端赖专心致志，如护奇珍。诸如剔除粗糙枝叶，火工，制作，收藏等各法皆需精益求精，毋有失当。故火工掌握得法，其香气即能长久保存。盖制作精美，则本香存而不失也。

——《茶务佥载》

对茶叶进行再次或多次的高温或低温焙烤，是古老的茶叶再制工艺之一。目的是为了加快茶叶多酚类化合物、氨基酸、糖类的氧化程度，是某些茶叶特有香气和味道品性形成的重要过程，也可使茶叶的香气、味道和汤汁颜色等品性在原有基础上有所提高。有关研究指出，对茶叶进行再次或多次焙烤，与其他食品烘焙时一样，都会发生"美拉德反应"，茶叶的糖和氨基酸等会进一步结合生成新物质，如焦糖香；同时，由于茶叶的种类不同，焙烤后的香气

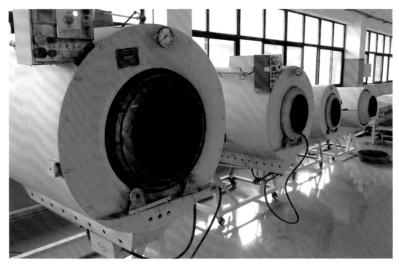

自动焙烤机焙烤茶叶

人工炉灶炭火焙烤茶叶

和味道也会不同，这主要是茶叶的氧化程度不同所造成。

对茶叶进行高温或低温再次或多次焙烤的，现代使用自动烘焙机、热风炉、无烟灶等，热源一般有电、煤、油、汽等。

烘焙是茶叶再制中技术要求较高的一种工艺，尤其是用木炭作为烘焙热源时，温度、时间和碳化程度都较为关键，俗称"看茶焙茶"就是此道理。烘焙得适宜，茶叶的香气浓郁幽远，味道更为醇和饱满，汤汁颜色呈橙红色或琥珀色；茶叶的颜色呈油润红褐或乌褐。若焙烤温度过高、时间过长，则会损害茶叶的香气和味道，轻则呈现烟火、焦糊味，重则茶叶被碳化，内含物全部死亡而没有活性，俗称"焙死茶"。

根据《蛮瓯志》记载中得知，不论按古或今的标准衡量，陆羽仍是恶霸流氓一个，他曾经因为小孩将茶叶焙焦了便投入火中："陆鸿渐采越江茶，使小奴子看焙。奴失睡，茶焦烂。鸿渐怒，以铁绳缚，投火中。"

烘焙茶叶虽然可以提升香气、味道和汤汁颜色的品性，但是，茶叶不管储存时间多长和氧化程度怎么样，特别是陈茶或老茶叶，每烘焙一次就是对内含物杀伤、破坏一次，尤其是一些对人体非常有益的物质也会被破坏掉，俗话说"一焙毁十年"就是此道理。正如刘源长的《茶史》中记载："吴兴姚叔度言：茶叶多焙一次，则香味随减一次。"

茶心20　美拉德反应

　　1912年法国人美拉德发现氨基酸或蛋白质与葡萄糖混合加热时很容易形成褐色的物质，后来便将此反应称为"美拉德反应"或"非酶褐变反应"。这种反应不仅影响食品的颜色，而且对食品的气味也有重要作用。

　　茶树芽、叶、梗制作茶叶和茶叶再制作的烘焙工艺中，发生的美拉德反应是一种普遍的非酶褐变现象，是羰基化合物（还原糖类）和氨基化合物（氨基酸和蛋白质）间的反应，经过比较复杂的化学反应生成棕色甚至黑色的类黑精，俗称"羰氨反应"。

　　美拉德反应是一个比较复杂的物质反应过程，一般情况下分为初期、中期、后期等三个阶段。

　　美拉德反应的初期阶段是蛋白质中的氨基和糖中的羰基发生缩合反应，形成席夫碱，席夫碱重新排列形成氮代糖基胺，经阿姆德瑞分子重排反应，生成烯醇式和酮式糖胺。Murakami等指出初期阶段产生的无色产物的自由基清

双陈公司周伟文在检查茶叶氧化程度

除活性比有色产物的自由基清除活性小。

美拉德反应的中期阶段是烯醇式和酮式糖胺在酸性条件下经1，2-烯醇化反应，生成羰基呋喃醛，在碱性条件下经2，3-烯醇化反应，产生还原酮类和脱氢还原酮类化合物。这些多羰基不饱和化合物通过斯特勒克降解反应，生产醛类、吡嗪类化合物和一些容易挥发的化合物，这些化合物能产生特殊的气味。

美拉德反应的后期阶段的机制比较复杂，多羰基不饱和化合物进行发生脱水缩合、裂解、环化和聚合反应，产生褐黑色的类黑精和杂环化合物。

美拉德反应可产生一些挥发性的杂环化合物，这些化合物可使物质的外表颜色加深并赋予一定的风味，例如炮制中药，只要是氨基酸和糖加热的过程，都会发生美拉德反应，也会发生糖焦化反应。美拉德反应和糖焦化反应也就成为食品化学和香料化学中的著名反应，比如面包的表皮会呈现金黄色，又或者是红烧肉所呈现的褐色，同时能散发出浓郁的特殊香味。

茶心静语

此外，由于这些化合物包括氧杂环的呋喃类、氮杂环的吡嗪类、含硫杂环的噻吩和噻唑类等物质，所以又具有一定的抗氧化性。特别是美拉德反应产物中含有类黑精、还原酮等非挥发性成分，这类物质具有一定的抗氧化性能，其中某些物质的抗氧化强度可以与食品中常用的抗氧化剂相媲美。

虽然目前这些物质的抗氧化机理比较复杂，人们还没有完全了解其作用原理，但根据有关报道，这类物质的抗氧化原理主要表现在两个方面：具有螯合金属离子的特性和较强消除活性氧的能力。

比如 Yoshimura 发现美拉德反应的产物具有螯合金属离子的能力；Eichner 认为美拉德反应的产物中间体（还原酮化合物）通过供氢原子而终止自由基的链，具有络合金属离子和还原过氧化物的作用特性；Hayase 认为美拉德反应的产物抗氧化性能可能是由于类黑精具有较强的消除活性氧的能力；Delgado-Andrade 等对制作咖啡时提取的类黑精进行了抗氧化活性研究，发现类黑精具有过羟基清除活性，主要是由类黑精的高分子量螯合化合物与过羟基发生螯合作用而使自由基清除掉。

由此可见，类黑素是还原性胶体，具有较强的抗氧化、抗自由基、抗突变活性、抗衰老的作用；类黑素有很强的吸附、运送功能，在人体内经过酶的活化后，可能具有很强吸附病毒、细菌和体内代谢产物的作用；有关的美拉德一些产物保护免疫细胞抵抗氧嘧啶损伤实验，还证实了它具有细胞保护功能。

在制作茶叶、茶叶再制作、茶叶储存时，茶叶内含物会进行自身碳基团和氮基团的反应，即美拉德反应。简单来说，就是不需要酶进行催化，茶叶自身的碳和氮的基团就可以进行缩合、环化、重排、烯醇化、裂解、醛基—氨基反应等，最终生成类黑素以及一系列中间体还原酮及挥发性杂环化合物，使茶叶发生改变，从而产生新的香气和味道以及汤汁颜色。

这些美拉德反应的产物一方面参与了茶叶香气、味道、汤汁颜色的形成；另一方面其抗氧化性等功效，可能是茶叶药用功效的一个重要成分来源。例如，古籍记载德经久老茶叶，可能是由于氧化时间长、氧化程度高，才可以生成大量的美拉德产物，使其具有治疗恶疾、顽疾的功效；而陈茶则可能是由于氧化时间和氧化程度都不如经久老茶叶，所以产生的美拉德产物含量相对也低，因此可对付一般疾病；而新茶氧化时间和氧化程度可能是更加不如陈茶，美拉德反应产物相对来说则更少，因此茶叶只能医治一般的小病小痛。

煲中药

5. 沤

16世纪初，湖南安化的茶农，将芽、叶、梗采摘后，经过杀青和揉捻，成堆地堆放在湿热的地方较长时间，谓之"沤堆"。这一沤堆过程有助于有益的微生物生长，直到茶叶变成黑褐色，散发出后发酵茶浓醇的香味。

——《茶的世界史》

"沤"茶叶是茶叶再制工艺之一，目的是人为地使茶叶的微生物尽快生长、繁殖、代谢物积累，从而快速地将茶叶内含物分解、转变，产生菌尸味道或腐朽味道的转化。

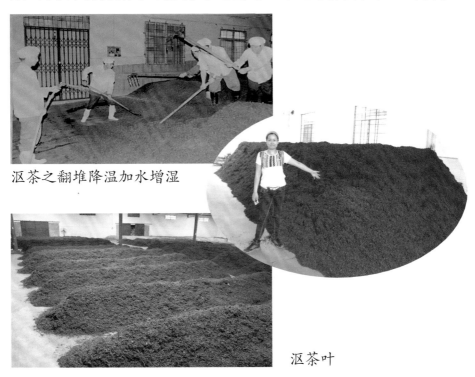

沤茶之翻堆降温加水增湿

沤茶叶

"沤"源于中国广大农村传统的沤肥方法。沤肥是将各种杂草、秸秆、垃圾、人畜粪便等堆积在一起，泼水令其潮湿，再在外面用泥土简单地封盖，使堆内形成高温、高湿、相对不透气通风的环境，堆内温度可达40℃~70℃，一段时间后堆内的微生物开始繁殖、分解，即有机质经微生物分解转化后而成为肥料，这是一种比较原始、古老的制造肥料的方法。

　　"沤"的实质是通过高温、高湿使一些物质的内含物在微生物的作用下发生某些能量消耗反应、变化或生成另外一些物质的过程。当然，中国地广人多，各地民族风俗不同，同样的事情各地称呼也不一样，例如，沤的名称就有"发水""发花""发酵""渥堆""闷熟""沤堆""沤熟""渥熟""促熟"等。

　　茶叶再制作工艺中的"沤"，也是一种相对高温、高湿、有微生物参与的湿热促进作用。湿热可以加速微生物的生长和繁殖过程，若有酶的促进作用则会更加快。酶能起到催化剂的作用，即加速其过程；但是如果遇到经过"杀青"工艺、"酶"已经失活的芽、叶、梗或者茶叶怎么办？这时，就要靠高温、高湿使微生物大量繁殖，而微生物的代谢又会分泌出许多酶来解决如何快速的问题。正因为有此"三管齐下"，使茶叶内化合物分解、转化、产生菌尸或腐朽的味道，才使经过"沤"工艺再制作的茶叶香味、味道和汤汁的品性独具一格。

　　从历史论证，将绿茶沤为黑茶的普洱茶，由广东的茶商创始于 19 世纪末或 20 世纪初，主要的工艺就是将各地大、中、小叶种的晒绿人为地沤熟沤透变为黑茶，行销珠江三角洲、港澳和东南亚一带地区，并已具有一定规模。因其最早的时候是有来自云南普洱地区所产的日晒绿茶，从云南到广州，交通极为不便，用骡马驮运，少则三两个月，多则半年以上，长途跋涉，日晒雨淋，温湿交加，抵达广州后往往都已有不同程度的陈化质变，但推出市场后，却颇受消费者的欢迎，从而引起了茶商的关注，潜心研究，逐步改进沤法，形成了商品。由于此茶来自云南普洱，故以普洱茶名之。

——《广东普洱》

新中国成立初期，由于香港、澳门、东南亚以及欧美等地华侨对普洱茶需求激增，有关部门便从广西、云南、湖南、江西等地拨调，以及从越南、老挝、缅甸等地进口茶叶支持广东，加上广东本地大、中、小叶种茶叶，茶叶进出口量基本得到充分的保证。这些各地来的茶叶各式各样，晒、炒、烘焙的都有，公司主要在广州对茶叶进行沤法再制作，等级较低的基本以散茶形式包装；等级较高的则被压制成了饼茶，用韧性极强的土黄色油光纸包装，并标上"中国广东茶叶进出口公司"及"普洱饼茶"

等字样，通过"中国出口商品交易会"出口到世界各地，我本人从参加1957年第一届"中国出口商品交易会"开始，直到国家茶叶外贸体制改革才结束了普洱茶的出口业务。……从第一届"广交会"开始，各种茶叶的出口情况都有成交记录或海关出口单根据凭证，甚至还有进口地、口岸的海关凭证资料。

——张成（张成留下的珍贵文献资料，由资深茶人江绍强保存）

1956年左右，广西茶叶出口公司组织技术力量在下属企业梧州茶厂、横县茶厂开始研究六堡茶冷水堆沤，并于1958年左右开始应用于量产。

——张均伟

1973年到广州学习发水茶技术，通过不断实践之后形成云南普洱茶发酵标准，当时勐海茶厂派出邹炳良和曹振兴、昆明茶厂派出吴启英和安副厂长去学习。

——邹炳良

（1）沤茶叶的方法

沤茶叶过程中，适宜的温度和湿度较关键，一般情况下腐熟良好的条件如下：一是适当的水分。保持堆中含水量能促进茶叶中微生物活动和发酵。二是适当的氧气。保

茶心静语

持堆中有适当的通风透气，有利于微生物的生长和繁殖，促进有机物分解。三是适当的温度。保持堆中不能有太高的温度，若温度过高则要及时散热。

温度监测

湿度监测

全自动不锈钢十吨沤筒

资深制作茶叶专家曾明森说："沤茶叶工艺非常关键的是茶叶本身要好、泼的水质要好、小环境空气要好、控制适宜的温度和湿度要及时准确到位，只有方方面面都做好，才能沤出好的茶叶。"而制作茶叶专家黄伙成的沤茶叶经验是："水分、温度、时间适宜才可能催化茶叶内含的化合物的有益转化，茶叶的颜色才会渐渐变深，才能形成独特香气，苦涩味道才能减弱变醇。因此，装载茶叶的容器要大，一次少则数吨多则十几吨；温度、湿度要精准控制，喷洒的水质要好；还要多走动勤观察，随时了解各方面的数据和情况并及时进行调整。只有这样，才可能沤出好的茶叶。"

沤茶叶时，应采用长时间、低温、少量多次洒水的方法，在此期间要勤翻堆（翻堆的主要目的就是降温、散发水分），具体情况还要视温度变化情况而定，如果温度升的过快就要增加翻堆次数，防止因温度过高而产生"烧心"现象，从而失去茶叶的饮用价值。沤茶叶过程中会产生出黏稠的果胶，很容易将茶叶黏在一起，变成一团一团的疙瘩，黏得很牢的要将茶叶弄碎才能解开，这些疙瘩便是俗称"茶头"的东西。

目前，最先进的沤茶叶工艺已经采用卧式大型不锈钢沤筒，一次可装载十吨以上的茶叶，供氧、喷水雾增加湿度、自动翻转、排气降温、热风干燥等由电脑全自动控制，制作出来的茶叶沤得均匀、质量稳定、卫生干净。不同产地的沤会产生不同的风味，这是由不同地区的茶树品种、沤时所用的水和空气的微生物种类、数量差别导致，温度、湿度、沤的时间长短差别也会导致氧化程度不同。

（2）沤茶叶产生的微生物及其主要作用

有关研究发现，对人体有害或有益的微生物都参与沤茶叶的过程，如青霉菌、黑曲菌、青曲菌、黑根足菌等，能产生多种多酚氧化酶、淀粉水解酶，催化了茶叶中多酚类化合物的氧化缩合和糖的水解，使茶叶中没食子儿茶素、没食子酸酯氧化为茶黄素及类茶黄素物质，淀粉转化为葡萄糖和果糖；但是，某些微生物会留下大量的代谢残留

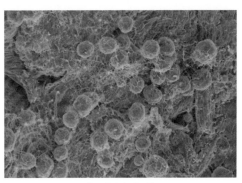

有益微生物

物，更致命的是往往这些代谢残留物大部分对人体是高致病的，如黄曲霉、黑霉等的代谢物。

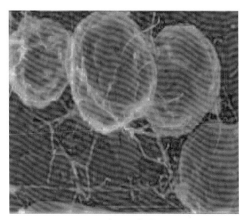
致病微生物

以下是几种比较特别的微生物：

酵母菌。该菌可增强酶的活性，给化学成分变化提供热源。

青霉菌。该菌产生多种酶类及有机酸，同时，代谢产生的青霉素对杂菌、腐败菌可能有良好的消除和抑制生长作用。

根霉菌。该菌的淀粉酶活力较高，能产生有机酸，还产生芳香的酯类物质，分泌果胶酶能力强。

灰绿曲霉菌。该菌能使物质腐烂变质，沤茶叶生产过程中应尽量避免该菌群的滋生。

冠突曲霉菌。某种呈黄色或金黄色的闭囊壳菌，俗称"金花"。其颜色会随氧化时间的长短而变化，新出的为金黄色颗粒状成片分布，随后会逐渐萎缩为白色的斑点。根据《泾阳史话》和《泾阳茯砖茶》记载，该菌最早是宋熙宁元年（1068）间由茶商在运输茶叶中途偶然发现。1950年6至7月在湖南安化某茶厂人工授种繁殖成功。自20世纪40年代开始，该菌就有多种称谓：灰绿曲霉菌、谢瓦氏曲霉菌、谢瓦氏曲霉菌间型变种、薛氏曲霉、小冠曲霉、冠突曲霉菌、冠突散囊菌等。究其原因是该菌飘忽不定的

形态品性以及测定方法不同从而得出不同的结果所致。根据国际植物学"一个真菌,一个名称"命名法则,2015年国际上将其命名为"冠突曲霉菌"。

黄曲霉和有致癌性的黄曲霉代谢物也是可以在沤茶叶时生长,由于一般人是很难将其与冠突曲霉菌区分开,专业人士都尚需要借助显微镜才能准确分辨。这是因为:一是两种菌同属微生物,二是黄曲霉的外观也呈金黄色颗粒状成片分布,随后也会逐渐萎缩为黄白色的斑点,而在休眠期则是黄色粉状孢子,而且是其代谢物致癌,代谢物依靠人眼是根本分辨不出来的。

6. 精制

茶叶精制指利用各种矿产品或植物粉末为辅助物料,对茶叶进行有目的性添加制作,目的是加深茶叶和汤水的颜色,以及保持香气和味道,提高茶叶保质时间,是较古老的茶叶再制方法之一。

出洋之绿茶,必用滑石粉并干洋靛。二年前,根据洋人医士之考究,谓此二物食之伤人,故有将平水茶烧毁者。盖干水茶用洋靛、滑石甚多之故也。

余按:滑石者,利窍,渗湿,益气,泻热,降心火,下水,开腠理,发表之功用良多,何害之有。至于洋靛之物,其性轻扬,以滚水泡之,尽浮出水面,以气吹却,或泡满之时,令其水溢出,则靛随泡沫而去，何害之有。如不用此二物，茶色小能纯一也。滑石粉以粉红色为上，干洋靛块以掰开后，色如碧天者为妙。

　　每茶百斤，大约用洋靛九两十两，滑石粉亦大约以此为准。但此分量，系就平常之茶而言而已。应视茶之粗细，老嫩，以及市场情况，买主意向，颜色之深浅，轻重，酌量增减之。

——《茶务佥载》

　　茶叶的精制，也是利用了茶叶的吸附性。根据有关资料，为迎合人们对某些茶叶品性的追求，一些地方违法使用添加剂对茶叶进行精制：为使茶叶、汤水更加翠绿或碧绿，一般添加"蓝靛"（俗称"石碌粉"）或"孔雀石粉"；为使茶叶、汤水更加金黄一般添加"日落黄"；为使茶叶、汤水更加红、褐红，一般添加"胭脂红""苏丹红"；为使茶叶香气、味道和汤汁更加香甜，一般添加糖或蜂蜜；为使茶叶更香，一般添加人工合成香精；为使茶叶保持原品性更长时间，一般添加滑石粉。

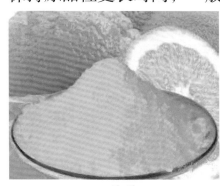

日落黄

苏丹红

茶心 21　色　素

　　人眼观察到的颜色是由于物质吸收了可见光区（400nm~800nm）的某些波长的光后，透过光所呈现出的颜色，即人们看到的颜色是被吸收光的互补色，色素即是能够吸收或反射可见光，进而使物品呈现各种颜色的物质，物品中自然存在的色素称为自然色素，人工化学合成的称合成色素。

　　自然色素主要从动植物、矿物等组织中提取，也包括一些微生物，其中绝大多数自然色素对人体无毒害，安全性较高，尤其是来自水果、蔬菜等的自然色素。自然色素有营养强化作用，例如 β－胡萝卜素、VB_2 等具有生物活性；自然色素中有的还具有特殊的芳香气味，能给人带来愉快的感觉。根据有关资料，我国焦糖色素的产量最大，可占自然食用色素的 86％，主要用于酿造行业和饮料工业；其次是红曲红、高粱红、栀子黄、萝卜红、叶绿素铜钠盐、β－胡萝卜素、可可壳色、姜黄等，主要用于配制酒、糖果、熟肉制品、果冻、冰淇淋等。

合成色素指用人工化学合成方法所制得的色素，成本低、价格廉、颜色鲜艳、着色力强、易溶解、易调色，主要从石油、煤焦油中分离出来的苯胺染料为原料制成的色素，化学结构

部分人工合成色素

色素名称	颜色	ADI mg/kg	用量 ppm
苋菜红		10	50~100
胭脂红		4	25~100
赤藓红		2.5	50~100
柠檬黄		7.5	50~100
日落黄		2.5	90~200
亮 蓝		12.5	25~100
靛 蓝		2.5	10~200
诱惑红			15~600
钛白粉			2000

属偶氮化合物，可在人体内代谢生成 β－萘胺和 α－氨基 －1－1 萘酚，这两种物质都具有一定的致癌性，所以我国曾指定由专门的人工色素生产厂家进行生产。根据有关资料，我国准许使用的合成色素为 11 种 (GB2760-2007)：苋菜红、胭脂红、赤藓红、新红、诱惑红、酸性红、柠檬黄、日落黄、靛蓝和亮蓝 (及其同名色淀)、二氧化钛等；用量在终极产品中含量为 0.02g~0.2g/ Kg，其中 ADI 小的为下限，反之为上限，同一颜色的色素混合食用时，其用量不得超过单一色素允许量；用于固体饮料及果味饮料，色素加入量按产品的稀释倍数加入。

由此可见，对于合成色素的使用国家是有严格要求，明令禁止添加到茶叶当中，而一些厂家由于各种原因，在制作茶叶或茶叶再制作的时候，还是会添加一些国家明令禁止使用的合成色素，又或者是超标使用，使到饮茶成为高风险之事。较常见的是往某些茶叶中添加孔雀石，虽然可以使茶叶、汤汁看起来青翠欲滴，但里面已经含有有毒物质，人们饮后会有高致癌的风险。

7. 拼配

茶叶拼配就是将各种品性高低不同的茶叶混合在一起，是较古老的茶叶再制方法之一。

地球上动植物一般都是呈现"金字塔"状态，即最优秀往往处在塔顶尖的位置而且数量很少。如果在茶树品种和制作茶叶工艺相同状态下，茶叶的品性情况一般是：生长在海拔高、丹霞地貌的要比石灰岩地貌的优秀而且产量比较少；生长在海拔较高、石灰岩地貌的要比海拔较低、丘陵地貌的优秀而且产量比较少；生长在丘陵地的又要比平原的优秀而且产量比较少。也就是说茶叶品性是呈"倒三角形"，而产量却是呈"正三角形"。

茶叶拼配的目的，首先，使茶叶获得相对比较稳定的

拼配

香气和味道以及较大的数量。由于两棵生长在一起的茶树的品种可能不一样，不同季节、时间采集的芽、叶、梗质量都不一样，不同批次或不同制作茶叶师傅的手艺也不一样，茶叶的香气、味道和汤汁颜色等就会不同。但作为企业生产不可能论斤生产某个品种，需要相对稳定的产量才有生产批次的存在，所以需要大量的拼配。通过拼配，可将不同品性的茶叶长处发挥出来，克服短处，形成独特风格。

其次，使大量的处于低位价格的茶叶获得中位价格，从而得到利益的最大化。一般是将少量品性优秀的茶叶往品性一般的茶叶勾兑，即将原来数量最少的上品降为中品、原来数量最多的下品茶提升为中品。例如，原价 100 元 1 斤的好茶叶往 100 元 20 斤的茶叶里拼配，理论上是 200 元 21 斤茶叶，但因为有了这 1 斤好茶叶如味精般地加入，原 20 斤茶的香气和味道得到较大的提升，其价值就会升到 400 元。

（1）拼配的配方
好配方尤其是一些好的家传配方是好拼配的前提。

拼配是一门功力较深的工艺，工艺里面有许多前人留下的经验和智慧，以前一般代代相传，很多茶厂或茶商都有祖传茶叶拼配秘诀，如"普福号"的茶叶拼配秘诀就是由先辈们一代一代传下来的。前人讲究的是植物学规律，比如全株性，一种茶叶

高立才在
指导拼配

前人拼茶图

再制的拼配茶里面，芽、叶、梗、花、果，甚至根
都应有一点；只有按一定比例组合，把地域不同、
季度不同、级别不同、年份不同的茶叶拼在一起，
使拼配后的茶叶香气、味道和汤汁颜色各个方面达
到最和谐，才能拼配出香气、味道和汤汁颜色等都
符合某种茶叶品性的最高标准。比如说，某款茶叶

的香气较好、味道略差；而另一款茶叶则味道较好、香气差较。假设将两种茶叶按照一定的比例拼配在一起，可以使香气和味道的品性攀高到一个档次。

——曾明森

（2）拼配的种料

优质的种料（俗称"茶胆"）是拼配好茶的基础，如同好酒必有好酒种般。

好的配方里会详细记载某些地方茶叶的品性，由于每一个地方，哪怕是同一个品种，因为山头不同、树龄不同、季节不同的茶叶都有着不同的香气、味道和汤汁颜色，有些地方的茶叶很香，有些地方的回甘很好，有些地方则比较苦涩。茶叶的品性不单是山头、品种问题，与采摘季度、采摘的标准等有关，例如芽苞、一芽一叶、一芽两叶、一芽三叶就相差较大；与制作时的天气、制作师傅的手艺等有关；与茶叶入库储存条件的好坏、茶叶氧化程度有关，例如储存条件一样，储存时间一年、五年、十年的茶叶就不一样。因此，囤积优质的种料就显得异常关键，往往可以起到画龙点睛的作用，拼配高手往往是一些沉得住气的人。

——黄伙成

拼配时不同品性茶叶的投料顺序、数量、均匀程度等都要非常到位，才能拼配出好茶叶。如某公司的茶叶是从世界各地收购而来，香气、味道和汤汁颜色肯定不一样，但是设在各国的茶叶加工厂按公司标准对茶叶进行拼配后，不论是在美洲、欧洲、亚洲采购的茶叶，只要是该公司相同的品牌、档次的茶叶，几乎都是同样的香气、味道和汤汁颜色。

(3) 拼配的趋势预测

茶叶香气和味道趋势预测是拼配水平高低的体现。

在拼配过程中，不仅要考虑当下的口感，关键在于还要预见到若干年后茶叶的综合氧化的状况，所以必须要有一些氧化相对稳定的老茶叶作拼配的种料作为"茶胆"去拼配。看看那些百年老茶，不难发现它们都会有老叶（黄叶）、有梗，这当然不是再制作茶叶的工艺粗糙问题，而是前人们明白在漫长的氧化过程中，茶梗就如同"茶胆骨髓"般，使香气、味道和汤汁颜色得以更加浓郁、厚重、明亮。

——李容根

茶梗是茶树芽、叶、梗的营养传导器官，氨基酸、茶氨酸的含量较高，茶叶香气物质主要在叶、梗的叶脉或主脉中，所含物质大部分是水溶性的。芽、叶、梗在制作茶叶过程中，香气物质转移到叶片后与叶片的有效物质结合转化形成更高更浓的香气成分；而茶梗中的物质，在后期陈化过程中也会转化成增加茶叶味道和汤汁颜色的成分。

8. 蒸压

对茶叶进行一次或多次的水蒸气高温蒸软、压制的再次制作，是较古老的茶叶再制方法之一。

其日有雨不采，晴有云不采。晴采之，蒸之，捣之，拍之，焙之，穿之，封之，茶之干矣。

——《茶经三·之造》

茶团是一种用胶水和茶叶混合而制成的球形茶叶。

——《英使谒见乾隆纪实》

蒸压的主要作用是增加茶叶的温度和湿度，从而加快氧化时间；趁茶叶受热吸湿变软时用一定的外力将茶叶压制成各种形状，但茶叶不会折断破碎；一定的外力可将茶叶一些内含物的汁液再次挤压出来，相当于又一次揉捻，再次催化茶叶氧化；茶叶体积也可以被压缩而变小，方

现代蒸压装箩

古时蒸压装箱

便运输、储存。

在高温、高湿蒸汽加热和一定的外力挤压下，茶叶内含物中的果胶质能大量释放，果胶质是构成茶叶细胞间层质的主要物质，是一种无定形的胶质，具强亲水性，黏着而柔软，可使相邻细胞黏连在一起，具有一定的黏连性，将茶叶相互黏连在一起，在模具的限制下，很容易就形成与模具相同的形状。此外，果胶质可以随着时间不断氧化而分解，氧化时间越长久、氧化程度越高，茶叶便越松散。因此，储存时间长、氧化程度高的蒸压成形茶叶，久置后往往能完全松散掉。

茶叶被压缩后，茶叶间的孔隙减少了，吸湿能力大大降低，就不易受湿劣变，但是，茶叶自身的氧化也会慢很多。相应地，由于茶叶再次受湿，不论蒸压成何种形状，让再次受湿的茶叶在较短的时间内完全干燥就显得比较关键，尤其是一些具有一定厚度形状茶叶的中心位置，若干燥不及时或不充分，就会变成含水量过大，非常容易使霉菌孳生，使茶叶变质。

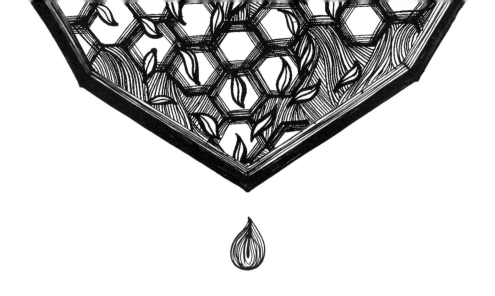

茶心 22　果胶黏合

果胶物质，是细胞壁的组成成分，细胞壁的胞间层基本上是由果胶物质组成的，果胶物质使相邻的细胞黏合在一起。果胶物质是由半乳糖醛酸组成的多聚体，根据其结合情况及理化性质，一般可分为果胶酸、果胶和原果胶三种：

一是果胶酸是由约 100 个半乳糖醛酸通过 $\alpha-1$，4-糖苷键连接而成的直链，是水溶性，很容易与钙起作用生成果胶酸钙的凝胶，主要存在于中层中。

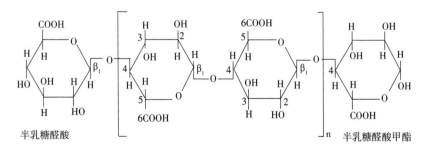

半乳糖醛酸脂

二是果胶是半乳糖醛酸酯及少量半乳糖醛酸通过α-1，4-糖苷键连接而成的长链高分子化合物，分子量在25000~50000之间，每条链含200个以上的半乳糖醛酸残基，半乳糖醛酸 C-6 上的羧基有许多是甲酯化的形式，未甲酯化的残留羧基则以游离酸形式的钾、钠、铵、钙盐等存在。果胶能溶于水，存在于中层和初生壁中，甚至存在于细胞质或液泡中。

三是原果胶的分子量比果胶酸和果胶高，甲酯化程度介于二者之间，主要存在于初生壁中，不溶于水，在原果胶酶的作用下转变为可溶性的果胶。果胶物质分子间由于形成钙桥而交联成网状结构，细胞间起黏合作用，可允许水分子自由通过。果胶物质所形成的凝胶具有黏性和弹性，钙桥增加，细胞壁衬质的流动性就降低；酯化程度增加，相应形成钙桥的机会就减少，细胞壁的弹性就增加。

茶树芽、叶、梗和茶叶中的果胶物质分为原果胶（不溶于水）、果胶素（溶于水、中性）、果胶酸（溶于水、酸性），其中果胶素和果胶酸被称为水溶性果胶，水溶性果胶是形成汤汁醇厚度和颜色光泽度的主要成分之一。

细胞壁中的果胶与纤维素和金属离子相结合而存在，形成不溶于水的原果胶，在茶树芽、

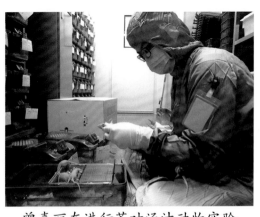
曾嘉丽在进行茶叶汤汁动物实验

叶、梗组织中，原果胶可在原果胶酶作用下水解生成果胶素，果胶素可被果胶酶进一步水解生成果胶酸，这样原果胶由于结构甲酯化程度降低及部分苷键断裂而转变成水溶性果胶。

茶树芽、叶、梗中水溶性果胶从芽到较粗老叶中逐渐减少，而不溶于水的原果胶逐渐增加，茶树芽、叶、梗揉捻时可溶性果胶急剧减少，不溶于水的原果胶增加，是由于揉捻催化了果胶酶，把果胶素分解成果胶酸。

茶树芽、叶、梗干燥时可溶性果胶继续迅速消耗，而原果胶则停止增加和加热时影响局部水解有关。这样，经过揉捻和干燥的茶树芽、叶、梗含有大量不溶于水的原果胶，而原果胶可通过分子间的氢键结合大量的水分，降低植物组织的分散性，原果胶水化后和水分子形成的稳定溶胶，可以将植物细胞黏合在一起，是很好的凝固剂，所以各种紧压茶以及茶膏就通过果胶的黏合作用，变得紧致结实。

果胶在食品上作胶凝剂、增稠剂、稳定剂、悬浮剂、乳化剂、增香增效剂，并可用于化妆品，对保护皮肤、防止紫外线辐射、治疗创口、美容养颜都存在一定的作用。果胶是人类食品中的自然成分，世界上所有国家都允许使用果胶作为食品添加剂。FAO / WHO食品添加剂联合委员会推荐果胶作为不受添加量限制的安全食品添加剂，广泛地应用于食品、医药、化妆品等生产领域，目前以食品工业应用最为广泛，既可以作为功能性添加，也可以作为食品原料。

静语 6　层级思维

　　茶叶的再次制作往往源于一种层级思维。层级思维指大多数人在衡量外在事物时，往往凭直观的第一印象占主导来判断，经常会忽略自身的经验和常识的一种隔层断级的片面思维模式。例如，对茶叶进行精制，主要是为了提高茶叶的香气和汤汁的颜色，外观上美丽动人便可提高价值；给茶叶增添花、果、果皮，主要是为了混合味道，减弱茶叶自身的主导香气和味道；或像农村沤肥般对茶叶进行高温高湿地"沤"，主要是人为地加快茶叶的氧化作用，快速改变茶叶的香气、味道和汤汁颜色；又或增添微生物使其吸取、消耗茶叶的营养物质等，由于内含物的改变，从而改变香气和味道。所有的茶叶再次加工制作，主要目的有：一是将低中级的茶叶转化为中高级；二是人为利用微生物吸取、消耗茶叶的营养物质，加速茶叶内含物的转化，使茶叶香气、味道和汤汁颜色提前变化。

　　其中，利用微生物对茶叶进行再次制作的工艺较为复杂，尤其是在有害的致病菌和有益菌共生的情况下，目前尚没有技术只允许有益菌生长而不让致病菌生长。因为微生物是一种繁殖快、分布广、体形微小、须借助显微镜才能辨认清楚的微小生物，在适宜温度和湿度的条件下，茶叶比较容易生存。根据微生物的形态与结构，一般可分为细菌、真菌、放线菌、螺旋体、支原体（霉形体）、立克次氏体、衣原体和病毒等八种类型。其中，茶叶再次加工中比较常出现的是真菌和细菌两大类型。

温度过高或者过低都会影响微生物的生长。当温度低于微生物适生温度时，微生物的生长、繁殖会停止，但微生物的原生质结构并未破坏，并能在较长时间内保持活力，当温度适生时，又可恢复生长，社会生活中人们则利用这个原理，低温保藏食物，延长食物品的保存期。当温度高于微生物适生温度时，由于蛋白质会发生不可逆变性，酶变性失活，代谢停滞，可以导致微生物死亡，干热灭菌就是利用这个原理，通过高温干燥的空气灭菌。同时，人们发现湿热灭菌更有效，因蒸汽的穿透力强，能破坏维持蛋白质结构和稳定性的氢键，比如巴斯德消毒法就是62℃~63℃,30 min 来处理牛奶、酒类等，以杀死其中的病原菌如结核杆菌、伤寒杆菌等，同时又不损害其原有的营养与风味；生活中常用的煮沸消毒法（100℃，15min 以上）也是这个原理。

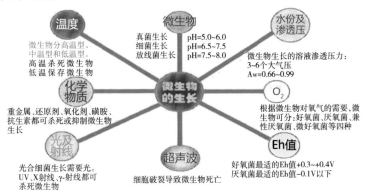

微生物生长因素

微生物生长需要水的活度（Aw）在 0.66~0.99 间，一般情况下，多数微生物在 Aw 低于 0.60 的条件下则不能生长，这也是人们利用干燥来保存茶叶等食物的原理。由于一般微生物不能耐受高渗透压，社会生活中人们常常利用高浓度的盐或糖保存食物，最常见的是腌渍蔬菜、肉类及蜜饯等。

根据微生物与氧的关系，可将微生物分为好氧和厌氧两大类。好氧微生物分为必须在有氧条件下（20%以上）生长的专性好氧菌，包括绝大多数真菌、多数放线菌、部分细菌等；不需氧可生长而在有氧条件下生长更好的兼性厌氧菌，如酵母菌、许多细菌等；只能在较低的氧分压下（2%~10%）生长的微好氧菌，如弯曲杆菌。厌氧微生物分为有氧（2%以下）和无氧条件下生长状况相同的耐氧菌，如乳酸杆菌、肠膜明串珠菌、粪肠球菌等；只能在无氧条件下生长，有氧时即被杀死的专性厌氧菌，如拟杆菌、梭菌属、双歧杆菌属、甲烷菌等。需氧微生物必须在有分子氧的条件下才能生长；分子氧对厌氧微生物有毒害，短期接触空气，也会抑制其生长甚至致死；兼性需氧微生物有氧时进行有氧呼吸，无氧时进行发酵产能。

与利用微生物对于茶叶进行再制的方法相比，一些将花、果、果皮等直接与茶叶勾兑的方法则简单很多，省去一趟一趟的"窨"。正因为层级思维在制茶中的应用，我们现在才拥有了丰富的茶叶制作和茶叶再制工艺，不断出现的新产品满足了人们的各种品味，也是层级思维对茶事的贡献。

四、茶叶的称谓

世界上物品名称最为复杂的可能就是中国的茶叶，可能是由于族群众多、语言众多、风俗众多、地域广泛、饮用茶叶历史悠久所致；或是国人最好的"文无第一、武无第二"喜欢"吹水"的遗传所致；又或是喜好将简单事情复杂化的专家众多所致，才有现今"五花八门"的茶叶称谓。

国人对茶叶的最早称谓是作为中草药使用时中医对其的称谓。古代流传至今的医书、地方志等古籍史料中记载，古代药方中前人只是按照茶叶的储存时间、氧化程度、药效状况等分别命名为"茶"（茶叶）、"陈茶"、"老茶"（老茶叶）三种称谓为主。后来，随着国人不断发明创新，茶叶的称谓相对集中在以下几个方面：以种植茶树人名，茶树生长环境区、山脉、山岭、山峰、山头等地方、地点名字命名；以茶树的品种、芽、叶、梗、根、花朵、果实等采摘气候或制作时间命名；以茶叶的香气、味道和汤汁颜色的品性以及外观、颜色等命名；以制作茶叶工艺、制作工厂（场、所、户）、制作工具、添加物、制作人、形状外观、包装、储存地方等品性命名；以茶叶经销商、包裹特色、运输工具、运输途经地、运输目的地、销售地方、销售额度、销售群体（对象）、饮用名人等特色命名；以花朵窨香过的茶叶一般会冠上所用花朵的名称，俗称某某香花茶、某某香片、某某花茶等。各地还有众多自起的茶叶称谓，甚至是一些根本与茶树茶叶无关，或者说将根本不是茶的东西也要称之为某某茶。

目前，茶叶的新称谓仍然在不断出现，甚至加上物理、化学、医药、生物等专业或高科技的名词，以为更显得越高深莫测、越神奇就越好；一些甚至还加上外国文字。

在国外，西方人的思维习惯于将复杂的事情简单化，一直以来只将茶叶简单地分为"茶""红茶"两种称谓。这种直观的称谓反过来又影响着曾经在海外有着生活经历的人们，以及年轻的茶人们。笔者经常被人问道："汤汁是绿色的便是绿色；黄色的便是黄色；白茶的汤汁为什么不是白色呢？"

公元851年，阿拉伯商人苏莱曼记载了中国和阿拉伯海上贸易的史实。广州当时已有居民20万众。

草药是干枯的树叶，中国人名之为茶，用热水沏开后饮用。其品性是芳香馥郁，而味甚苦。

——《茶的世界史》

1. 以储存时间和氧化程度命名

茶叶的氧化程度外观上表现出来的是在茶叶和汤水颜色上，一般情况下是无色的儿茶素被氧化成黄色的茶黄素，若继续氧化则成红色的茶红素，若再继续氧化则成褐黑色的茶褐素。所以，茶叶逐渐氧化的颜色是由绿色（叶绿

茶心静语

素)、黄色（茶黄素）、红色（茶红素）、褐黑色（茶褐素）渐变而来的。也就是说，一般情况下茶叶的储存时间越长，氧化程度就会越高、颜色就会越褐、黑。

茶树芽、叶、梗离开茶树母体后便开始氧化反应，制作茶叶时又加速其氧化程度，成为茶叶后若在良好的储存环境下，储存时间的长短决定了氧化程度的高低，而氧化程度的高低则决定茶叶不同的香气、味道、汤汁颜色以及药效。综上所述，古代医药书籍中记载茶叶药效最好的是具有"焙药香"的"老茶叶"是有一定道理的，其次药效比较好的是"陈茶"，最后的才是"茶"。

（1）老茶叶

老茶叶，前人特指各种储存时间20年以上、散发出"焙药香"味道的茶叶，由于氧化程度的原因，茶叶的外观颜色一般都会变得乌黑油亮，汤水颜色变为深红透亮色。需要指出的是，古籍中记载并不是所有茶叶储存时间20年以上都能散发出"焙药香"的味道，只有极少一些茶叶由于说不清楚的原因才拥有此味道，这种老茶叶针对某些"顽疾""恶疾"特别有药效。

（2）陈茶

陈茶，前人泛指各种储存时间3年以上、20年以下、散发出陈旧味道的茶叶。由于储存时间、氧化程度都没有老茶叶的长和深，陈茶的外观颜色只会变得棕红或褐红甚至黑褐色，汤水颜色变为黄红或红褐明亮色。古籍中记载，陈茶的药效相对来说也没有老茶叶好，但使用范围和用量都要比老茶叶广泛，针对某些疾病，前人认为配置"三年

 中篇　智慧与劳动结晶——茶叶的诞生

老茶叶

陈茶叶

茶叶

外陈者入药"的功效最佳。

（3）茶（茶叶）

茶，前人泛指各种储存时间在三年以内的茶叶，由于储存时间、氧化程度都没有陈茶的长和深，茶叶的外观和汤水颜色还只是浅绿或黄绿色。古籍中记载，茶叶药效相对来说也没有陈茶好，但使用范围和用茶量都要比陈茶更为广泛，前人认为"茶"乃是极寒凉之物，适合医治某些疾病。

茶心 23 氧化程度

无论是体外氧化还是生物氧化，自然状态下的氧化反应一般都会比较慢，甚至不容易被察觉，这种氧化叫做缓慢氧化，如食品腐烂、铜铁生锈、塑料老化、茶叶氧化（非闷、沤）等都是缓慢氧化反应。

动植物的呼吸也是缓慢氧化反应，粮食、蔬菜、水果、茶叶等在储存过程中也会不断进行氧化、消耗或转变内含物、释放出水分和二氧化碳。缓慢氧化虽然不剧烈但要放热，如果热量不及时散失，一些物质甚至因温度升得太高而导致自燃，因此，缓慢氧化有时也能造成较大的灾难性后果。

自燃是没有火源的情况下物质自发地燃烧，一般情况下较常见的是储存棉花、饲草、粮食的仓库，又或是沾满机油的破布、棉丝等，若堆积时间过长、通风不好往往就能自燃；露在地表的煤层、煤炭堆，由于气候炎热，也会很容易发生缓慢氧化反应而导致自燃；特别是在干燥的季节，森林也会自燃；在田间坟地里经常出现的、俗称"鬼火"的东西，其实也是一种物质自燃现象，主要是由于人或动物体内含磷的有机物在腐败分解后能生成磷化氢气体，这种气体燃点很低，接触空气就会自燃，在风的作用下飘

轻氧化程度茶叶

中氧化程度茶叶

重氧化程度茶叶

浮不定而已。

茶叶在储存过程中也会发生氧化，而且氧化程度与氧化时间成正比关系，从而具有不同的药性来治疗不同的疾病。

茶树芽、叶、梗制作茶叶，又或者是茶叶再制作过程中，往往会采用一些人为的因素进行高温、高湿的快速氧化制作，尤其是采用"沤"的工艺，这样加速氧化制作出来的茶叶、与通过储存长时间自然氧化的茶叶两者之间的氧化有着根本性区别：

通过人工"沤"加速氧化制作出来的茶叶，其氧化反应在"三管齐下"的状态下，的确能在较短的时间内加速茶叶内含物的氧化反应，催化内含物的跳跃式直接产生转变，形成某种茶叶品性的口感，其黑色物质主要是茶多酚快速氧化直接形成的茶褐素。

而通过储存长时间自然氧化的茶叶，其氧化反应有两种：一种是在极少量的酶作用下（虽然经过多道制作茶叶工序顿化失活，成为茶叶后最终还会有极少量的酶存活）以及内含物发生的逐步自然氧化、逐步过渡；另外一种是内含物还原糖类的羰基和氨基酸、蛋白质的氨基之间发生的反应，也就是美拉德反应。这种经过长时间储存、缓慢自然氧化的茶叶，它的黑色物质主要成分是经过复杂反应产生的棕色甚至黑色大分子物质类黑精，类黑精具有很强的消除活性氧的能力，是茶叶药用功效的一个重要组成部分，这也是古人将茶叶入药时按照储存时间、氧化程度和药效来分类的原因所在。

2. 以制作时茶多酚氧化程度命名

1973年，陈椽提出茶叶应该按照制作茶叶时茶树芽、叶、梗茶多酚的氧化（发酵）程度来命名，其氧化程度越来越高，茶多酚会氧化为茶黄素、茶红素、茶褐素，茶叶和汤水颜色由浅向深变化。将微氧化工艺制作的茶叶称为"绿茶"；将弱氧化工艺制作的茶叶称为"白茶"；将轻氧化工艺制作的茶叶称为"黄茶"；将中氧化工艺制作的茶叶称为"青茶"（俗称"乌龙茶"）；将高氧化工艺制作的茶叶称为"红茶"；将重氧化工艺制作的茶叶称为"黑茶"。

（1）绿茶

绿茶的茶多酚氧化程度一般在5%左右，属微氧化工艺制作茶叶。其时，氧化从茶树芽、叶、梗剥离母体便开始了，因为条件所限，制作茶叶不可能随时采集就随时制作，一般情况都是集中相当的芽、叶、梗后才一起制作，这段时间里芽、叶、梗就已经开始氧化了，只是氧化程度较微而已。因此，为了使茶叶、汤水能够保持绿色，茶树芽、叶、梗被采摘剥离茶树后，就应尽快进入杀青工艺进行处理，时间越短，芽、叶、梗被氧化的程度就越小，颜色才能保持翠绿。一般情况下，颜色深绿的茶叶绿素较高，通常氨基酸含量也会较高，味道会较为鲜爽。

（2）白茶

白茶的茶多酚氧化程度一般在5%~15%之间，属弱氧化工艺制作茶叶。采摘芽、叶、梗后可通过直接日晒、风干、阴干的工艺便制成茶叶，这样的工艺制成的茶叶内含物相对来说保留得较为完整，甚至连含有较多氨基酸的白色茸毛都可以大量地保留，味道比较鲜爽。

白茶弱氧化是由于茶树芽、叶、梗在制成茶叶时，存在一个相对缓慢的干燥时间，在这段时间里，芽、叶、梗中的茶多酚等物质在缓慢地氧化；随着芽、叶、梗的水分不断减少，酶的活性就会不断地增强，虽然这种酶促氧化的增强作用较弱，但是毕竟还是存在催化氧化的作用。所以，干燥的时间长短，决定着茶多酚的氧化程度高低。

（3）黄茶

黄茶的茶多酚氧化程度一般在 10%～20% 之间，属轻氧化工艺制作茶叶。茶树芽、叶、梗在制作茶叶时，会进行较短时间"闷"的工艺，使茶黄素呈现出来，茶叶呈泛黄颜色，汤水呈微黄颜色。据许次纾《茶疏》记载："兼以竹造巨笥乘热便贮，虽有绿枝紫笋，辄就萎黄，仅供下食，奚堪品斗。"

制作黄茶的较短时间"闷"工艺俗称"闷黄""渥闷""堆闷"等，是人为短时间高温、高湿使茶多酚快速轻氧化为茶黄素的工艺。一般是将装有杀青后或揉捻后的芽、叶、梗堆积在某些容器内，放置于具有一定温度、湿度和不通风透气的房间里闷，闷的时间长短视芽、叶、梗的老嫩程度、含水量和变黄程度而定，待芽、叶、梗的颜色由绿变黄、香气外露时即为适度。由于闷时芽、叶、梗中茶多酚类物质氧化时间较短，所以氧化程度有 10%～20%，但此时叶绿素已经被彻底破坏使绿色消失，茶多酚被氧化为茶

黄素使黄色突显。

(4) 青茶（乌龙茶）

青茶的茶多酚氧化程度一般在 20%~70% 之间，属中氧化工艺制作茶叶。由于茶多酚被氧化程度跨度较大，所以在所有制作工艺中是最为复杂、品性最为特别的茶叶。

尤其"做青"是最特别的一道制作茶叶工艺，不能完全破坏芽、叶、梗的组织，只能是轻微地擦破树叶的边缘组织，并在一定的时间内使其较慢地氧化变色；而且还要在一定的时间内，让芽、叶、梗静置使其慢慢地休息"回阳"；待"回阳"到一定程度后，再次轻微地擦破树叶的边缘组织，又再次让芽、叶、梗静置使其慢慢地"回阳"。这种"做青"工艺要不断地重复多次，主要使树叶边缘的茶多酚局部氧化，让一些内含的化合物转化为香气物质，催化芽、叶、梗局部的茶多酚氧化，形成叶色青绿或边红中青，有独特的香气、特殊的味道，汤水呈明艳的橙黄、金黄、红黄等透亮颜色。

(5) 红茶

红茶的茶多酚氧化程度一般在 70%~95% 之间，属高氧化工艺制作茶叶。在制作茶叶时进行较长时间的"闷"工艺，俗称"闷红""渥红""堆红""沤红"等，是较长时间高温、高湿使茶多酚快速氧化为茶黄素后，再继续氧化为茶红素的一种工艺。一般是将装有揉捻后的芽、叶、梗堆积在某些容器内，放置于具有一定温度和湿度的房间里，让芽、叶、梗氧化，时间长短视芽、叶、梗的老嫩程度、温度、含水量和变色程度而定，一般是待芽、叶、梗颜色由绿色变为金黄、黄红、褐红并且香气外露时即为适度。

"闷"使芽、叶、梗中茶多酚类物质氧化时间较长，所以氧化往往达到 70%～95%，茶多酚深度氧化后变为红色化合物，并可带动其他物质的化学变化，一部分溶于水的就成为红色的汤水；另 部分不溶于水的便积累在芽、叶、梗中，并使芽、叶、梗变成红色。

（6）黑茶

黑茶的茶多酚氧化程度一般在 90% 以上，属重氧化工艺制作茶叶。在制作茶叶或茶叶再制作时进行较长时间的"沤"工艺，俗称"发水""发花""渥堆""沤熟""渥熟""促熟"等，是较长时间高温、高湿使茶多酚快速氧化的一种工艺。一般是将装有揉捻后的芽、叶、梗或者是茶叶，堆积在具有一定温度和湿度的容器内，又或是放置于房间里，视芽、叶、梗或茶叶的水分含量进行喷水洒水，使芽、叶、梗或茶叶开始氧化，待芽、叶、梗或茶叶的颜色变为红褐或黑褐颜色即为适度。

由于"沤"时芽、叶、梗或茶叶中的茶多酚类物质氧化时间长，所以氧化往往达到 90% 以上，甚至是完全氧化，茶多酚重氧化后变成褐色化合物为主物质，并带动其他物质的化学变化。其中，一部分溶于水形成红褐、黑褐等颜色的汤水；另一部分不溶于水，积累在芽、叶、梗中就使芽、叶、梗变成红褐、黑褐等颜色。

3. 其他命名

茶叶在各地、各族群之间还有众多的称谓，一般情况

武夷岩茶王

老茶叶店

下主要围绕着以下几个方面命名。

（1）以地方、地点名字命名

以种植茶树的人名、地名，茶树生长山脉、山岭、山峰、山头等名字命名。例如，阳羡茶产自江苏的阳羡（秦朝开始将荆邑改为阳羡，后数易其名，范围包括现在的江苏宜兴、浙江长兴、安徽广德等部分地区，唐朝时期陆羽在此居住了28年并编撰《茶经》）；建茶产自福建的崇安（今武夷山，又名武彝茶、武夷茶、武夷岩茶）；六堡茶产自广西苍梧的六堡乡。

（2）以采摘气候、制作时间命名

以茶树芽、叶、梗、根、花朵、果实等采摘的气候或制作时间命名，例如，探春茶、次春茶、明前茶、雨前茶、春中茶、春尾茶、谷花茶、冬片茶（俗称雪片茶）等；或以制作季节而分春茶、夏茶、秋茶、冬茶等。一般情况下"雨前茶"泛指江浙一带茶区于农历谷雨前采制的茶叶。

（3）以品种、品性命名

以茶树的品种，或茶叶的香气、味道和汤汁颜色等品性和外观、颜色等命名。例如，晚甘侯、紫笋茶、蜡面茶、虾耳茶、

丘美英在冲泡茶叶

白鸡冠茶、大红袍茶、水仙茶、肉桂茶、兰香茶、枣香茶、鸭屎香茶、蜜香茶、果香茶、碧螺春茶、瓜片茶、毛尖茶、珍眉茶、雀舌茶、毛峰茶、银峰茶等。

《明史·茶法》记载"御使陈讲奏云'商茶低伪，悉征黑茶'，"这里应是外观黑色的茶叶。刘靖《片刻余闲集》记载："山之第九曲处有星村镇，为行家萃聚。外有本省邵武、江西广信等处所产之茶，黑色红汤，土名江西乌，皆私售于星村各行。"这里应是汤汁颜色为红色的茶叶。

（4）以制作工艺命名

以茶叶制作工艺、制作工厂（场、所、户）、制作工具、添加物、制作茶叶人、形状外观、包装、储存地方等

窖茶洞口

窖茶洞库

芳发公司的神川易武茶叶

命名。例如，炒青茶、晒青茶、烘青茶、蒸青茶、窨花茶、烟熏茶、精制茶、熙春茶、大方茶、窨藏茶、洞藏茶等。

（5）自封特色命名

以茶叶经销商、包裹特色、运输工具、运输途经地、运输目的地、销售地方、销售额度、销售群体（对象）、饮用名人、功效等特色命名。例如，普洱张、普福号、双陈茶、边销茶、南洋茶、华侨茶、内销茶、外贸茶、藏茶、边茶、西北茶、牛皮茶、羊皮茶、马帮茶、哥德堡号茶、散装茶、竹壳茶、竹筒茶、柑橘茶、陈皮茶、砖茶、砣茶、饼茶、减肥茶、老头茶、千两茶、百两茶等。

邹湘波圣凡茶叶

静语 7　认同思维

　　茶叶的命名与国人"文无第一、武无第二"的传统意识密切相关，客观地说，也与长久以来没有茶叶评定标准、只有贸易往来时商人们对茶叶评审标准有关。贸易往来茶叶评审标准为什么不能替代人们常规冲泡茶叶的标准？这是因为贸易标准讲究的是生意上的套路：首先，以貌取人，看你长得怎么样？是卖相第一；其次，故意破坏性浸泡茶叶，有意将茶叶最不好的一面如苦涩味道统统展现出来，从而达到打压价格的目的；最后，商人在商必言商，以吸引顾客眼球为己任，以哗众为目的。而作为常人饮用，恰恰要的是茶叶的香气和味道，所以，卖买茶叶和饮用茶叶是两个不同的标准。

　　从茶叶千奇百怪的命名中不难发现，人们喜欢认同思维，心理上是认同思维起主导所致。众所周知，由于各地区的茶树品种、生长环境、制作茶叶工艺、

晒茶

揉捻

储存条件等的不同，各地方的茶叶香气和味道也肯定不同，各有自身的品性，单从这点出发各地的茶叶本身就没有可比性。然而在此无可比的基础上非要比较争个天下第一、世间最好的茶叶，无非就是想得到最广泛的认同思维在作怪。

认同思维往往是一种奢侈品。比如你想得到某些认同时，餐具就不能用陶瓷瓦器，要用象牙做成的筷子、白玉做的杯子、犀牛角做的碗；而犀牛角碗肯定不能再盛野菜粗粮，而要盛山珍海味；吃了山珍海味，就不能再穿粗麻纺织的衣服，而要穿丝绸锦绣；穿了丝绸锦绣，就不能再住在茅草陋屋，而要住豪华的宅院；住豪华的宅院，出入就要有华丽漂亮的车子；有华丽漂亮的车，将要有众多的随行人员才够气派；等等。

当认同思维不被认同时，往往会产生否定心理，从而走向另一种极端。例如，人类为避免混淆，将世界上的动植物、药品、化学物等统一用拉丁文进行规范命名。同理，类似的茶叶命名在一些地方表现出相当随意性或无规律性，一些名字中甚至带有西药、中药药名字眼。

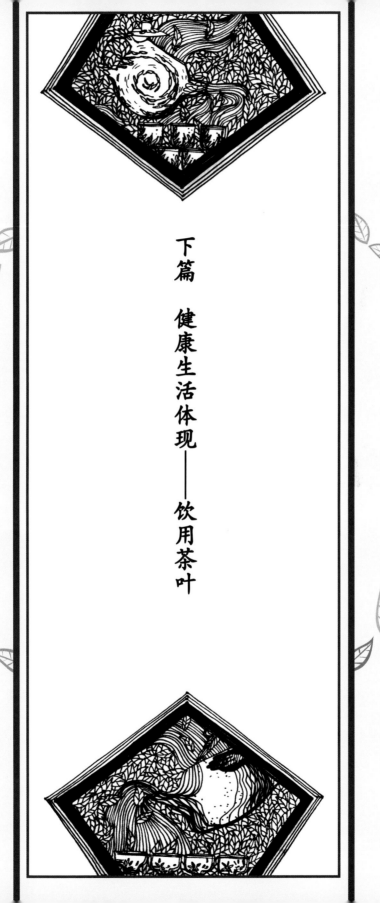

下篇　健康生活体现——饮用茶叶

茶茗久服，人有力悦志。

——《神农食经》

人饮真茶，能止渴消食，除痰少睡，利水道明目益思。

——《本草拾遗》

人固不可一日无茶，每食已，以浓茶漱口，烦腻既去，而脾胃自清。凡肉之在齿间者，得茶涤之，乃尽消缩不觉脱去，不烦刺挑也。而齿性便苦，缘此益坚密，蠹毒自已矣。然率用中茶。

——苏轼

其性精清，其味淡洁，其用涤烦，其功致和。参百品而不混，越众饮而独高。烹之鼎水，和以虎形，人人服之，永永不厌。得之则安，不得则病。彼芝术，黄精，徒云上药，致效在数十年后，且多禁忌，非此伦也。或曰多饮令人体虚病风。子曰不然。夫物能祛邪，必能辅正，安有逐丛病而靡保太和哉。

——《茶述》

一、饮用茶叶饮什么

苦茶久食，益意思。

——《食论》

茶之为用，味至寒，为饮，最宜精行俭德之人。若热渴，凝闷，脑痛，目涩，四肢烦，百节不舒，聊四五啜，与醍醐，甘露抗衡也。

——《茶经》

闽广岭南茶，谷雨，清明采者，能治痰嗽，疗百病。

巴东有真香茗，其花白色如蔷薇，煎服令人不眠，能诵无忘。

蒙山上有清峰茶，最为难得。多购人力，俟雷发声，并步采摘，三日而止。若获一两，以本处水煎饮，即驱宿疾。二两轻身，三两换骨，四两成地仙矣。

今青州蒙山茶，乃山顶石苔。采去其内外皮膜，揉制极劳，其味极寒。清痰第一，又与蜀茶异品者。

茶之别者，有枳壳芽，枸杞芽，枇杷芽，皆治风痰。

凡饮用茶叶，少则醒神思，多亦致疾。

——《茶史》

右补阙毋景云，释滞消尘，一日之利暂佳。瘠气侵精，终身之累斯大。获益则功归茶力。贻患则不谓茶灾，岂非福近易知，祸远难见？

——《唐新语》

居士何嗜产嗜酒不能一斗，嗜诗不过百篇，而于茶独胜。每日以卢玉川为式，早起可以清梦，饭后可以清尘，上午可以济胜，小昼可以导和，下午可以怯倦，傍晚可以待月，挑灯读罢可以足睡。其故人过访，促坐谈心，则烹茶细酌木在此数。然个中火候，非樵青所能知也。

——《茶史》

茶叶不仅对健康有好处，还百饮不腻，其香气和味道带来的身心疗愈也是独具魅力。如果能在生活空档饮用杯茶，喘口气，还可以让人恢复精神。若是和别人一起饮用茶叶聊天，也能为心灵带来充实感。

——《茶教科书》

1. 味道与物质

经有关设备检测，茶叶由纤维素、半纤维素、木质素、果胶等近千种化合物组成，5%左右属无机物，95%左右属有机物。其中，500多种有机物中大部分是水不溶性物质；其余是水溶性物质，主要包括：多酚类物质如儿茶素，含氮物质如氨基酸、咖啡碱，碳水化合物如葡萄糖、果糖，还有一些维生素C、维生素B等，这些物质大部分具备水溶性，能够溶入水中被人们饮用、被人体吸收。

（1）味道

一般情况下，由于分子结构原因，茶叶或汤汁中最先发、最快释放出来的是茶叶表面的气味，然后才发出该茶叶本身的香型品性，即茶叶或汤汁自身的气味；最后发出

北京故宫门前大碗茶

该茶叶的香型释放后的余味或香型冷却后的气味，即茶叶或汤汁自身的香型品性。

有关研究指出，类脂物质与胡萝卜素在储存过程中会被氧化、水解而成游离脂肪酸、醛类或酮类，进而出现酸臭味。有研究证明，随着茶叶中的游离脂肪酸含量增加，不仅茶叶的气味可呈现陈旧味道，而且汤汁的颜色也会加深。

汤汁经过口腔、舌头等所感觉到的各种味道比较复杂，一般情况下，品茶可从四个方面考虑：一是通过吸气味、呼气味、汤汁饮入口腔、汤汁咽下等去领悟各种味道的感觉；二是通过较快出现的各种味道对其各方面比如纯正度进行初步判断；三是通过较慢出现的各种味道对其各方面比如茶叶品性、喉咙的感觉等进行判断；四是通过汤汁冷却或长时浸泡所残留下来的茶叶内含物释放出来各种味道进行最终判定。

（2）内含物质

有关研究表明，茶叶的内含物质主要有：蛋白质含量20%~30%，主要由谷蛋白、球蛋白、精蛋白、白蛋白等组成；氨基酸含量1%~5%，主要由茶氨酸、天冬氨酸、精氨酸、谷氨酸、丙氨酸、苯丙氨酸等组成；生物碱含量3%~5%，主要由咖啡碱、茶碱、可可碱等组成；茶多酚含量20%~40%，主要由儿茶素、黄酮、黄酮醇、酚酸等组成；糖类含量20%~30%，主要由葡萄糖、果糖、蔗糖、麦芽糖、淀粉、纤维素、果胶等组成；类脂含量4%~9%，主要由磷脂、糖脂等组成；有机酸含量在3%以下，主要由琥珀酸、苹果酸、柠檬酸、亚油酸、棕榈酸等组成；矿物质含量 4%~7%，主要由钾、磷、钙、镁、铁、锰、硒、铝、铜、硫、氟等组成；自然色素含量在 1%以下，主要由叶绿素、类胡萝卜素、叶黄素等组成；维生素含量 0.6%~1%，主要由维生素 A、B_1、B_2、C、E、K、P、U，泛酸，叶酸，烟酰胺等组成。

茶叶汤汁中的内含物质与人体营养和健康都有着密切的联系。人体生命靠无数而复杂的化合物不断地循环代谢，各种化合物代谢不正常就能发生各种疾病，汤汁中含有的各种化合物，许多是人体所需要、与代谢有着密切关联的物质。由此可见，饮用茶叶首先是为了身体健康，尤其是饮用已经发出"焙药香"的经年老茶叶；其次是嗅令人精神舒畅的香气；最后才是饮后回味能令人舒服、千变万化的味道。

有关研究指出，绿色的芽、叶、梗是因为所含叶绿素含量较高所致，它由呈蓝绿色的叶绿素 a 和呈黄绿色的叶绿素 b 两大部分组成。在茶叶中两者比例和保留量决定了茶叶的颜色。然而，它又是一种很不稳定的物质，在光和热的条件下（尤其是紫外线的照射下），易分解失绿而变褐色，形成脱镁叶绿素。一般情况下，脱镁叶绿素含量占 70%时，茶叶的颜色才会出现显著褐变。维生素 C 也是一种易被氧化的物质，氧化越小含量越高也越难以保存。维生素 C 被氧化后生成脱氧维生素 C，它与氨基酸相互作用，生成氨基羰基，使茶叶颜色变褐，同时味道会失去鲜爽，所以陈茶、老茶叶是不可能有鲜爽味道的。

茶心 24　四气五味

茶叶首先是作为中草药问世，中国利用茶叶入药可以说是源远流长，尤其是在医学不发达的古代，茶叶被称为"万病之药"，虽然西医已经问世已经两百多年，但时至今日，在中国广大边远、交通不便、医疗水平不高的农村，还延续着将茶叶当做维护身体健康、防治疾病的药物来使用，特别是各种老茶叶、老茶子、老茶树根等，仍然是平常百姓家庭的必备良药。

茶叶入药的传统用法和功效，在历朝历代的医、药、志、茶经等众多书籍中多有述及，包括《本草纲目》《本草纲目拾遗》《经验良方》《仁术便览》《世医得效方》等，涉及的方剂共有一千多种。

茶叶入药一般会遵循中药的药性。药物与疗效有关的性质和性能俗称为"药性"，它包括药物发挥疗效的物质基础和治疗过程中所体现出来的作用，是药物性质与功能的高度概括。药性理论就是研究药性形成的机制及其运用规律的理论，其基本内容包括四气五味、升降浮沉、归经、有毒无毒、配伍、禁忌等。其中中药的性能与性状是两个不同的概念，中药的性能是对中药作用性质和特征的概括，是根据用药前后的机体对药物的反应归纳出来的，以人体为观察对象，

甘京华、李大鸣首创，用侏罗纪时期的管线虫化石制作的精气神兽

包括四气五味、归经、升降沉浮、毒性等方面；中药的性状是描述药材的各种自然物理特性，以药物（药材）为观察对象，指形状、颜色、气味、味道、质地（包括轻重、

笔者（左）在中药房进行中药配伍

疏密、坚软、润燥等）。

四气，又称"四性"，是指药物寒、热、温、凉四种不同的药性，它反映药物在影响人体阴阳盛衰、寒热变化方面的作用倾向，是说明药物作用性质的重要概念之一。最早见于《神农本草经》序录"药有酸咸甘苦辛五味，又有寒热温凉四气"。寒（大寒、微寒）和凉属阴，热（大热）和温（微温）属阳，平性指药物寒热界限不明显、药性平和、作用较缓和的一类药，如党参、山药等。有人认为实际上平性也有偏温偏凉的不同，如甘草，性平，生用偏凉，炙用偏温，也是相对而言，仍属于四气范畴。

寒凉药一般具有清热泻火、凉血解毒、滋阴除湿、泻热通便、清热利尿、清热化痰、清心开窍、凉肝息风等作用，现代医学则指抑制中枢神经、交感—肾上腺系统机能，抑制呼吸、循环、代谢及甲状腺、性腺等内分泌系统，抗感染等。

温热药一般具有温里散寒、补阳助火、温经通络、回

老茶叶

阳救逆、温阳利水、暖肝散结、引火归原等作用，现代医学则指兴奋中枢神经、交感—肾上腺系统机能，兴奋呼吸、循环、代谢及甲状腺、性腺等内分泌系统。

中药使用时，应根据寒热温凉程度不同，恰当用药。当用热药而用温药、当用寒药而用凉药，则病重药轻达不到治愈疾病的目的；反之，当用温药而用热药则反伤其阴，当用凉药反用寒药则伤其阳。

五味指药物的真实味道以及药物的作用，包括辛、甘、酸、苦、咸五种基本味道。除五种基本味道以外，还有淡味、涩味，习惯上淡附于甘，涩附于酸，故称"五味"。另外，香气还附于辛味，《本经》明确提出"药有酸、咸、甘、苦、辛五味"。辛、甘、淡属阳，酸、苦、咸属阴，辛味能发散、行气、行血，甘味能补益、缓急止痛、调和药性、和中、解毒，酸味能收敛、固涩，苦味能通泄、燥湿、泻火存阴，咸味能软坚散结、泻下。五味可与中国的五行、五脏相结合，木—酸—肝，火—苦—心，土—甘—脾，金—辛—肺，水—咸—肾。

中药的"性"与"味"形成药物作用的基础，因而是中药性能中最重要的两个成员，要准确、全面地认识某一药物的功效，必须性味合参。气味相同时，作用相近，但又有主次；气味不同时，别有作用；气同味异，味同气异时，其所代表药物的作用则各有不同；一种中药有多种味，则效用很多。临床用药时，既要用气，又要用味；配伍用药时，要对气味进行取舍。

苏仲山钢笔画老茶树

2. 中医药功效理论

中医医治疾病讲究的是"理、法、方、药"全过程，其中的"方"即中草药的品种、剂量、用法等配伍；"药"即各式各样的具有各种药效的中草药，中草药主要来源于植物、动物、矿石等。前人发现某些植物的加工品有一定的药用价值后，便一直将其作为中草药来治疗某些疾病，俗称"茶叶""陈茶""老茶叶""茶花""茶果（果壳）""茶树根""茶子""茶油""茶子渣"（俗称"茶饼""茶子饼"，是提炼完茶油后的渣子，含较多的茶碱，可去污）等。

老茶花

老茶果

老茶树根

中医认为茶叶味苦、甘，性寒，入心、肝、脾、肺、肾五经。茶叶苦能泻下、燥湿、降逆；甘能补益缓和；寒能清热、泻火、解毒。所以，一般人饮用茶叶后，往往能够体验到消暑解毒、解渴清热、除湿利尿、消食去腻的功效。

在中医中草药四性中，茶叶的属性为寒凉，不管制作茶叶的工艺如何、储存多长时间、氧化程度如何，其属性仍然是寒凉之物。一般人对氧化程度较短的茶叶属寒凉之物容易理解，但对一些氧化程度较长的茶叶仍然属寒凉之物就费解，尤其是采用茶叶再制工艺的茶叶，例如"闷""沤""炭火烘焙"后，是否就可以将茶叶的属性由"寒"转变为"热"？其实，作为中草药来说，茶叶寒凉的属性是改变不了的，只是寒凉的强弱程度有所不同而已。

茶叶在正常的环境下，经过长时间的氧化或氧化程度够高后，极个别的茶叶可以产生"焙药香"的味道，据古籍记载此种茶叶的药用功效最好。

很多人喜欢饮用新制作出来的茶叶，恨不得尝第一口鲜。其实新茶叶的茶性极寒凉，尤其是大叶形体新制成的茶叶（不包括经过茶叶再制作工艺新制好的茶叶）。还有人喜欢在茶叶中加上螃蟹脚等中药材，其实螃蟹脚也是中药的一种，自身就性大寒，两种极寒的东西若一起饮用，一般人的身体根本受不了，不但没有传说中的保健功效，反而容易损害身体。

茶叶药用，虽然历代医药书籍均有记载，但毕竟没有科学仪器的检测，靠的是前人不断尝试、总结经验教训才摸清了何种茶叶对人体有益、何种有害，因此中医往往被戴上"经验医学"的帽子；现在，以"检验医学"著称的西方现代医学的医药学家们，在对茶叶展开相关内含物的研究后，开始对茶叶的评价有了新的认识。

安溪"中国茶都"茶叶自由交易市场

茶心 25 中医之平衡

中医习惯以阴阳五行为方法论，认为人体与自然界是一个密不可分的有机整体，脏腑经络、四肢百骸都是相互联系、相互影响。中医辨证论治所形成的诊断疾病基本法则，是以疾病的证候为研究对象，形成了以藏象经络、病因机理为核心，包括诊法、治则及方剂、药物理论在内的独特、完整的理论体系。

中医讲究整体观念，即人与自然的统一、人体本身的统一、人体身心的统一和人与社会的统一。例如，中医讲究人体每天的"三通"，即小便、大便、毛孔的"大三通"，其次是呼吸、血液、神经的"小三通"。"三通"目的是每天及时把人体内的代谢物、毒素、垃圾等有害废物排出体外，为此每天就要有足够的水、纤维、蛋白质等进入身体。水、纤维和肠道微生物决定大便的顺畅程度；小便发黄表明可能饮用的水量不够；要保证毛孔通畅就要不抹擦任何护肤品、化妆品等，并且每天要让身体适当地出些汗。

中医将望、闻、问、切等四诊所收集的症状和体征，通过分析、综合以及以往的经验，辨清疾病的原因、性质、部位，以及邪正之间的关系，概括、判断为某种性质的证，然后再根据辨证的结果，确定相应的治疗方法。中医往往由对经验的掌握和积累多少而确定水平高低。

中医还有一个比较重要的学说就是阴阳平衡，即宇宙间一切事物都包含着阴阳相互对立的两个方面，例如"阴"指的是晦暗、抑制、凝聚等；"阳"指的是明亮、兴奋、扩散等。而事物的阴阳属性又是相对的，对立的双方中的任何一方都蕴含着另一方：

首先，阴阳是相互对立制约的。阴阳是相互依存，任何一方不能脱离另一方面而单独存在，双方总是处于此长彼消、此消彼长的不断变化之中。相对人体的生理功能而言，如热盛伤阴，寒盛伤阳；此消彼长，如阴虚火旺，阳虚阴盛；此长彼长，如补气生血，补血养气；此消彼消，如气虚引起血虚，血虚引起气虚。中医认为人体白天阳盛，

老药师在中药配伍

其生理功能以兴奋为主；黑夜阴盛，其生理功能以抑制为主。子夜阳生，日中阳气隆，机体的生理功能由抑制逐渐转向兴奋，即"阴消阳长"的过程；日中至黄昏，阳气渐衰，阴气渐盛，机体的生理功能也从兴奋逐渐转向抑制，即"阳消阴长"。

其次，阴阳是可以相互转化的。阴阳在一定的条件下，阴可以转化为阳，阳也可以转化为阴，即所谓的重阳必阴，重阴必阳。阴阳的相互转化一般都是在事物变化的"物极"阶段，如"寒极生热，热极生寒"，寒在"极"的条件下可向热方面转化，热在"极"的条件下，向寒方面转化，即"物极必反"。

最后，阴阳是相互平衡的。阴阳双方在一定的时间、范围、限度内是可以维持着相对稳定的状态，即阴阳平衡状态。阴阳平衡是相对的，当阴阳平衡遭到破坏，即阴阳失调，则出现阴阳的偏盛或偏衰。

对人体健康而言，阴阳失调是病理状态，即在疾病的发生过程中，由于各种致病因素的影响，导致机体的阴阳双方失去相对的平衡而出现阴阳失衡等一系列病理变化，即"阴胜则阳病，阳胜则阴病"。人体阴阳失调有以下几种情况：

一是阳偏盛。指人体出现一种阳偏胜或机能亢奋、代谢活动亢进、机体反应性增强、阳热过剩的病理状态，临床表现为热、动、燥等。

二是阴偏盛。指人体出现一种阴气偏胜或机能障碍或减退、产热不足以及病理性代谢产物积聚的病理状态，临床表现为寒、静、湿等。

三是阳偏衰：指人体出现一种阳气亏损、阳不制阴、阳气亏虚的病理状态，临床表现为形寒肢冷、面色苍白、神疲气短、脉虚沉迟等。

四是阴虚证：指人体出现一种阴液亏少、阴不制阳所表现的虚热病理状态，临床表现为潮热盗汗、颧红烦热、脉数或疾、脉细少苔等。

五是亡阳证：指人体出现一种阳气欲脱、氧虚寒盛、伤阴过度的病理状态，临床表现为冷汗淋漓、四肢厥冷、息微神萎、脉微欲绝等。

六是亡阴证：指人体出现一种阴液亏乏、欲绝的病理状态，临床表现为尿少肤皱、唇舌干燥、呼吸急促、脉细数疾等。

综上所述，饮用茶叶也要讲究平衡：应视自己的身体状况去选择茶叶，不可长期只饮用某一地区或某一种茶叶。同时，要视自身的特点和状况"饮对茶叶"。中医讲究寒病用热药、热病用寒药，热过头或者寒过头，就成了副作用。由于每个人的性别、年龄、地域、胖瘦、体质等不同，加上寒热、虚实的强弱、疾病部位深浅不同等原因，大家在饮用茶叶时，要选用不同种类、不同存放时间的茶。例如，若是身体"寒凉"较重的人，就尽量少饮用或不饮用新制不久的茶叶；若是"神经衰弱"的人，就更不要在睡前或空腹时饮用能使中枢神经系统兴奋的新制茶叶，而是饮用经过长时间氧化，或氧化程度较高、咖啡碱较低或很低的茶叶。

3. 西医功效理论

据有关报道，2016 年 3 月，四川省雅安市名山区工商质监局发现张某在网店销售"藏茶"，因其宣传功效中使用了"藏茶是黑茶的鼻祖，黑茶的各种功效：减脂减肥、防癌、抗癌、抗衰老、防辐射、美容"等内容，以及"自家的藏茶有防癌抗肿瘤、防治痛风、通利宿便、降三高、抑制糖尿病、改善血液循环、醒酒、减肥、防辐射、养颜秘笈、调节肠胃功能、预防牙病"等文字描述。区工商质监局就此认为张某的行为违反了《中华人民共和国广告法》第十七条"除医疗、药品、医疗器械广告外，禁止其他任何广告涉及疾病治疗功能，并不得使用医疗用语或者易使推销的商品与药品、医疗器械相混淆的用语"的规定，以及《中华人民共和国消费者权益保护法》等多项法律法规，对张某开出"立即停止虚假宣传并处 3.5 万元罚款"的处罚决定。

按照国家有关规定，茶叶属于食品，是不允许宣传其药性和保健功效的。但是，如果一款茶叶经过一系列研究有明确的药用或保健功效，并获得国家"药品"或"保健品"生产批准文号的，则可进行相关功能宣传。

以上茶叶涉及对疾病治疗功能的介绍，其内容来自西方医学理论。西方医学是建立在检验理论上的医学。虽然西医对茶叶的三大内含物的药理试验已在实验室条件下得到检验证明，但离临床应用以及全面上市的确还有很长的路要走。

(1) 西方经历

意大利 1545 年出版、威尼斯人拉莫修撰写的《航海记》记载："大秦国人饮一种名为茶的饮料，这种茶的治疗效果非常好。若把茶介绍到波斯和欧洲去，当地就会变得不得了。"1637 年，荷兰东印度公司的报告写道："凡有船回荷兰时，都希望能装几箱中国茶和日本茶。在德国北豪森的药铺里，一把茶叶的售价高达 15 个金币。应该把茶叶也带到大西洋西海岸的新阿姆斯特丹。"1657 年，英国就报道了茶叶"上下通气，达到治疗疟疾，过食，高烧的目的"，并且主要在药房销售。

——《茶务食载》

华茶于十六世纪，甫运入欧，至一千六百五十七年，英人于伦敦京城特设茶号一所，颜曰"万医之所仰"。

——《种茶良法》

茶者养生之仙药，延龄之妙术也。

——《吃茶养生记》

西方人能注意茶叶也是因为茶叶的药用价值，17 世纪开始，茶叶之所以能够在英国普及，主要原因是很多医生发现饮茶人群能够抵御某些疾病，尤其是能够在流行疫病爆发期间存活下来的人均有饮用茶叶的习惯，所以才去鼓励人们饮用茶叶。据有关记载，最早是荷兰尼古拉斯·德克斯医生述及"茶叶乃治万病之长寿妙药"，英国伦敦医学会主席布朗爵士曾誉茶叶为"人类救世主"，他说："余确信茶叶为人类救世主之一，欧洲若无茶叶传人，必饮酒而死。"

西方茶叶有关药用记载，一开始茶叶是作为药物使用，主要是在欧洲的药房销售，这与笔者20世纪80年代初托亲友在美国买茶叶回来相似：亲友回来后说到处都没有见到卖茶叶的商店。一次偶然的机会遇见一老华侨便请教此事，老华侨哈哈一笑说："在美国买茶叶要到唐人街的中药铺买。"果然如此，友人后来陆续逛遍各大埠的唐人街帮笔者收集茶叶。

根据有关记载，17世纪时法国路易十四皇帝患有头痛病，居然被拉默雷医生用茶叶治愈了；内阁总理大臣马萨林先生患痛风病，也因为饮用茶叶而治愈；克雷西先生专门研究了饮用茶叶对痛风病的疗效，并发表博士论文，使茶叶名声大振。

1678年，荷兰科内利斯·邦特科的《茶——优异的草药》记载："茶叶有帮助消化和缓解便秘的功效。"

1685年，法国菲利普·西尔维斯特·迪富尔的《关于咖啡、茶叶、巧克力的新奇论考》记载："茶叶促进血液循环、利尿等作用，以及对头痛、通风、风湿、结石等有疗效，并且强调几乎无副作用。"

1730 年，英国托马斯·肖特的《茶叶的历史，自然、实验、流通经济、食品营养角度的研究》记载："茶叶对卒中、困倦、无力、反应迟缓、视力低下等症有效，尤其是武夷茶对呼吸道疾病、溃疡有效。"

根据卢祺义的《乾隆时期的出口古茶》记载："1984年，瑞典打捞出 1745 年 9 月 12 日触礁沉没的'哥德堡号'海船，从船舱中清理出被泥淖封埋了 240 年的一批瓷器和 370 吨乾隆时期的茶叶。令人惊讶的是，这批茶叶基本保存完好，其中一部分甚至还能饮用。茶用木箱包装，板厚一厘米以上，箱内先铺一层铅片，再铺盖一层外涂桐油的桑皮纸。内软外硬，双层间隔，所以被紧紧包裹在里面的茶叶极难被氧化。"

1772 年，英国约翰·科克利·莱特松的《茶叶的博物志——茶叶医学性质以及对人体的影响》记载："茶叶有防腐、收敛效果，以及通过芳香成分起到镇静、松弛神经的作用。"

1840 年，约翰·戴维斯的《中国与其生态环境概述》记载："没有任何东西像茶叶一样对英国有这么深远的影响，它对改变过去 100 年英国人民的生活习惯，有着革命性的重大意义。"

17 世纪显微镜发明后，人们得以发现细菌，从侧面反映出茶叶带给人们的影响。在发现茶叶含有众多化学物质后，特别是含量最多的"茶单宁"后，开始茶单宁在化学上一般称为酚醛，酚醛是人们当时所知具有最强杀菌功效的物质之一，酚醛是构成石碳酸杀菌剂的基本物质，石碳酸杀菌剂在 20 世纪彻底地维持了医院的清洁。

有关实验显示，当把伤寒、痢疾和霍乱病菌放在冷茶溶液中时，它们都会被杀死，并不是煮沸的水杀死这些病菌，而是汤汁中的某种物质，所以当人们饮用茶叶时，他们不仅饮下了可以杀菌的水，也饮下了一种可以清洁口腔和保持胃部健康的物质。

据记载，1817 年世界第一次霍乱病大流行，从印度蔓延开来，但最远只影响到日本西部；1831 年的第二次霍乱大流行并没有袭击日本；第三次霍乱流行始于 1850 年，1858 年告终。埃德温·阿诺德爵士于 20 世纪 50 年代末期目睹了印度如何遭受霍乱蹂躏，曾经评论："我会说，日本之所以能幸免于这场霍乱流行，很重要的一个原因是日本绵延不绝的饮用茶叶习俗，当他们口渴时就饮用茶水，把

国外的茶与咖啡馆

水煮沸后再饮用使得他们比邻居都要健康。"

当然，西医相对来说是比较讲究严谨、科学，一些科学家更喜欢研究分析茶叶内含物与人体的作用。随着研究的深入，西方医学界慢慢就分为茶叶"有效"和"毒害"两派：一派认为茶叶是治病的万灵药；另一派则认为茶叶是来自异域的毒草，对人的健康有百害而无一利。

1635 年，德国医生西蒙·鲍利发表文章，叙述了"饮用茶叶令人短寿，对过了不惑之年的人来说更是如此"的理论研究，从而点燃了一场经历数百年之久、至今还没结果的茶叶论战。法国医生古伊·帕京更认为茶叶是"本世纪（17 世纪）最无聊的新产品"。

1641 年，荷兰医生尼可拉斯·德克斯发表文章，认为"在众多植物中，茶是独一无二的。从远古时代起，人们就开始利用茶叶治疗疾病。茶叶不仅能提神醒脑、增加能量，还能治疗泌尿管阻、胆结石、头痛感冒、眼疾、黏膜炎症、哮喘、肠胃不适等各种疾病"。同时，荷兰医生科内利斯·戴克尔则"建议每人每天饮 20 杯茶"。

1657 年，英国医生发表文章，认为"茶叶是一种被视为灵丹妙药的热饮，上下通气，能达到治疗疟疾、过食、高烧的目的"。

笔者查阅了有关文献书籍，除了中医认为茶叶是一味中草药存在着"凡药三分毒"外，还有的中医认为"茶叶是一把锋利的双刃剑"，可致病也可治病。为什么会这样矛盾呢？转机出现在 2016 年底，笔者在研究"归芍茶"对动物肿瘤抑制作用实验时意外发现，茶叶汤汁浓度比较关键，较高剂量动物会中毒而亡，较低剂量可延长带瘤生存期，适中则可抑制肿瘤生长。综上所述，笔者完全明白了几百年前西方正反两派的争论，其实双方都是对的原因，茶叶真的是一把双刃剑。笔者相关研究已经申请国家发明专利。

（2）茶多酚

茶叶中第一种较主要物质是茶多酚。简单来说，饮用汤汁后口腔能感觉到浓烈、刺激、苦涩、回甘的品性主要就是由于茶多酚所作用的。茶多酚可以分为黄烷醇类（儿茶素类）、黄酮类和黄酮醇类（也存在于银杏、苦丁、葡萄、洋葱、大豆中）、花青素类和花白素类、酚酸和缩酚酸类（也存在于金银花中的绿原酸）等四大类别，包括30多种物质。这些物质绝大多数都具有药理作用，其中最为重要的是儿茶素，占茶多酚总含量的70%左右。

有关研究表明，茶多酚是茶叶中多酚类物质的总称，又称茶单宁或茶鞣质，从化学结构的角度来看，茶多酚是一种稠环芳香烃。稠环芳香烃是指分子中含有两个或多个苯环，苯环间通过共用两个相邻碳原子稠合而成的芳香烃。芳香烃指分子中含有苯环结构的碳氢化合物。烃只由碳和氢两种元

茶多酚

素组成，属于有机化合物，而烃的衍生物则不仅仅只含有碳和氢。

苯环是一个很神奇很美好很艺术的东西，它是一个闭合的单环，平面结构为正六边形。碳氢比为1:1，每个碳碳相连的化学键的键长和键能都是一样的。这特殊的结构使得苯环有着完美的对称性和稳定性。

有关研究证明，非酯型儿茶素（俗称"简单儿茶素"）在口腔中主要起收敛性和轻苦涩味道的作用；酯型儿茶酚（俗称"复杂儿茶酚"）在口腔中主要起重苦涩味道的作用。由于它的含量在总量中占绝对优势，所以茶叶的味道是以苦涩为主，经过制作茶叶工艺进行降解等处理，可减弱苦涩味道；再经过一定的储存时间、一定的氧化程度后，苦涩味道可以完全再减轻。

现代有关药理试验证明，在实验室条件下茶多酚具有以下作用：与咖啡碱结合可缓解咖啡碱的作用；与维生素结合可产生相互增效作用；凝固细菌蛋白质，对金葡菌、链球菌、伤寒杆菌等多种病菌有抑制作用；间接地对发炎因子组胺产生拮抗，从而起到消炎的作用；较强的抗氧化性；增加血液中一氧化氮含量，有助于扩张血管，预防心脑血管疾病。

（3）茶氨酸

茶叶中第二种较主要物质是茶氨酸，是茶叶中最主要的氨基酸，也是茶树特有而其他植物所没有的内含物质。简单来说，饮用汤汁后口腔能感觉到鲜爽的品性主要就是茶氨酸了。

有关研究证明，茶叶中特有的游离氨基酸，由 26 种氨基酸组成，含量占 1%~4%，在极个别茶种品种中可达 6%~9%。茶氨酸在化学构造上与脑内活性物质谷氨酰胺、谷氨酸相似。因为茶氨酸就是谷氨酸加上一个氨基（$-NH_2$）和一个乙基（$-CH_2-CH_3$）。氨基酸组成中 20 种为蛋白氨基酸，包括谷氨酸、天冬氨酸和精氨酸等；6 种为非蛋白氨基酸，主要是茶氨酸。尤其是茶氨酸，这在其他植物中尚未发现，在茶叶中占氨基酸总量的一半以上，达 50%~60%。另外，虽然茶叶含有 20%~30%蛋白质，但能溶于水的只有 4%左右。

在实验室条件下有关研究发现，茶氨酸具有安定情绪、缓和紧张的作用，尤其是谷氨酸是脑组织唯一能氧化的氨基酸，可作为脑组织的能量物质，改进维持大脑机能，而谷氨酰胺能通过血脑屏障促进脑代谢，提高脑机能，与谷氨酸一样是脑代谢的重要营养剂。还可以提高脑内多巴胺的生理活性，催化脑中枢多巴胺的释放，起到降压、平复情绪、缓解身心疲劳的作用。

实验室有关药理试验证明，茶叶中的游离氨基酸可提

不同氧化程度的茶氨酸

供人体正常生理代谢所需的氨基酸，特别是茶氨酸在人体肝脏内能分解为乙胺，乙胺又能调动 T 细胞，促使人体免疫细胞的干扰素分泌量增加数倍，从而能更大程度地提高人体的免疫力。另外，茶氨酸与咖啡碱正好是矛与盾的关系，茶氨酸能够起到抑制咖啡碱所引起的中枢神经系统兴奋、大脑皮质活化的作用。

（4）咖啡碱

茶叶中的第三种较主要物质是咖啡碱。简单来说，饮用汤汁后口腔能感觉到苦、不回甘的品性就是咖啡碱了。咖啡碱又称咖啡因，是黄嘌呤生物碱化合物。

烟草、古柯、麻黄、阿拉伯茶、槟榔、吗啡、士的宁、奎宁、麻黄素、墨斯卡灵、可卡因、尼古丁等能令人兴奋的活性成分，都属于生物碱家族，是含氮的碱性物质在自然界的存在形式。目前为止，人类在4000多种植物中发现了1万多种生物碱成分。

有关研究表明，茶叶中咖啡碱含量占2%～4%，主要起苦的味道，茶叶经沸水浸泡后，约有80%的咖啡碱以及少量的茶叶碱和可可碱能溶于汤汁中。

实验室条件下的有关药理试验证明，咖啡碱催化肾上腺素分泌，进而兴奋交感神经系统、增强大脑皮质活动，使人呼吸加快，心跳加速，出汗，消化吸收功能减弱，血液大量流向脑和运动系统，催化人的新陈代谢。咖啡碱可以抑制肾小管对水分的再吸收，使尿中的钠和氯离子的含量增多，舒张肾血管，提高肾小球过滤率，从而起到利尿、消肿的作用。咖啡碱还可以松弛冠状动脉，催化血液循环，松弛支气管平滑肌，从而起到扩张血管壁的作用。咖啡碱具有提高肝脏代谢能力，对尼古丁、吗啡和巴比妥等物质具有解毒功效。

一般情况下，饮用汤汁后会让人打嗝的茶叶咖啡碱含量会比较多，咖啡碱可以促进胃酸的分泌，当咖啡碱对胃黏膜的刺激作用较大，就会产生收缩现象，即打嗝反应；有慢性胃炎、胃溃疡等胃部疾病的人，饮茶后还会由于胃酸分泌增多而导致胃痛等胃部不适反应。

众所周知，咖啡碱还有利尿的作用，那么当你喝一款茶后比平时更多次去洗手间的话，就可以判断该款茶的咖啡碱含量较高，同时由于咖啡碱苦而不回甘，你喝到的茶偏苦的可能性也比较高。

还有些人喝绿茶不久便出现头晕眼花、手脚发软、浑身无力的反应，这属于低血糖，这也是咖啡碱的作用。咖啡碱可以刺激肝脏，将积蓄的糖释放出来，对于有些人来说，这种糖的释放会加重内分泌系统的负担，可能导致低血糖，这就是所谓的"醉茶"。一般情况下，平时较少饮茶、空腹饮茶的人，以及饮含咖啡碱较高的茶叶都容易醉茶。最好的解醉办法是吃甜食，如糖水、巧克力、糖果等，一会便自动解除。醉茶对健康无益，因为它启动了人体的应激系统，扰乱了内分泌的正常运行机制。

由于茶叶中咖啡碱的浸出速度要比茶多酚快，冲洗茶叶是可以先去掉部分的咖啡碱；若茶叶浸泡时间较长，汤汁所含渗出的咖啡碱会较多，对于对咖啡碱敏感的人士，笔者建议改饮陈茶、老茶叶等。这是因为茶叶中咖啡碱的含量，会随着茶叶的储存时间、氧化程度的增加而减少，甚至是氧化到仪器测不出。另外，由于咖啡碱是决定汤汁味道中的苦味部分，所以陈茶、老茶叶等基本上不会有苦的味道。

(5) 其他物质

实验室条件下的有关实验表明，除上述茶多酚、茶氨酸、咖啡碱这三种标志性的主要物质外，茶叶中还有很多种内含物质，虽然这些物质都比较微量，但对茶叶的品性则起到比较重要作用，例如：芳香物质以及茶皂素、果胶质、维生素、糖类、矿物质、色素等物质。

茶叶含有的芳香物质主要是醇类、酚类、醚类、酮类、酸类、酯类、内酯类等，它们共同决定了茶叶的香气品性。由于芳香物质受茶树品种、生长环境、制茶工艺等众多因素影响而形成茶叶的香气，加上香气成分、种类众多，所以每批次制作的茶叶香气往往较难相同或一成不变；而一些由于机缘巧合而做出的平日少见、少闻的香气，自然就会被人们追捧。

茶叶含有很微量的茶皂素，只占 0.1% 左右，茶皂素的味道有点苦而辛辣，汤汁中起泡沫的就是这种物质。茶皂素主要是一些糖苷类化合物，在植物界广泛存在，例如人参中的人参皂苷等。有关研究发现，茶皂素具有较强的抗氧化、提高人体免疫力、抗炎菌、调节血糖、降低胆固醇、化痰止咳等作用。茶皂素正因为较难溶于水所以才具有起泡能力。由此可以说，一般情况下能起泡沫的茶汤，味道会相对浓醇。

茶叶含有微量的果胶质，只占 4% 左右，果胶质对茶叶条索的形成、颜色、光润度等都有作用，尤其是在蒸压茶叶时，果胶质起到茶叶之间黏合作用，而且果胶质会随着氧化程度而分解，所以蒸压过的陈茶、老茶叶只要氧化程度够高、氧化时间够长，基本上就成不了块状，肯定是呈松散型状态，也可以说是茶叶氧化程度的信号剂。

　　茶叶含有极其微量的维生素 A、C、E、P 等多种维生素和 β – 胡萝卜素。茶叶含有 β – 胡萝卜素含量是胡萝卜的 10 倍，人体吸收了 β – 胡萝卜素以后，在体内转化成维生素 A；茶叶中维生素 C 含量是菠菜的 3 ~ 4 倍，维生素 E 含量是菠菜的 20 倍；维生素 P 在茶叶的槲皮素里，槲皮素在生理上具有降低血管通透性作用。

　　茶叶含有极其微量的单糖和双糖。其中单糖有葡萄糖、甘露糖、半乳糖、果糖、核糖等，只占 0.3% ~ 1%；而双糖则有麦芽糖、蔗糖、乳糖等，只占 0.5% ~ 3%。

　　茶叶含有很微量的矿物质，只占 4% ~ 7%，多数能溶于水而被人体吸收，以钾、磷为主；钙、镁、锰、铝等很少；最微量的是铜、锌、钠、镍、铍、硼、氟等。

　　茶叶中的色素包括天然形成和后天制作茶叶工艺中形成，一般分为两类：一种是溶于水的色素，主要影响汤汁的颜色；另一种是不溶于水的色素，主要影响茶叶、汤渣的颜色。通过颜色可以初步判断茶叶的氧化程度高低或氧化时间长短，例如，茶黄素、茶红素、茶褐素三种颜色，可分别对应黄、红、褐三种颜色。

茶心 26　西医学

希波克拉底（Hippocrates）（公元前 460—前 377）撰写了《希氏文集》70 卷，为西方第一部医学观察记录；到了文艺复兴时期，罗马人维萨里（Vesalius）于 1543 年出版了《人体的结构》一书，开启了近代解剖学时代；1665 年第一个认出细胞的荷兰人列文虎克出版《显微镜学》，大大扩充了人类的视野，显微镜的发明和利用，把人类的视觉由宏观引入到微观，人类开始了解动物体内细微结构。

西方医学借助物理学、化学的方法和理论，建立在人体解剖学和电子显微学基础之上，是一种典型的借助生物医学或动物医学投影到人类医学上的医学。西医往往由对检测手段和仪器设备的先进性掌握多少而确定水平高低。

解剖学和显微镜学的出现，促使现代西方医学迅速发展。直到以 1953 年沃森和克里克发现了 DNA 双螺旋结构，西方医学正式进入了分子生物学时代。

从西医的发展史可以看出，西医是建立在解剖学、细胞学、细菌学、化学、生理学、遗传学、分子生物学等多个学科基础之上的，与中医讲究整体观念、辨证论治、阴阳平衡的基础完全不同。

西医的理论基础决定了西医依靠众多的仪器和设备进行疾病诊断，使用西药和手术等措施消除病灶，采用大量的重复性的实验来说明科学问题。西医把人体划分为消化系统、呼吸系统、神经系统、泌尿系统、循环系统、内分泌系统、生殖系统、运动系统八大系统，再分别将各个系统划分为若干器官，各个器官再分为各种组织，组织进一步分为细胞，细胞再分为核酸、蛋白质等生物大分子。因此西医对茶叶的研究就变成了茶叶含哪些化学成分，对哪些系统、器官、组织、细胞等造成了哪些影响，与中医研究茶叶的四气五味、调节人体平衡完全不同。

医学界对茶叶功效的研究一直保持着高昂的兴趣，茶叶中的诸多成分已有较为明确的作用，如茶多酚、茶氨酸、

吴海仙、丘炎坪
在检测分析

咖啡碱等，其中茶多酚成为了新的处方药。例如，美国食品和药物管理局（FDA）于2016年10月批准绿茶叶提取物进入美国市场，该药物主要用于局部（外部）治疗由人类乳头瘤病毒引起的生殖器疣，这是FDA根据1962年药品修正案条例首个批准上市的植物（草本）药，也是第一个成为美国处方药的中草药。

国内，现在出现了越来越多很好听、很高大上的茶叶名字，如减肥茶、某某汀茶、某某高科技茶，也出现了越来越多的"大师"，如××创始、××第一人、××之王、××之父……但很少人称传统茶、古法茶。因为传统、古法等于封建、守旧、落后的代名词，继而衍生出不健康、不卫生。

这些名称看似功能强大，那么具体效果是不是真有宣传的那么神奇呢？市场上出现了包含洛伐他汀等药物的茶叶，以洛伐他汀为例，洛伐他汀是20世纪80年代上市的调整人体血脂的西药，它可在体内竞争性地抑制胆固醇合成过程中的限速酶羟甲基戊二酸单酰辅酶A还原酶，使胆固醇的合成减少。胆固醇合成的主要场所在肝脏，胆固醇合成反应由多种酶催化，经历多个反应步骤和多个中间产物，其中决定胆固醇合成速度的酶叫做限速酶，也叫关键酶，洛伐他汀

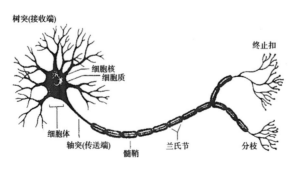

细胞神经

就是通过抑制这个限速酶的活性，从而抑制胆固醇生成的量的。

洛伐他汀也可使低密度脂蛋白受体合成增加。那么低密度脂蛋白及其受体是什么呢？这就得先说极低密度脂蛋白，它是肝脏合成脂肪的输出方式，肝脏可以合成脂肪，但是不能储存脂肪，合成的脂肪会形成极低密度脂蛋白输出肝脏，进入血液当中，在血液当中进行一系列代谢，获得胆固醇酯后生成低密度脂蛋白。

接着，富含胆固醇酯的低密度脂蛋白会被肝细胞表面的低密度脂蛋白受体摄取，内吞进入细胞，由细胞内的溶酶体进行降解。正常人每天降解 45% 的低密度脂蛋白，其中三分之二都是经低密度脂蛋白受体途径降解的。

因此，低密度脂蛋白的作用是把肝脏合成的内源性胆固醇转运到血管中，增加血液中胆固醇酯的含量。而洛伐他汀可以增加低密度脂蛋白受体，从而催化低密度脂蛋白被结合并降解，降低血管中的胆固醇酯含量。

此外，洛伐他汀还能降低血清甘油三酯水平，增加高密度脂蛋白水平。其中甘油三酯又叫脂肪，那么高密度脂蛋白又是什么呢？高密度脂蛋白在肝、肠、血浆等部位产生，其代谢过程首先是催化胆固醇自肝外细胞移出，然后进行酯化并向肝脏转移，最后由肝脏清除胆固醇，因此高密度脂蛋白的作用是将肝外组织细胞内的胆固醇，通过血循环转运到肝脏，在肝脏转化后排出体外，从而减少血管中胆固醇的含量。

这样，洛伐他汀一方面减少胆固醇的生成，一方面减少血管中胆固醇及其酯的含量，同时还降低甘油三酯的含量。而血浆所含的脂类统称为血脂，包括甘油三酯、磷脂、胆固醇及其酯以及游离脂肪酸。因此洛伐他汀有显著的降血脂作用。

动脉粥样硬化（Atherosclerosis，AS）指一类动脉壁的退行性病理变化，是心脑血管疾病的病理基础，发病机理十分复杂。动脉粥样硬化的病理基础之一是大量脂质沉积于动脉内皮下基质，被平滑肌、巨噬细胞等吞噬形成泡沫细胞，进而催化动脉粥样硬化的发生。而低密度脂蛋白水平升高往往与动脉粥样硬化的发病率呈正相关，高密度脂蛋白水平与动脉粥样硬化的发生呈负相关。洛伐他汀在降低血脂的同时，也改变了脂蛋白的含量，从而对动脉粥样硬化和冠心病产生了防治作用。由于洛伐他汀独特的疗效，被誉为治疗心血管系统疾病的里程碑，深受广大患者的欢迎。

洛伐他汀作为药物时，有规定的使用剂量，只有达到一定剂量并连续使用时，才能达到有效的血药浓度，才能发挥其独特疗效。而洛伐他汀茶叶当中的洛伐他汀，不管是采用某些菌获得还是人工添加，每公斤茶叶中的含量都远远达不到作为药物的起效剂量，而人每天饮用的茶叶量又有限，这样实际上进入人体内的洛伐他汀的剂量就微乎其微，基本可以忽略不计了。不仅仅是洛伐他汀茶叶，社会上还有许多让人眼花缭乱、各种功能的茶叶，都有着类似的陷阱，所以请读者擦亮双眼吧，千万不要再被它们的名字蒙蔽了。

静语 8　融合感觉

　　人类生活离不开药物医治疾病，为的是保护身体健康，最早的药物主要是地球上的动植物、矿石等，是一种药物大融合的感觉，尤其是茶叶，自问世以来就一直伴随着人类生活。

　　但是，当一些茶树、茶叶被慢慢发展成为奢侈品时，便开始背离普通百姓的生活，分化成两个极端。同时，由于地理环境、族群遗传等多方面的原因，医药也慢慢分化为"经验医学"和"实验医学"两大分支。

　　"实验医学"发展为以实验室检测为主确定病症，即采用仪器，包括外科手术、记录、拍照、照射等对病人的血样、细胞、细菌、骨髓、骨骼等进行分析化验后确定病症。尤其是在病情严重的外伤或性命攸关危机处理时，往往会通过外科手术来抑制症状。

　　"实验医学"善于用成分分析、提炼、合成药物，并会遵循实验室内细胞实验、在动物身上做疾病模型用

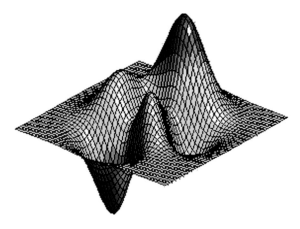

心理正反融合呈现图（郑秀丽制图）

药实验后，再用于人体疾病医治实验。通过观察、追踪个体的康复复员状况，不断地循环、不断地研究新的药物来应对可能新产生的疾病，最终产生许多治病的经典药物。所以，在"实验医学"的基础上人类社会诞生了一个全新的学科——西医学。

"经验医学"则主要是采取"望、闻、问、切"的方法来确定病症后用药。

对于如何使用药物，"经验医学"一般是以族群遗传留下来的药方、药剂、药材来治疗疾病。药物虽然源于动植物和矿石，但也是"秉天地阴阳之气而生，随五运六气而长"，与人类的不同在于不得天

五行图

地之全气，仅得天地之偏气，所以性或偏于阴，或偏于阳，或偏于寒，或偏于热。人身之气偏盛或偏衰则生病，药物治病的原理就是借助药物的偏性来纠正个体阴阳的偏性，"疗寒以热药，疗热以寒药"，使偏盛或偏衰的阴阳之气重新恢复相对平衡。

由此可见，"实验医学"与"经验医学"的源头都是动植物和矿物，只是多种原因如茶叶般慢慢出现奢侈品而产生分歧。但是不论如何，茶叶必将实验与经验医学融合，因为茶叶始终是药，只有饮用正确，才能适合自己身体，才能达到融合感觉。

二、尽量少饮用或不饮用茶叶

茶叶作为饮用药品或食品的一种，务必要有利于身体健康，所以安全卫生必须排在首位；适合自己身体具体状况可以排第二位；个人喜好应排在最后一位。

茶味至寒，采不时，造不精，杂以卉莽，饮之成疾。

——《茶经》

现奉南洋大臣刘节饬前因，知中国茶事，自可振兴，嗣后各商务须各整牌号，各爱声名。一切焙制之法，实力讲求："严肃市规，不准掺杂作伪，以归销路，以固利源。倘有奸商小贩，不顾颜面，再以劣茶冒充老商著名之字号，欺骗洋商，扰乱茶政者，一经查出，定当照例严办，决不徇容。其各檩遵毋违，特示。"

——《整饬茶务第一示》

美议院以近来各国入口之茶拣择不精，食者致疾，因设新例：茶船到口，须由茶师验明如式，方准进口，否则驳回。从前中国无识华商，往往希图小利，掺和杂质，或多加渲染，以售其欺。洋商偶受其愚。遂谓中国之茶，皆不可食，而销路因之阻滞。比来华商贩茶，折阅者多，获利者少。职此之由，现新例既行，茶稍不佳，到关辄被扣阻，金山等埠，华商屡来禀诉，因择其不甚违章者，为之驳诘，准其入口。

——《整饬茶务第三示》

笔者的有关研究证明，适中的"归芍茶"汤汁剂量可以延长带瘤老鼠的存活期，过量的"归芍茶"汤汁剂量则可以使老鼠猝死,所以茶叶饮用是一把典型的双刃剑：正确地饮用茶叶汤汁可以防病治病；饮用"愚茶叶"汤水则可能引发疾病，甚至能导致癌症的产生。所以，笔者建议饮用茶叶要以不伤害身体健康为基本原则。

国内的"愚茶叶"主要来源于以下两方面：

首先是由于环境污染，例如由于空气、水源、土壤、种植等原因，造成农药、化肥残留，重金属等含量超标等，造成茶树富集了众多对人体健康有害的物质。

其次是制作茶叶等过程中，人为地违法添加含有对人体健康有害的矿物质、化学品，例如孔雀石绿、水泥、滑石粉、化学合成色素、香精等。

最后是储存、运输过程中的高温、高湿，使细菌等有害微生物，大量繁殖、生长，其代谢物及有害菌残留在茶叶中，进而对人体健康产生危害。

如何识别"愚茶叶"呢？对于普通读者来说，笔者仍然建议要相信自己饮用汤汁时口腔、喉咙的局部反应，这是因为舌头和喉头为人体抵御不良物质入侵的最后一道防线，只要是饮用汤汁后稍有麻木感、口唇发紧、恶心欲吐等感觉的都应该要引起警惕；若是有腹痛、呼吸减慢、四肢发麻、呼吸困难、肢端发凉等症状时、就应及时到医院就诊。

1. 尽量少饮用茶叶

尽量少饮用新制作和氧化程度低的茶叶，一方面由于茶叶的氧化时间短、茶叶含有较多未经氧化的物质，这些物质对人的胃肠黏膜有较强的刺激作用；另一方面由于新制作茶刚经过干燥甚至烘焙，火气较大人若饮用用较容易上"火"。一些茶叶在种植、制作、储存、运输、销售等过程中难免会受到各种杂质的污染，因此头泡汤汁其实是冲洗茶叶之水，尽量少饮用。同时，一些茶叶添加了中药、西药的物质的也尽量少饮用，因为每个人的身体情况差异较大，中药或西药往往可能对甲的身体健康有效而恰好对乙的身体健康则是一种伤害。

（1）新制和氧化程度低的茶叶

茶虽得天之雨露，得地之土膏，而濡润培植，然终不外鼎炉之功。盖火制初熟，燥烈之气未散，非蓄之日久，火毒何由得泄？产必须贮之二三年或三四年，愈久愈佳。不然，助火燥血，反灼真阴。

故古人曰："新茶烈于新酒。"信然。

——《茶史》

　　若非为了试饮评茶的需要，应该尽量少饮用新制和氧化程度低的茶叶。因为新制作茶叶内含物中的多酚类、咖啡碱、醛类、醇类等物质的氧化程度较低，碱性、植物酸等含量高，而且其活跃程度也比较高，这些物质对人胃肠黏膜有较强的刺激作用，俗称"刮胃"，饮后很容易对胃肠形成应激刺激，并造成胃部不舒服等症状，甚至可以引发炎症。尤其是咖啡碱可催化胃酸分泌，升高胃酸浓度，严重的可以诱发溃疡甚至穿孔；而且咖啡碱含量高，一般人饮后往往会入眠困难，时间久了会影响身体健康。上述物质可以通过肠道吸收，引发心悸、心慌、头晕、手脚无力等症状，所以人若在空腹状态下更应少饮新制和氧化程度低的茶叶。

新制茶叶

(2) 冲洗茶叶之水

由于现在对茶树使用农药、化肥非常普遍，污染的环境对茶树只会加重影响；在茶树芽、叶、梗制作成茶叶的过程中也可能受到其他有害物的污染侵袭；在茶叶再制作过程中，茶叶表面总会有一些残留的添加物；在茶叶储存过程中，很有可能受到霉菌、灰尘等各种污染。以上这些物质都可能对人体健康造成严重的危害，因此，对一些非自己知根知底的茶叶，饮用前都应当用沸腾的水快速地冲洗一遍。

虽然现代的农药主要为脂溶性，但在高温沸水的浸泡下，脂溶性农药还是可以剥离附着物而浮现，因而使用高温的水冲洗茶叶，可以剥离、溶解少量的农药残留、化肥残留、重金属、粉尘、霉菌等有害物质，并非溶解只是类似用热水清洗碗筷等餐具脱油脂般。由此可见，冲洗茶叶之水是不应该饮用的。由于会有茶叶所含各种物质溶解出来，一些人会觉得很可惜，但笔者觉得还是不饮为好。当然，使用冲洗茶叶之水保养茶器还是不错的选择。

洗茶水

（3）添加他物

一些地方在制作茶叶时，会添加中药和西药等的物质，制成所谓含有高科技、自然伴生物制作的茶叶。例如茶树上寄生的螃蟹脚原来是非常好的中药材。但是，其他植物寄生的螃蟹脚则是另外一种功效，将其勾兑入茶叶的功效则是另一回事了。现在市面上充斥着××微生物茶叶、高科技××茶叶等，号称运用高科技加工工艺，使茶叶富集某种元素，具有某些独特药效，例如，饮用后可以降血脂、降血压、治疗痛风等，凡遇此物读者要注意。

茶树寄生螃蟹脚

众所周知，药物之所以能在人体内起作用，前提是药物必须拥有一定的血药浓度、一定的停留时间才能起到治疗效果。笔者曾经按照某种含有西药成分的

茶树寄生螃蟹脚

茶叶说明书换算，若想要达到降血脂的效果，每人每天要饮用2公斤的茶叶才能起到药效。再如螃蟹脚虽是一味中草药，可与茶树附着生长，但螃蟹脚往往都只是在茶树枝干上附生，在芽、叶上根本很难附生，茶叶是以采摘茶树的芽、叶为主，若茶叶里遍布螃蟹脚，这是有悖常理的。

（4）带茶垢的茶器冲泡

茶器使用一段时间后，汤汁中的儿茶素中的化合物与水中杂质结合，形成沉淀物堆积，并黏在茶器上，俗称"茶垢"。一些老茶客们往往喜欢茶器内尽是茶垢，一来证明此器乃岁月之物，二来证明自己饮茶历史的悠久。

有关研究表明，茶垢含镉、铅、铁、砷、汞等多种重金属物质，浸泡茶叶时可能会被剥离、分解、稀释出来与汤汁溶为一体，人若饮入，很容易与食品中的蛋白质、脂肪和维生素等物质结合，生成难溶的沉淀物阻碍营养的吸收，这些物质还会引起人体神经、消化、泌尿、造血系统的病变和功能紊乱，尤其是砷、镉可致癌，引起胎儿畸形；氟、铝过量不仅对牙齿、骨骼造成损害，而且会使脑组织中主管记忆的海马造成损害，导致老年痴呆。

时大彬款羊角山紫砂泥三脚蟾把玩件

古画　饮茶图

所以，茶垢不含对人体有益的任何成分，而含有重金属和某些致癌元素，对人体有百害而无一利。因此，茶器及时清洗干净很必要。

（5）其他

人类所食用的五谷、杂粮、油脂、蔬菜、水果、药材等都普遍存在螨类，能依附在人体及所有动、植物上进行传播，甚至能凭借风力或空气中的尘埃进行扩散。普洱茶在润水、渥堆、后发酵过程中的温湿度极易孳生一种叫"粉螨"的螨虫进行孳生并大量繁殖。但随着发酵适度后摊晾时温湿度的下降而逐步减少，当普洱茶的水分下降至12%时，其就无法生存。而且，此类"粉螨"不耐高温，沸水冲洗冲泡后即可灭绝。最早提出孳生有害物问题的是日本，也正是出口销售最高峰的时候，其中不排除有人为的因素。过去采用药物熏蒸后出口。现改用高温烘焙后出口。高温烘焙对普洱茶的陈香有一定影响。但日本注重的是其对人体的保健的特殊功效。

——《广东普洱》

1993年，世界卫生组织的癌症研究机构将亚硝胺类、苯并芘和黄曲霉毒素等三种物质划定为Ⅰ类致癌物。其中，苯并芘主要存在于烟熏和烘烤等食品中，对人体主要毒性

古画　煮茶图

表现为神经和内分泌紊乱、免疫抑制、致癌致畸、肝肾损伤、繁殖障碍等。美国食品药品监督管理局曾经对中国产的烟熏茶叶（赠美国总统礼物）进行例行的安全检测，发现该种茶叶至少含有两种国际上定为I类致癌化合物——苯并芘和苯并蒽，而该两种I类致癌化合物恰恰是该款茶叶的制作特色工艺一手造成的。

根据有关研究，茶叶再制作时烘焙火温过高、烘焙过度，会使茶叶中的蛋白质、脂肪被烤煳，这些烤煳了的茶叶中很容易产生丙烯酰胺等致癌物质。因此，饮用过度烘焙或已经烤焦的茶叶，也会提高致癌的风险。

同时，应该尽量不用茶叶汤水服用药物。因为茶叶汤汁中的内含物质可能会降低或影响药效，而且可能还会产生一些副作用。例如，汤汁中的鞣酸，若与药物中的生物碱反应，就会产生沉淀物，从而影响药效，而且，鞣酸还具有收敛作用，可以阻止人体对蛋白等营养物质的吸收。另外，茶叶汤水中的咖啡因、茶碱等，有兴奋神经中枢的作用，对安眠药产生抑制作用。

郑星球老师指导、冯柳燕版画《林中静谧》（局部中）

茶心 27　胃

　　饮用新制作和氧化程度较低的茶叶为什么会很容易使人产生"刮胃"的感觉呢？我们从胃讲起：

　　人体的胃大部分位于左肋部，小部分位于上腹部，胃的位置常因体型、体位、胃内容物的多少及呼吸而改变，有时人的胃大弯可达脐下甚至盆腔。

　　医学上一般将胃分为五个区域：

　　一是贲门，食管与胃交界处，在第 11 胸椎左侧，其近端为食管下端括约肌，位于膈食管裂孔下 2~3cm，与第七肋软骨胸骨关节处于同一平面。

　　二是胃底，胃的最上部分，位于贲门至胃大弯水平连线之上。胃底上界为横膈，其外侧为脾，食道与胃底的左侧为 His 角。

　　三是胃体，胃底以下部分为胃体，其左界为胃大弯，右界为胃小弯；胃小弯垂直向下突然转向右，其交界处为胃角切迹，胃角切迹到对应的胃大弯连线为其下界。胃体

所占面积最大，含大多数壁细胞。

四是胃窦，胃角切迹向右至幽门的部分称为胃窦部，主要为 G 细胞。

五是幽门，位于第一腰椎右侧，幽门括约肌连接胃窦和十二指肠。

医学上一般将胃壁组织由外而内分为四层：

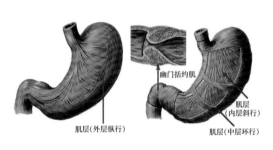

胃

一为浆膜层，覆盖于胃表面的腹膜，形成各种胃的韧带，与邻近器官相连接，于胃大弯处形成大网膜。

二为肌层，浆膜下较厚的固有肌层，由三层不同方向的平滑肌组成。外层纵形肌与食道外层纵形平滑肌相连，在胃大小弯处较厚，中层环形肌，在幽门处增厚形成幽门括约肌。内层斜行肌，胃肌层内有 Auerbach 神经丛。

黏膜 — 上皮：分泌黏液
— 固有层：含胃腺 — 胃底腺、贲门腺、幽门腺
— 黏膜肌层

胃底腺 — 主细胞：分泌胃蛋白酶原
— 壁细胞：分泌盐酸、内因子

胃壁黏膜

三为黏膜下层，肌层与黏膜之间，是胃壁内最富含胶原的结缔组织层，有丰富的血管淋巴网，含有 Meissner 自主神经丛。此层是整个胃壁中最有支持力的结构。

四为黏膜层，包括表面上皮、固有层和黏膜肌层。黏

膜肌层中不同方向的肌肉，排列成内环外纵，使黏膜形成许多皱褶，胃充盈时大多展平，从而增加表面上皮面积，可以使胃的蠕动十分剧烈，有利于胃内容物的排出。胃小弯处2~4条恒定纵行皱襞，其形成的壁间沟称为胃路，为食道入胃的途径。

固有层系一薄层结缔组织，内含支配表面上皮的毛细血管、淋巴管和神经，同时含有各种腺体，包括贲门腺、幽门腺、胃底腺。贲门腺和幽门腺分别位于贲门部和幽门部的固有层内，主要分泌黏液。

胃底腺主要位于胃底和胃体的固有层内，是产生胃液的主要腺体。胃底腺由多种腺细胞组成，主要是主细胞和壁细胞。主细胞又称为胃酶细胞，数量较多，主要分布于胃底腺的体、底部，主要功能是分泌胃蛋白酶原。壁细胞又称为盐酸细胞或泌酸细胞，主要分布于胃底腺的上半部，主要功能是分泌盐酸和内因子，具有激活胃蛋白酶原和杀菌作用。

上皮层为单层柱状上皮，排列整齐，表面密集的小凹陷称为胃小凹，是腺管的开口，柱状上皮细胞能分泌大量黏液覆盖于胃黏膜的表面，防止胃酸和胃蛋白酶对胃黏膜的损害，保护胃黏膜。

之所以饮用新制和氧化程度较低的茶会有"刮胃"的感觉，其实就是刺激了胃的黏膜层，使黏膜层中固有层的壁细胞分泌盐酸增多，从而损伤黏膜，出现胃痛、胃胀等不适症状。如果饮用茶叶人本身胃黏膜有受损或空腹饮用，不适症状则会更显著。

2. 不饮用茶叶

不应饮用的茶叶主要是指一些在茶叶再制作时添加化学、化工物品的精制茶叶。比如绿茶添加滑石粉和孔雀石后，茶叶看起来青翠欲滴，光泽动人，冲泡出的茶清香怡人，汤汁颜色是明亮清透、翠绿可人。但是，无论如何浸泡，茶叶基本上都是不能完全舒展开来。至于含有致病霉菌、残留农药超标、重金属超标、稀土元素超标等问题的茶叶，下文会慢慢展开论述。

（1）精制

而尤大之病，在多作伪。如绿叶之染色，红茶之掺土，甚至取杂树之叶充茶出售，坏华商之名誉，蹙华茶之销路，莫此为最。

——《整饬皖茶文牍》

根据有关资料记载，清雍正八年（1730 年），官府在湖南安化立碑，上书禁止茶叶掺假等 8 条行为禁令。由此可见，国人很早便往茶叶掺假、造假，坑蒙拐骗西方人已是常态，主要是黑刺李、接骨木、山楂、白桦、白蜡等树的树叶；而在制作茶叶时添加普鲁士蓝、铜绿、石膏粉、石绿、黏土等染料着色剂也是常态，美其名为精制，俗称"精制茶叶"，但是现在有些商人会混淆"精制"的概念，说成是精美的茶叶。

1725 年，英国皇帝颁布《英国伪茶法案》规定："任何人在茶叶中掺杂山茶叶、糖、糖浆、黏土甚至木屑等物，却以'正宗茶叶'出售者，都会被处以 10 英镑的罚金。"

精制茶与非精制茶对比

湖州监工亲自调色，先将靛蓝放到像化学家用的研钵那样的瓷碗里，把它们研成细末。同时将一定数量的石膏放在正在炒茶的木炭里烧，待石膏烧到一定程度后便从火焰中取出，放到瓷钵里研成细末。将石膏与靛蓝……按四比三的比例加以混合烧……在炒茶的最后一个环节将这种染色剂撒到茶叶上。在茶叶出锅前五分钟……燃烧一根香的工夫……一名监工用一个小瓷器调羹把染色剂撒在每口锅里的茶叶上。炒茶工用双手翻动茶叶，以便均匀茶叶。……茶农们承认，没有任何添加剂的茶叶品性更好，他们也从来不饮染色的茶叶。

某天，某国商人同一些制作茶叶师傅聊天时，问他们为什么要给茶染色精制……他们承认茶不加任何添加剂会更好饮，他们自己也从来不饮染过色的茶，只是由于外国人似乎喜欢给茶叶加上靛蓝与石膏混合物，所以他们才染色。

——《中国茶区探访录》

在 18 世纪时，英国某地一商铺里，展示着中国的两罐茶叶，一罐标着"B"是武夷茶；一罐标着"G"是绿茶，里面的绿茶染了最常用的染料有普鲁士蓝（亚铁氰化铁）、石绿（孔雀石粉，别名铜绿）。

——《茶的世界史》

有关资料显示，1793 年，往茶叶添加普鲁士蓝和石膏粉的茶叶精制工艺被传带到英国海外领地孟加拉茶区。

1830 年出版的《揭露夺命的掺假和慢性中毒：茶壶与茶叶中的病魔》书中，列举了精制作茶叶时的各种假货，并断言这些恶行都是由"创世纪前日月的兄弟"（影射"明"朝，即国人）干的。

19 世纪中叶，清朝某位大臣在调查完中国茶叶行情后，向皇帝写了份报告："所谓'绿茶染色，红茶掺土'，更有甚者制造出了一种叫'绿茶阴光'假茶。茶里面掺滑石粉，颜色倒是出彩，但一饮用就会令饮用茶叶者出现腹疼现象。可叹的是，在

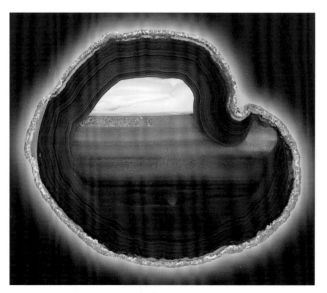

普鲁士蓝

歙县（现安徽省内）三十余号茶庄中，不做这种茶的寥寥可数。"

往茶叶中加滑石粉精制，也被胡秉枢写进了向日本推广茶叶发展的《茶务佥载》书中，而且胡秉枢对西方人抵制往茶叶里面添加滑石粉的做法很不满，认为往茶叶中添加这些材料是"茶叶精制"所必需的一个程序。由此可见，当时的制作茶叶专家都认为这并非造假，而是为了生产更高级别的茶叶。

滑石粉虽然有医药食品级的，现仍可作为医药、食品行业的添加剂，具有无毒、无味、口味柔软、光滑度强等特点。但是，国际上可不这么认为，他们认为使用过量或长期食用有致癌性，国际癌症研究中心已将"含石棉的滑石"列为致癌物。

从进口的茶叶开封到最终售出，商家在每个环节上几乎都有掺假行为：他们在茶叶里掺上经化学着色剂伪装的柳树叶、锯末、花瓣，还有更荒唐的，根据记载有一次竟掺入了羊粪。基于掺假的原因，红茶越来越受欢迎，因为许多做假绿茶的化学药剂有毒，而假红茶即使掺假也还相对安全。于是红茶开始取代口味清淡、苦味较轻的绿茶，红茶加上糖和奶，品起来则更加齿颊留香。

——《六个瓶子里的历史》

正因为违法添加色素，能使茶叶颜色鲜润、汤汁明亮好看动人，一些不法人员便会使用这种精制法；加上原材料便宜，精制后的茶叶价格更高，利润也高。但是，历史已经证明这种"精制茶叶"对中国的茶业发展影响是巨大和致命的。两百多年后的今时，许多地方仍在继承和发扬"精制茶叶"，精制茶叶主要是添加蓝靛、石绿、柠檬黄、日落黄、胭脂红、苏丹红、滑石粉、淀粉、石蜡等着色剂，使茶叶的外观、汤汁颜色更美观；添加人工合成香精等拔高香气、味道。

按 2014 年 12 月由国家卫生与计划生育委员会颁布，2015 年 5 月实施的《食品安全国家标准 食品添加剂使用标准》（GB 2760-2014）规定，食品添加剂在一定范围内限量添加使用是安全的，但茶叶是"不得添加食品用香料、香精"，即明令茶叶加工不允许添加任何添加剂，包括上述人工合成着色剂、人工合成香精、化工染料等。

根据福建省食品药品监督管理局公布的 2016 年第 1 期食品安全监督抽检信息，某些茶叶违法添加了柠檬黄、日落黄、胭脂红等添加剂。柠檬黄又称酒石黄，是一种人工合成的水溶性色素，呈鲜艳的嫩黄色。虽然目前未有柠檬黄可直接致癌的证据，但由于柠檬黄导致的过敏和其他反应十分显著，包括焦虑、偏头痛、忧郁症、视觉模糊、哮喘、发痒、四肢无力、荨麻疹、窒息感等。

日落黄又称食用黄色 5 号（日本）、食用黄色 3 号、夕阳黄、橘黄、晚霞黄等，是一种人工合成的水溶性偶氮类着色剂，起增加外观颜色作用。日落黄能刺激眼睛、呼吸系统和皮肤；接触时应穿适当的防护服。长期食用超标添加了这类偶氮类色素的食品，会加重肝脏的负担，严重时会伤害肝脏功能。

胭脂红又称食用赤色 102 号（日本）、食用红色 7 号、丽春红 4R、大红、亮猩红等，是一种人工合成的水溶液偶氮类着色剂，是目前使用最广泛、用量最大的一种人工合成色素。据有关实验显示，胭脂红在加工过程中会受到砷、铅、铜、苯酚、苯胺、乙醚、氯化物等物质的污染，可对人体造成潜在的影响。除此之外，胭脂红可被氧化产生自由基，进而再与人体内物质代谢产生一系列活性氧攻击 DNA，造成 DNA 氧化损伤，具有一定的致癌和致突变作用。

（2）霉菌

霉菌是微生物中的一种，微生物是地球上最古老的生物。根据有关报道，2016 年 8 月科学家们在格陵兰岛上发现了距今已有 37 亿年的最新微生物化石，而地球只诞生在 46 亿年前。一些微生物是人类的好朋友，帮助人们消化食品、合成维生素等必需的营养素、调节免疫系统抵抗病菌入侵和修复受损器官等。

根据福建省食品药品监督管理局公布 2016 年第 1 期食品安全监督抽检信息，此次抽检检出某些茶叶中菌落总数、大肠菌群等微生物指标超标。

茶叶制作、储存、运输等过程中，当温度和湿度适宜时霉菌便会生长，尤其是霉菌生长过程中产生的代谢物，往往是对人体健康非常有害的毒素。这些毒素往往是人类

健康的杀手，它们能产生神经毒素、致癌物质，摧毁人体健康；尤其是黄曲霉的代谢物黄曲霉毒素 B1，它的毒性就是一种剧毒物质，是氰化钾的 10 倍，是砒霜的 68 倍，能够很容易地诱发人体的各种癌症，尤其是对肝脏组织的破坏性极强，1993 年就被世界卫生组织癌症研究机构划定为 I 类致癌物，是世界公认的三大强致癌物质之一。根据有关研究，黄曲霉毒素要用近 300℃的温度才能灭活，而人们日常冲泡茶叶的温度不可能有如此之高并将之杀死。

霉菌代谢物可以简单理解为是霉菌经过"消化"之后的"废料"。只有一些极其少数的"屎尿"可能在某些方面有点益处，如酿酒的"酒"就是酵母菌的"屎尿"；香料中的极品"龙涎香"是抹香鲸食了章鱼、墨鱼等动物后肠道里产生某种分泌物的结块，也属于"屎"；中药里的"夜明砂"是蝙蝠屎，"望月砂"是兔子屎，"蚕砂"是蚕虫屎，"白丁香"是麻雀屎。但是，绝大部分的"屎尿"对人体健康都是极其有害的。

适合的湿度和温度是霉菌生长繁殖的主要条件，当茶叶的温度在 16℃～38℃、湿度＞75%时，毛霉、灰

霉菌

绿曲霉、黄曲霉、黑曲霉等对人体有害的霉菌就会生长出来。其他较常见的还有青霉、米曲霉、蜡叶披孢霉、互隔交链孢霉、新月弯孢霉、镰刀霉、簇孢匍柄霉等。

一般情况下，受霉菌污染的程度可简单地分为轻度（产生白、浅黄色的霜斑点）、中度（有不同颜色的毛发状菌丝状体）、重度（表面有毛发状菌丝体，并出现粉状物，内部撬开后冒烟，也有粉状物）三种情况，若霉菌死亡后，仍然会在茶叶上留下大小不一的点状斑点或丝状成片。

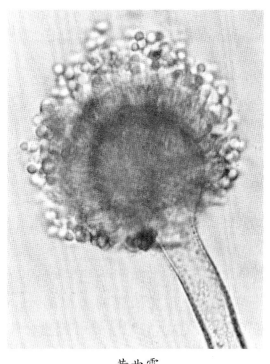

黄曲霉

很多人以为长霉的茶叶只有长霉的位置被霉菌感染了，只要把这部分切出丢掉，剩下的部分还是可以继续饮用。其实并非如此，茶叶一旦长霉，没有长霉的那部分也已经进入到微生物新陈代谢的过程中，受到霉菌孢子的污染并已经产生了大量肉眼看不到的毒素。所以，对于已经长过霉或正在长霉的茶叶，绝对不要食用，若不小心饮用入口，也应该赶紧吐掉并且马上漱口。

由此可见，霉菌不仅能严重影响茶叶的香气、味道和汤汁颜色等品性，而且由于霉菌生长过程中产生的多种毒素，可对人体健康带来直接的危害。所以，读者如果发现茶叶上有霉味、有霉菌，或曾经有霉菌生长过后而留下的霉菌疤斑迹，哪怕只有很轻微的霉味也要坚决扔掉，不论哪种霉变状况的茶叶，人们都应该不饮用。

① I 类致癌物——黄曲霉毒素。

1993 年，世界卫生组织的癌症研究机构将亚硝胺类、苯并芘和黄曲霉毒素等三种物质划定为 I 类致癌物。其中，亚硝胺类化合物主要存在于熏肉和烤肉等食品中；苯并芘主要存在于烟熏和烘烤等食品中；而黄曲霉毒素则多存在于长霉物品中，是黄曲霉和寄生曲霉的代谢产物，为一类稠环类固醇结构的化合物。其中黄曲霉毒素 B1 最为常见，其毒性和致癌性亦最强，是人类及多数动物的强诱变剂和肝致癌物，是一种剧毒物质，毒性是氰化钾的 10 倍、砒霜的 68 倍，还是致癌性最强的化学物质，1 毫克就是致癌剂量，只需 20 毫克剂量便可使一个体重 70 公斤的成年人死亡。其他霉菌毒素对人体主要毒性表现在神经和内分泌紊乱、免疫抑制、致癌致畸、肝肾损伤、繁殖障碍等。

黄曲霉毒素

黄曲霉

是一种毒性极强的剧毒物质，对人及动物肝脏组织有破坏作用，作为人体的排毒脏器官，肝脏负责将人体的有毒物质分解转化，当毒素多到肝脏

茶叶中的黄曲霉

无法分解的时候，就会留在肝脏中，肝脏中堆积太多的有毒物质势必会伤害肝细胞，时间久了，肝细胞就会死亡，给身体带来致命的伤害。

有关研究证实，人们在生活常态下要破坏霉菌毒素却并非易事，例如黄曲霉毒素的裂解温度为300℃以上，即只有达到300℃的时候黄曲霉毒素才能灭活，一般的烹饪方法都不能消毒。

也有些研究认为只有富含植物蛋白的物质才可能存在黄曲霉毒素，而茶叶中植物蛋白的含量极少，就算发霉了也不会存在太多黄曲霉毒素，所以某些专家常说："放心饮茶，绝不用担心茶叶黄曲霉毒素致癌问题"；"茶虽然有可能含有黄曲霉毒素，但是这个风险可以完全不必考虑的，即使有黄曲霉毒素污染，一次量不够是不会致死"。

笔者认为，一方面世界卫生组织、国际粮农组织、食品添加剂联合专家委员会等，多次评价"黄曲霉毒素是没有一个人体可以接受的剂量底线的"。另一方面退一万步来

说，即使黄曲霉毒素不会致癌，但不致癌不等于健康安全。例如，若常食发霉腐烂变质的肉类、豆类或蔬菜类食物，应该也不会马上致癌，但很有可能马上导致腹泻、呕吐或其他疾病，又或者是埋下了损害器官健康的隐患或根源。笔者觉得应该听取医药专家的意见为好，要相信医学方面的统计数据，最好不要饮用含有黄曲霉毒素的茶叶。

②危害。

2010年广州疾病预防控制中心、中山大学公共卫生学院、南方医科大学生物技术学院等单位研究人员，随机抽取广州某茶叶市场的70份普洱茶样本，检验后发现，样本中均被检出伏马毒素和T-2毒素，云南的普洱茶受到黄曲霉毒素和呕吐毒素不同程度污染，90%样本中呕吐毒素、11.43%样本中黄曲霉毒素均超出标准限值。

霉菌毒素，主要是曲霉属、青霉属及镰孢属等一些霉菌在生长过程中产生的代谢物，而这些代谢物往往是毒素，目前已知的霉菌毒素有300多种，按主要产生毒素的菌种可分为四大类：曲霉菌属，主要分泌黄曲霉毒素、赭曲霉毒素等；青霉菌属，主要分泌展青霉素、桔青毒素等；镰刀菌属，主要分泌脱氧雪腐镰刀菌烯醇、玉米赤霉烯酮等；麦角菌属，主要分泌麦角毒素。

霉菌毒素的毒性比较广泛，主要表现在免疫抑制，神经和内分泌紊乱，损伤人体的呼吸、消化、血液、泌尿等系统；更为严重的是，一部分的霉菌毒素已被证实具有致癌、致畸和致突变的高致病作用。

茶心 28　难辨之菌

　　人类生活是离不开菌类的，人体的肠道内就有由大量微生物共同组成的肠道菌群。

　　在人类的肠道，尤其是结肠（也就是平常所说的大肠）中存在着大量微生物。个体每天排出的粪便中就有很多这

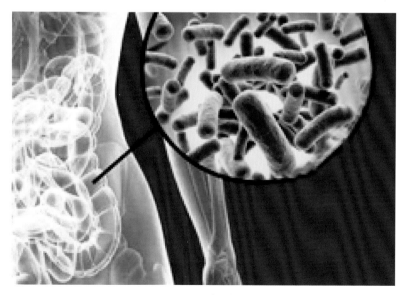

肠道菌群

些细菌及其"尸体"。有关研究证明，这些细菌根据其在肠道内不同的生理功能被分为三大类：有益的共生菌、见风使舵的条件致病菌、有害的病原菌。维持肠道菌群之间正常的平衡是保证人体健康的重要一环，若菌群结构发生异常，则可能带来健康问题。

有益的共生菌，一般都是专性厌氧菌，占据了肠道菌群所有细菌数量的99%以上，为人体产生有益的物质和保护人类健康。比如乳酸菌、拟杆菌等。

见风使舵的条件致病菌，在肠道菌群内数量较少，正常条件下不会造成危害，但在一定条件下它们就会转为对机体产生不良作用的菌类。例如肠球菌、肠杆菌等。

有害的病原菌，在肠道菌群内数量很少，一般不驻在肠道内，但是若不慎摄入，则有可能在肠道内大量繁殖，导致人体疾病的发生。比如能引起人体中毒的沙门氏菌、金黄色葡萄球菌等。

人体肠道菌群的存在能通过自身屏蔽和影响机体免疫系统，阻止病原菌入侵人体。肠道菌群附着在肠道内壁表面的黏膜层之上，构成了一层由细菌构成的屏障，肠道菌群的失调，则可造成免疫系统的过度活跃，从而产生自体免疫疾病。同时，肠道菌群还对肠道自身具有调节和营养作用，与人体的代谢、疾病具有重要关系，肠道菌群的结构若发生变化，甚至可以影响机体的行为模式。

茶叶中俗称的"金花"也是某种自然界的菌，而且学名众多，现在习惯上将之称为"冠突散囊菌"，它与致癌物黄曲霉一样都属于真菌类的曲霉菌属，靠孢子繁殖延续。

两者的共同点是：在生理特征上有着高度的相似性，要有特定环境和特定物质条件才能生长；在外形上非常相近，一般人用肉眼基本不可区分，只能在显微镜下进行分辨。两者最大区别是：冠突散囊菌对人体健康有益；而黄曲霉代谢物则是一种毒素，对人体健康非常有害，已被证实具有致癌、致畸、致细胞突变的"三致"作用，是人体头号致癌物。

黄曲霉毒素是真菌的次级代谢产物，主要是由黄曲霉、寄生曲霉和集蜂曲霉的一些菌株产生，黄曲霉的产毒能力由于菌株的不同而差异甚大，寄生曲霉的所有菌株都能产生黄曲霉毒素。黄曲霉毒素是一组化学结构类似的化合物，主要有 B1、B2、G1、G2 以及另外两种代谢产物 M1、M2。黄曲霉毒素的基本结构为二呋喃环和香豆素，B1 是二氢呋喃氧杂萘邻酮的衍生物，即含有一个双呋喃环和一个氧杂萘邻酮（香豆素）。双呋喃环为基本毒性结构，香豆素与致癌有关。

有关研究表明，黄曲霉毒素的细胞毒作用，是干扰信息 RNA 和 DNA 的合成，进而干扰细胞蛋白质的合成，导致动物全身性损害。食品中所污染的主要是黄曲霉毒素 B1，其毒性目前一般认为有三种临床特征：急性中毒、慢性中毒和致癌性。

急性中毒表现为：黄曲霉素是一种剧毒物质，毒性比氰化钾大 10 倍，比砒霜大 68 倍，仅次于肉毒霉素，是目前已知霉菌中毒性最强的，中毒症状主要表现为呕吐、厌食、发热、黄疸和腹水等肝炎症状，即肝毒性。

慢性中毒表现为：长期摄入小剂量的黄曲霉毒素则造成慢性中毒，其主要变化特征为肝脏出现慢性损伤，如肝实质细胞变性、肝硬化等；出现动物生长发育迟缓，体重减轻，母畜不孕或产仔少等系列症状。

致癌性表现为：黄曲霉素是目前所知致癌性最强的化学物质，其致癌范围广，能诱发鱼类、禽类、各种实验动物、家畜及灵长类等多种动物的实验肿瘤；致癌强度大，其致癌能力比六六六大 1 万倍，可诱发多种癌，主要是肝癌，还可诱发胃癌、肾癌、泪腺癌、直肠癌、乳腺癌、卵巢及小肠等部位的肿瘤，还可导致畸胎。

黄曲霉素广泛存在于花生、玉米、麦类、稻谷等农产品中，在通心粉、调味品、牛奶和食用油中也经常发现，严重危害人、畜、禽类的健康。在自然污染的食品中以黄曲霉毒素 B1 最为多见，黄曲霉毒素 B1 被认为是目前致癌

菌群

力最强的自然物质，1993 年黄曲霉毒素被世界卫生组织（WHO）的癌症研究机构划定为Ⅰ类致癌物。黄曲霉毒素 B1 的分解温度为 268℃，通常的烹调条件下不易被破坏，因此受黄曲霉素污染的食品经过常规烹饪是无法去除黄曲霉素的。

因此，世界各国都对黄曲霉素的检验设定了严格的标准。1995 年，世界卫生组织制定的食品黄曲霉毒素最高允许浓度为 15 微克/千克。 美国联邦政府相关法律规定人类消费食品和奶牛饲料中的黄曲霉毒含量（指 B1、 B2、G1 、G2的总量）不能超过 15 微克/千克。人类消费的牛奶中的含量不能超过 0.5 微克/千克，其他动物饲料中的含量不能超过 300 微克/千克。欧盟国家规定更加严格，要求人类生活消费品中的黄曲霉毒素 B1 的含量不能超过 0.05 微克/千克。中国规定，玉米及花生仁制品（按原料折算）黄曲霉毒含量不超过 20 微克/千克。大米、其他食用油中不得超过 10 微克/千克，其他粮食、豆类、发酵食品中不得超过 5 微克/千克，婴儿代乳食品中不得检出，其他食品可参照以上标准执行；牛乳及其制品中黄曲霉毒素 M1 限量按卫生标准（GB9676-88）规定，不得超过 0.5 微克/千克。

在特定环境和特定物质条件下，茶叶可大量生长黄曲霉，而由于黄曲霉与冠突散囊菌一般人使用肉眼基本不可区分，仅凭嗅觉和味觉就更难区分。因此，要格外小心一些不良厂家或商家把受黄曲霉污染的茶叶说成是"金花"。

3. 身体应急警告

人体有一套完善的抵御有害物质入侵的机制，如当吸入有害的霉味气体时，喉咙肌肉就会受到异常刺激而应激反应自动紧锁，甚至使人窒息难以呼吸，其目的就是警告身体，这是有害气体，不能吸入，俗称"锁喉"；若汤汁是对人体有害的，口腔、喉咙就会难受，产生反胃欲吐等症状，严重的出现吞咽困难，这也是身体本能的应激自保反应。

（1）嗅觉分辨

制作茶叶过程中，一些工艺很容易让霉菌生长，霉菌会挥发出腐败物质，有胺类物质等气味。有关研究证实，沤工艺中的许多典型气味的物质，通过霉菌的作用发生甲基化反应而形成沤的茶味和霉菌污染的气味，所以通过沤工艺新制不久的茶叶，可能嗅觉正常的人会嗅到一股强烈的霉味，即一种容易令人不愉快的气味。

如果茶叶的发霉程度比较重，霉味可以浓到刺鼻的程度，一般人的嗅觉是可以立即分辨出来的；但若茶叶的发霉程度比较轻时，大部分人的嗅觉就分辨不出；如果"霉味"与陈茶所散发出来的陈旧气味"陈味"高度相似，可能就更加难以分辨出来。因此，读者遇到嗅起来有霉、糠、酸、馊、腥、焦等异味的茶叶时，便要多留几个心眼。

（2）味觉分辨

若靠鼻子嗅觉分辨不出茶叶发霉的气味，只能利用口腔的味觉和身体本能的应激反应分辨。若汤汁进入口腔后味道有霉味，或异味久存于口腔难以消退，舌面苦涩厚重不化不散，口腔粘腻感严重，喉咙有毛刺感等不舒服感觉时，汤汁必然有诸多问题，建议读者不要咽下去。

（3）汤汁与叶渣

汤汁也能反映出某些问题，如汤汁颜色混浊，一般情况下有两种情况：一种是新制作的茶叶，这是因为茶叶制作过程中使所含各种物质经过化学变化，各种水溶性内含物尚未协调稳定就被大量浸出所致。另一种是经过违反茶叶天性的改变，各种水溶性内含物有的被破坏、甚至被消灭掉，新冒出的又是坏分子，各种内含物质根本就协调不了所致。

同时，汤汁也不会出现

陈裕兴、刘子珊在察看叶渣

与茶叶品性不对称的情况。如陈茶的汤汁颜色就不会出现碧绿的情况，也不会出现绿茶的香气和味道，若是茶叶的香气、味道和汤汁颜色有不对称的状况发生，那可能是由于人工添加物所造成的结果。

——《深入大吉岭，探寻顶级庄园红茶》

浸泡后的茶叶渣也能反映出某些发霉程度，茶叶渣若是腐烂状况的则很容易能从外观上辨认出来；只要发现茶叶渣上有黄、白、黑、绿、红等斑斓的颜色，则说明曾经发过霉；只要是茶叶冲泡到后期叶面仍然舒不开或舒展不完全的，读者心中就应该明白怎么回事了。

4. 农药超标

人类为消灭昆虫、杂草而使用的各种灭虫剂、除草剂，在相当时期内没有被降解、分解掉而富集在茶树体内，采摘芽、叶、梗制作茶叶后，茶叶便含有农药的某些残留成分。有关国家环保局实验证实，该国常使用的百种以上的农药都可以致癌，90%杀虫剂可以致癌。

虽然国标的农药大部分是脂溶性，在水中溶解度比较小，国家有关部门也制定有农药残留的相关标准，但当沸水对有农药残留的茶叶进行多次浸泡萃取时，这些农药残留还是会被高温的水分子剥离载体，混合于汤汁中，即相对来说只是溶解度比较小而已。这就要求对农药残留在茶叶水浸出率不能超出使人致病的标准。但就算不超过标准，

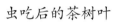
虫吃后的茶树叶　　　　　　　　虫吃后的茶树

若是长时间常饮用有农药残留的汤汁，对人体健康也会造成相当危害。

　　茶树芽叶在盎然生长时，也是茶树害虫生机勃勃、基本上可将芽叶吃光光的时候。据长年奋战在茶树害虫防控第一线、云南省农业科学院茶叶研究所原所长汪云刚介绍，除利用动物间的食物链让动物消灭茶树害虫，当代还有很多技术可以对茶树害虫进行有效的防控，比如利用杀虫灯诱捕、利用生物粘胶片捕杀茶树害虫等。

　　当然，若不喷农药灭虫，芽叶是可以被害虫吃完的。根据一些茶农介绍，他们也不想喷农药，但是只要在茶区内有一家的茶园喷了农药，害虫就都会被赶到没喷农药的茶园里，这么大的茶区各地情况不同，不可能一家都不喷农药。因此，茶区里慢慢就没有不喷农药的茶园。根据一些茶农反映，茶树长出嫩芽苞的时候就要喷一次农药；叶子发黄时再喷农药一次；待害虫生出来之后，再根据虫子的种类，使用不同类型的农药。如果害虫多的时候，每个星期都得喷一遍农药，前边刚喷完，后边的害虫就又长起来了，只好不停地隔几天就喷一次，茶树的芽叶才可能留得住。

同时，为方便茶园管理，大量施用化学除草剂，良莠不分地杀死大量害虫天敌，已经严重破坏了茶区的生态平衡，并导致害虫抗药性增强；生物富集是农药对生物间接危害的最严重形式，植物中的除草剂可经过食物链逐级传递并不断蓄积，对人和动物构成潜在威胁，并影响整个生态系统。

所以，茶叶上的农药残留主要来源于：一是土壤、水体、空气中的农药被茶树根系或芽、叶、梗吸收至茶树体内富集；二是为了避免茶树芽、叶、梗被害虫吃掉，人为使用农药抑制或杀死害虫，茶树芽、叶、梗上就不可避免地留有农药，在相当时期内没有被降解、分解掉而富集在茶树体内便残留下来，人们采摘芽、叶、梗制作茶叶时，茶叶便含有农药的残留成分。

根据有关资料，人类较早使用的农药主要含砷、硫、铅、铜等，随着科技进步，人工合成的农药毒性越来越强，降解、分解需要的时间比较长。根据有关资料，目前世界上有 1000 多种人工合成农药，年产量过千万吨，2014 年中国农药用量就已经达到 337 万吨。这些农药小部分发挥

茶园收集的农药化肥瓶袋

了杀死害虫的作用外，其余的全部进入了自然环境中，由于农药杀虫效果好见效快，就大量使用，使用量占世界35%的化肥、40%的农药，造成众多农作物都农药残留。同时，可能也是各种恶性肿瘤发病都处于国际领先水平的主要诱因。虽然大范围、高浓度、高强度使用农药是可以暂时控制虫害，但同时也通杀了自然界中的昆虫，破坏了自然环境的生态平衡。

根据福建省食品药品监督管理局公布的 2016 年第 1 期食品安全监督抽检信息，此次检出某些茶叶不合格的检测项目为农药残留（联苯菊酯）；检出禁用农药（氰戊菊酯、草甘膦、三氯杀螨醇）。氰戊菊酯会使人体接触部位皮肤感到刺痛，接触量大时也会引起头痛、恶心，重者会抽搐或休克。

一些害虫特别喜欢茶树芽、叶、梗鲜美的味道，只要阳光、温度、水分、肥料等适宜，茶树的芽、叶、梗便会疯长，能招引大量的害虫来吃，如果害虫的天敌被消灭了，就只能靠人工向茶树直接施喷农药去消灭害虫，保住有芽、叶、梗采摘。随着害虫自身抵抗农药药性的增强，人们也只好不断提高农药的毒性、浓度，缩短使用周期等才能保住芽、叶、梗。例如中国的农药中，70%为杀虫剂，杀虫剂中 70%的为有机磷类杀虫剂，有机磷类杀虫剂中 70%为高毒、高剧毒、高残留、难降解或分解的农药。施喷用于茶树上的农药，一部分会附着于芽、叶、梗上，一部分散落在土壤、大气和水等环境中，若是茶树通过根系吸收土壤里的农药残留，会残留于芽、叶、梗内。

一些茶叶专家一直宣称食用农药残留茶叶不会损害身

体健康，其理论主要是因为人体自身能够降解、分解农药，是不会造成急性中毒而死亡。还有些专家说，"只要农药残留不超国家标准基本上是没有问题"，"一次量不够，不会致死"等。

笔者认为，一方面，目前我国的国标项目范围和含量标准与国际差距较大，起码与欧盟的标准相差巨大，例如，欧盟的茶叶农残检测是全世界最严的，可以说是目前仪器设备的检测极限，欧盟如此严的标准设置并非如某些专家所言的是贸易壁垒，而是面向世界各个国家的茶叶输入设定的标准。另一方面，笔者觉得应该倾向多听取医药专家的意见为好，要相信医学方面的统计数据，在各方面都比较一下再作出的判断会比较科学。在有选择的条件下，肯定是选择对自身损害最少的茶叶，因为不论如何，农药残留进入人体肯定会对人体健康带来极大的危害，虽然可能暂时不会引起急性中毒身亡，但是最可怕的是可以引起慢慢积累、慢性中毒，逐步造成身体器官的病变。

有关研究证明，农药残留对人体健康主要影响是：农药残留通过汤汁进入胃肠道后，由于消化系统壁褶皱较多，若含量高则会引起腹痛、慢性腹泻、恶心等症状；若含量低则会进入胃肠道被吸收进入血液，再被输送到神经损害神经元，造成中枢神经死亡，导致身体各器官免疫力下降，或促使各组织细胞发生癌变；虽然肝脏可以降解、分解一些农药残留毒素，但同时造成肝脏损害，引起肝肿大、肝积水、肝硬化、肝癌等病变。

茶心 29　肿　瘤

人们常说茶叶中的黄曲霉毒素会导致肿瘤的发生，那么肿瘤到底是什么呢？肿瘤指在各种致瘤因素作用下，机体对局部组织细胞在基因水平上失去生长调控，导致异常增生和分化障碍而形成的新生物，通常表现为局部肿块。

1943 年，法国 Pierre Denoix 提出肿瘤分期系统，美国癌症联合委员会、国际抗癌联盟建立国际性分期标准，1968 年出版《恶性肿瘤 INM 分类法》手册。目前 TNM 分期系统已经成为临床医生和医学科学工作者对恶性肿瘤进行分期的标准方法，有效指导了肿瘤的诊断和治疗。

TNM 分期系统中，有肿瘤原发灶、淋巴结区域淋巴结受累、转移或远处转移等三个指标情况，综合划定出肿瘤特定的时期。

那么肿瘤有什么特点呢？有关专家在 2000 年时认为肿瘤细胞一般有六项基本特征：自给自足的生长信号、对抑制生长信号的不敏感、可抵抗细胞死亡、具有潜力无限的复制能力、持续的血管生成、组织浸润和转移等六项。

2011年，有关专家又将肿瘤细胞六项基本特征增加到十项：自给自足的生长信号、对抑制生长信号不敏感、抵抗细胞死亡、潜力无限的复制能力、持续的血管生成、组织浸润和转移、避免免疫摧毁、催化肿瘤的炎症、细胞能量异常、基因组不稳定和突变等十项。

自给自足的生长信号。人体细胞想要改变现有状态，比如从静止到生长分化，就必须接收一系列相关信号，才能进行，数以万亿计的细胞均是如此，到目前为止，科学家在正常细胞中还没有发现一例例外。这些改变细胞状态的信号，生物学上称为信号分子，它们多是外源的，即由另一类细胞产生，这也是人体保持自我平衡的重要机制。信号分子通过与靶细胞上受体相结合，从而激发细胞改变状态。而肿瘤细胞则完全不同，它们通过各种方法把自己对外源生长信号的依赖降到了最低限度。首先，肿瘤细胞可以自己合成生长分化所需的信号，然后自己获得，无需依赖外源性信号。其次，正常情况下，没有经过富集达到一定浓度的生长信号，不足以触发生长分化，而肿瘤细胞可以大量表达细胞膜表面的受体，这样可以更多富集周围微环境中的生长信号，从而进入生长分化状态。最后肿瘤细胞会对它周围的一些正常细胞进行改造，使之可以合成生长信号供自己使用，并聚集成纤维细胞和内皮细胞等来帮助它们生长分化。

对抑制生长信号不敏感。人体内除了有生长信号外，还存在着抑制生长信号。在细胞分裂的不同阶段，抑制生长信号时刻都存在，根据实际情况来决定细胞的状态：继续生长分化，或仍处于静止期，或丧失生长分化能力进入有丝分裂后期等。这样通过抑制生长信号的作用，正常细胞保持着动态平衡，进行有序生长分化。而肿瘤细胞，可以通过基因突变使抑制生长信号失去活性，从而实现对抑制生长信号不敏感。

抵抗细胞死亡。逃避细胞凋亡几乎是所有类型的肿瘤细胞都具有的能力。负责细胞凋亡的信号分子大体上可以分为两类：一类就是抑制生长信号，负责监控细胞内外环境，一旦发现不正常情况足以触发细胞凋亡，如大名鼎鼎的 p53 蛋白；另一类则负责执行细胞凋亡。目前科学研究证实，DNA 损伤、信号分子的失衡以及机体缺氧都有可能触发细胞凋亡。细胞凋亡是人体防癌抑癌的主要屏障，肿瘤细胞是一种不正常状态的细胞，理论上细胞的抑制生长信号检测到之后，就会启动触发凋亡，消灭肿瘤细胞。而实际情况是，肿瘤细胞能够通过许多方法逃避凋亡，主要的一个方法是通过基因突变使 p53 蛋白失活，统计显示大约超过 50% 的人类癌症中发现 p53 蛋白的失活。

潜力无限的复制能力。在细胞体外培养实验中，人们观察到，大多数正常细胞一生仅有 60 次左右的分裂能力。科学家发现，细胞的分裂能力与染色体末端的一段数千个碱基的序列有关。这段序列称为端粒，每经一个分裂周期，这段序列就会减少 50～100 个碱基，随着分裂次数的渐多，端粒变得越来越短，后果就是其无法再保护染色体的末端，染色体也就无法顺利复制，进而导致细胞的衰老死亡。现有研究结果表明，所有类型的肿瘤细胞都有维持端粒长度的能力。这种能力主要是通过过量表达端粒酶实现的，端粒酶主要功能是为端粒末端添加所需碱基，以保证端粒不会因复制而缩短。

持续的血管生成。对细胞来说，血管的作用是提供营养，保证细胞正常生长并良好地行使功能。通常情况下，在组织形成和器官发生过程中，血管生成是受到精细调控的，而这种情况下的血管生成是暂时的，当上述生理过程结束后，血管生成即会停止，之后催化和抑制血管生成的信号分子就处于平衡状态。肿瘤细胞通过打破上述平衡状态，从而获得持续的新生血管形成能力。科学家们在许多类型的肿瘤当中发现，一些催化血管形成的信号分子如VEGF（血管内皮生长因子）和FGF（成纤维细胞生长因子）的表达水平都远高于相应的正常组织，而一些起抑制作用

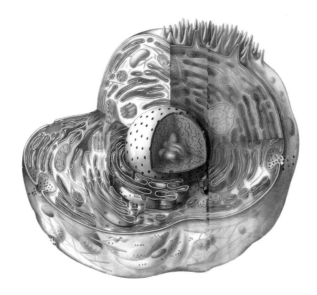

细胞

的信号分子如 thrombospondin-1 或 β-interferon 的表达则下降。

组织浸润和转移。人体中的正常细胞除了成熟的血细胞外，大多数需要黏附在特定的胞外基质上才能存活并正常行使功能，一旦脱离就会发生细胞凋亡。将这些细胞黏附在胞外基质或互相黏附在一起的分子称为细胞黏附分子，E-钙黏素是目前研究最深入的细胞黏附分子之一。它在上皮细胞中广泛表达，而在大多数上皮细胞癌中则通过多种方式丧失了活性，如基因水平突变、蛋白水平上活性区域被降解等导致的失活。科学家们认为 E-钙黏素在上皮细胞癌中发挥着广泛的抑制肿瘤细胞侵袭和转移的作用，它的活性丧失标志着肿瘤细胞在获得第六种武器的道路上迈出了重要的一步。

避免免疫摧毁。无论是固有免疫还是适应性免疫，在肿瘤清除中都起着重要的作用。实体肿瘤具有人体免疫系统监视逃逸的功能，以确保它们不被免疫细胞如 T 细胞、B 细胞、巨噬细胞和自然杀伤细胞的杀伤和清除。结肠癌和卵巢癌患者中，那些体内含有大量巨噬细胞和自然杀伤细胞的病人状况要比缺少这些免疫细胞的病人好得多，而在那些具有高度免疫原性的肿瘤细胞中，它们通常会通过分泌 TGF-β 或其他免疫抑制因子来瘫痪人体的免疫系统。

催化肿瘤的炎症。在过去数十年中，大量的研究证实了炎症反应（主要由固有免疫细胞引起）和癌症发病机理之间的关系：炎症反应可为肿瘤微环境提供各种生物激活分子，如生长因子（可维持肿瘤细胞的增殖信号）、生存因子（可抑制细胞死亡）、促血管生成因子和细胞外基质修饰酶（可利于血管生长，肿瘤细胞浸润和转移）以及其他诱导信号（可激活上皮间质转化和肿瘤细胞的一些其他特征）。此外，炎性细胞还会分泌一些化学物质，其中活性氧具有强氧化性，可以加快肿瘤细胞的基因突变，加速它们的恶化过程。

细胞能量异常。即使在有氧的条件下，肿瘤细胞也会通过调控，使其主要能量来源于无氧酵解的方式，被称为"有氧糖酵解"。目前已经有研究证实了在神经胶质瘤和其他种类的肿瘤细胞中，异柠檬酸盐脱氢酶功能上的突变可能和细胞能量代谢方式的改变有关，它能提高细胞中氧化物的含量从而影响基因组的稳定性，还可以稳定细胞中的HIF-1 转录因子以提高肿瘤细胞的血管生成和浸润能力。

基因组不稳定和突变。肿瘤复杂的发生过程可以归根于肿瘤细胞基因的不断突变。在需要大量基因突变来诱导肿瘤发生时，肿瘤细胞常常会提高其对诱导突变因素的敏感性，从而加快基因突变的速度。在该过程中，某些稳定和保护 DNA 的基因也会发生突变，从而显著提高肿瘤的发生率。尽管在不同类型的肿瘤中基因突变的种类不同，但均可以发现大量稳定和修复基因组 DNA 的功能缺失，提示肿瘤细胞的一大重要特征就是基因组不稳定性。

现在，读者们都知道肿瘤是怎么回事了，那么在饮用茶叶的时候，就要尽量避免诱发肿瘤的高危因素，做到只饮用健康的茶叶。

5. 重金属、稀土元素超标

茶叶中重金属残留是指由于土壤、水体、大气中的重金属被茶树根系和芽、叶、梗吸收至茶树体内后，在一段时期内没有被降解、分解而残留。人体器官在吸纳重金属元素后，只有极个别、极小部分的可在人体降解、分解或吸收；而绝大部分不能排出人体外，只能在骨骼、器官内富集，这样便很容易造成人体器官病变，从而对人体健康造成危害。

同时，重金属、稀土元素等还来源于化肥施用。2017年2月农业部网站公布目前我国化肥施用量总体偏多，远高于美国、欧盟等发达国家，亩均化肥用量是日本的2倍多，美国的6倍，欧盟的7倍；亩均化肥用量比日本高12.8公斤，比美国高29.7公斤，比欧盟高31.4公斤。

（1）重金属超标

茶叶中的重金属，一般情况下有铅、镉、砷、汞、铜、铬、锌等，其中，《食品安全国家标准食品中污染物限量》（GB 2762-2012）在规定与茶叶有关的重金属中，只对铅做了限量规定。但长期饮用重金属超标的茶叶，对人体健康无疑是有危害的。

有农业专家认为，茶叶中铅含量虽然不是超标，但每次饮用基本上都还是安全的，溶入汤汁中的铅含量是极少量的。

但是，笔者认为少饮或不饮此类茶叶为好，因为铅进入人体后只能在器官内积累，是排不出体外的，俗话说得

钢铁厂排放的废气

石油化工厂排放的废气

好，"冰冻三尺非一日之寒"，就是此道理。重金属只会慢慢积累在器官内，终有一天会从量变转变为质变，进而影响到人体健康。另外，铅在中性水中的溶解度是很低的，但在酸性或碱性液体中的溶解量是可以增加的。因此，冲泡茶叶应尽量避免用金属壶煮水。

土壤中重金属含量高除了自然含量影响外，主要还是人为造成的。例如，因化肥的大量使用，使土壤酸化，铅游离出来被茶树根系吸收。实际上更多的土壤重金属含量高是由于生产、生活的排放造成。汽车尾气中也含较丰富的铅，富含铅的空气随风、随雨飘移，再落到茶叶上从而被茶树吸收、富集。因此，一些产茶区，特别是汽车来往多的地方，往往茶叶的含铅量就会比较高。某位专家曾说道："西湖龙井茶大部分生长在杭州西湖风景区，景区也有汽车尾气污染。比如前几年，铅的含量比较高，结果查出来是由于汽车排放的尾气。离公路越近，污染得越厉害。"

人类因交通需要，利用发动机做功，发动机需要燃烧汽油、柴油、煤气等，因此排放大量的废气含重金属较多；此外，生产、生活过程中也会产生大量的废气、废水，如水泥、石化、钢铁生产中的废气排放大气中，其中的重金属就会随大气环流，伴随着风、雨飘落地面从而进入植物表面和土壤中。又如居民生活、造纸、电镀、印染、冶炼生产的废水排放汇入江河，其中的一些重金属会随水流入土壤中。还有就是畜牧业的动物粪便作为肥料回田，其中的一些重金属便进入土壤中。

根据有关研究，某地在施用 8 年和 17 年的猪粪后，土壤中耕作层的重金属含量迅速提高，所种植物的重金属含量均超过有关标准，一些指标超出国家规定最高检出限（0.5mg/kg）的 3～6 倍。有些研究表明，某省 1990 年至 2008 年期间猪粪中的铜、锌、砷、铬和镉的含量分别增加 771%、410%、420%、220% 和 63%；而牛粪中这些元素分别增加 212%、95%、200%、791% 和 –63%（镉是下降）；

家禽粪便中分别增加 181%、197%、1500%、261% 和 16%，且在 2002 年至 2008 年间大幅度增加，这反映了 2002 年后畜牧饲料添加剂的广泛使用。

（2）稀土元素等超标

稀土元素在国际通用的元素表中位于下部位置，一般情况下，稀土元素由 15 个镧系元素以及与镧系元素性质相近的两个元素钪（Sc）和钇（Y）等元素组成的，其中镧（La）、铈（Ce）、钇（Y）含量较高。根据有关研究，稀土元素具有生物吸收与富集性、器官组织的蓄积性及免疫毒性和生殖毒性，即稀土元素不能通过人体器官排出体外，只能滞留于人体器官内，当稀土积累到一定量后，可对人体造成多种影响，包括肝肾衰竭、影响神经系统等。

茶树中的稀土元素主要来源于土壤、大气沉降和外来因素（如叶面肥等）。一些地方的土壤稀土元素若含量较高，便会导致茶树的稀土元素含量比较高，采摘其芽、叶、梗制作的茶叶的稀土元素含量也会比较高。2005 年国家卫生部颁布《食品中污染物限量》的规定，茶叶中的稀土元素含量不可超过 2.0mg/kg（以稀土氧化物总量计）。此规定颁布后，受到某些农业专家的异议，但在 2012 年国家卫生部颁布的《食品中污染物限量》（GB2762-2012）规定中，仍然是相当负责任地保留了茶叶中稀土元素的限量标准。但 2017 年 4 月，国家卫计委颁布《食品安全国家标准 食品中真菌毒素限量》（GB2761-2017）及《食品安全国家标准 食品中污染物限量》（GB2762-2017）规定中，不再有稀土限量标准。

茶心 30　重金属毒性

重金属是元素周期表中由硼（B）至砹（At）连接线左侧除氢之外所有元素的总称，重金属是相对密度在 4.0 以上的约 60 种金属元素，或相对密度在 5.0 以上的 45 种金属元素，包括砷和硒。

自然环境中被重金属污染的来源主要有两种：一是自然造成，包括岩层、土壤、地下水等自然存有、慢慢释放。二是人类的生产活动所造成，包括采矿、冶炼、使用金属的工业生产过程、施用农药（包括 Pb、Hg、Cd、As 等），煤、石油等燃烧，废水、废气、废渣等，导致进入自然环境中的重金属迁移、富集、转化。它主要是通过水在自然环境中迁移转运，同时也可以通过复杂的动植物食品链进行转移，同时由于受各种因素的影响，其化学形态可发生转化，从而影响其毒性大小与人体吸收的可能性。

重金属一般经由人体的消化道、呼吸道甚至皮肤吸收等途径进入人体，由消化道吸收的重金属可直接进入血液，

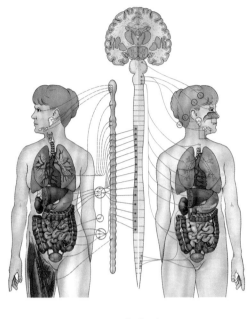

器官分布

由肺泡吞噬细胞吞噬吸收的微粒中的重金属需通过淋巴再进入血液，所以血液是重金属在体内转运的主要介质。进入血液的重金属可以游离状态存在，也可与血中氨基酸、清蛋白等结合，又或者是吸附在红细胞膜上并可进入红细胞内，或再与特异转运蛋白结合而运输。不同的重金属在人体内各器官的分布不同，而同种重金属在不同组织器官的分布也不相同。

在开始阶段，重金属的分布主要取决于器官的血流量，血液供应越丰富的器官，重金属分布越多；随时间的延长，重金属发生再分布，主要受其与器官亲和力大小的影响，从而选择性地分布在一定器官内。重金属主要通过胆汁、消化道、肾、肺排泄，其次通过上皮和黏膜细胞脱落、呼吸道黏液、泪、汗、唾液、乳汁、月经、毛发和指甲等排泄。重金属在指甲、毛发中的含量常用以监测重金属对环境的污染、人体的接触和负荷等情况，因为一般毛发和指甲中重金属元素的浓度是血液的 5~10 倍或更高。当重金属的吸收量大于排出体外的量，引起体内蓄积。

不同的重金属对健康有不同的危害，总的来说有慢性中毒、致癌作用、致畸作用、引起变态反应与炎症、对免疫功能造成影响等，一般常见的重金属包括汞（Hg）、铅（Pb）、镉（Cd）、铬（Cr）、砷（As）等。

　　日常汞污染的来源主要是以汞为原料的工业生产过程中产生的含汞废水、废气和废渣等，这类工业主要包括氯碱工业、电子工业、塑料工业、仪表工业、含汞农药工业等，以及煤及石油的燃烧、含汞农药的应用及含汞污水灌溉等。汞在自然界以金属汞、无机汞和有机汞的形式存在，环境中任何形式的汞，均可通过汞的甲基化转化为剧毒的甲基汞。其中76%～85%的金属汞主要以蒸气形式通过呼吸道吸收，15%的无机汞通过消化道吸收，90%的有机汞通过消化道、呼吸道及皮肤吸收。

　　金属汞易在脑组织中蓄积，由于二价汞离子与蛋白质和酶中的巯基（–SH）反应形成牢固的硫汞键（–SHg⁻），改变了蛋白质尤其是酶的结构与功能，使细胞代谢紊乱，导致组织脏器官病变，引起损害作用。汞还可与细胞膜中一些组成成分的巯基结合，使膜的完整性受到损伤，改变细胞膜的功能。汞对脑的损伤先于肾，慢性汞中毒首先出现的是神经系统症状。无机汞化合物包括汞的硫化物、氯化物、氧化物及其他汞盐，只有离子态的汞才能被胃肠道和呼吸道所吸收。由于无机汞不易被吸收，一般不易造成肝、肾的损害，不过在短期内摄入大量无机汞盐或误食含汞物质，可引起急性汞中毒。有机汞化合物包括苯基汞、烷氧基汞、烷基汞等，其中的甲基汞属于高神经毒物质，对神经系统损害作用的机制之一是影响乙酰胆碱的合成，抑制神经兴奋传导，还可随血流通过胎盘进入胎儿，具有致畸作用。

因此世界卫生组织规定每人每周总汞摄入量不得超过0.3mg，其中甲基汞不得超过0.2mg。汞在地面水、饮用水、农业灌溉水均为0.001 mg/L，居民区大气日平均允许标准为0.0003 mg/m^3，车间空气金属汞允许标准为0.01 mg/m^3。

环境中的铅主要从消化道，其次从呼吸道和皮肤进入人体，其中消化道吸收率5%~10%，呼吸道吸收率25%~30%。进入血液中的铅，初期分布于肝、肾、脾、肺、脑中，以肝、肾中含量最高，数周后转移到骨骼、毛发、牙齿等，以磷酸铅的形式沉积下来。体内的铅，90%以上存在于骨骼内，血液中的铅仅占体内总铅量的2%，发铅可反映慢性铅接触水平。人体内铅的蓄积，一般随年龄增长而增加。

急性中毒时，贫血是主要症状之一，患者口内常有金属味、流涎、恶心、呕吐、便秘或腹泻，并有阵发性腹绞痛。神经系统受铅损害可出现中毒性脑病，中毒性肾病可见近端肾小管功能异常，尿中出现氨基酸、葡萄糖等，肝损伤可引起中毒性肝炎等，此外，个别患者可发生麻痹性肠梗阻、消化道出血等。铅慢性中毒可影响血液系统、神经系统、消化系统、肾脏、免疫功能等，具有生殖毒性与胎儿致畸作用，还有一定的致癌作用。

因此我国制定的铅在环境中的允许限量标准为饮用水

0.05mg/L，车间空气中铅烟 0.03mg/m³、铅尘 0.05mg/m³、硫化铅 0.50mg/m³、四乙基铅 0.005mg/m³，居民区大气中日平均允许限量 0.0007mg/m³。

镉经消化道、呼吸道及皮肤吸收，其中消化道吸收率 1%~6%，对镉的吸收率与镉化合物的种类、摄入量、共存的营养物质和化学物质等有关，呼吸道吸收率 10%~40%。

镉从肠或肺吸收入血液后，主要与含巯基的血浆蛋白结合，形成金属巯蛋白，随血流选择性地储存于肝和肾，其次为脾、胰腺、甲状腺、肾上腺和睾丸，而脑、心、肠、骨和肌肉则无镉的存留或贮量甚微。微量镉能干扰大鼠肝脏线粒体中氧化磷酸化过程。镉与含羧基、氨基特别是含巯基的蛋白分子结合，可使许多酶的活性受到抑制。镉还可干扰铜、钴和锌在体内的代谢而产生毒作用。镉在体内的含量随年龄而增加，镉的蓄积性很强，长期慢性镉暴露的靶脏器官是肾。不同器官镉的生物半衰期不同，一般认为全身镉生物半衰期为 10~30 年。

镉对胃肠黏膜有刺激作用，故口服镉化合物可引起呕吐，并可引起腹泻、休克和肾功能障碍。人在生产环境中大量吸入镉烟尘和蒸气也可引起急性镉中毒，口有金属味，出现头晕、头痛、咳嗽、呼吸困难、恶寒、呕吐、腹泻等，并产生肺炎和肺水肿，还可引起肾功能不良。人长期吸入镉尘或镉烟可损害肾或肺，主要症状为肺气肿、嗅觉减退或丧失、牙釉出现黄色环、肾小管功能障碍、蛋白尿、体力减退等，此外，有人报告尚有骨软化症、轻度贫血、高血压等。近年来的流行病学调查表明，接触镉的工人前列腺癌及肾癌发病率比对照组高。镉还可对动物产生高血压、睾丸损害、致癌、致畸形、贫血、骨质疏松等慢性损害。

我国规定的镉环境允许限量为车间空气 0.1 mg/m³、饮用水和地面水 0.01 mg/L、渔业和灌溉用水 0.05 mg/L、废水排放 0.1 mg/L。

胃肠道吸收三价铬的能力很低（低于 3%），六价铬比三价铬易吸收，在胃中六价铬与胃酸作用还原为三价铬，从而使其吸收率明显下降。六价铬易由呼吸道吸收，肺的吸收率估计约 40%，三价铬大部分为不溶性，沉积于肺，不能被组织利用。六价铬可经皮肤吸收，经汗腺透入皮肤，并在真皮内还原成三价铬。血液中的铬代谢较快，可迅速从血液中消失，组织中的铬浓度一般比血液中高 10~100 倍，铬以与转铁球蛋白结合的形式分布于肺、肝、脾、心、肾、胰腺、脑及睾丸中。

铬从各组织器官的清除较慢，有蓄积作用。肾、肝及骨内有明显的铬蓄积，除肺外其余各脏器含铬量均随年龄增加而减少，肺中铬含量随年龄增加而增加。铬在人体内的生物半衰期为 27 天，血铬、尿铬和发铬均可作为判断环境污染危害的指标。

各种铬化合物的毒性强弱不同，金属铬和二价铬化合物的毒性很小或无毒，三价铬化合物较难吸收，毒性不大，六价铬化合物毒性最强，比三价铬毒性大 100 倍，六价铬化合物容易被吸收，且有强氧化性，一方面可以氧化生物大分子（DNA、RNA、蛋白质、酶）和其他生物分子（如使维生素 C 氧化），使生物分子受到损伤；另一方面在六价铬还原为三价铬的过程中，对细胞具有刺激性和腐蚀性，导致皮炎和溃疡发生。六价铬和三价铬均有致癌作用，动物实验发现，金属铬、焙烧铬矿粉及氧化铬均有致癌性。目前世界公认某些铬化合物可致肺癌，称为铬癌，致癌作用与铬化合物的种类有关，溶于酸不溶于水的铬化合物被认为是最危险的。三价铬可透过胎盘屏障，抑制胎儿生长并产生致畸作用。六价和三价铬化合物可诱发细胞染色体畸变。六价铬有较强的致突变作用，而三价铬则甚弱。

大量铬盐从消化道进入，可刺激和腐蚀消化道，引起恶心、呕吐、腹痛、腹泻、血便以致脱水，同时有头晕、头痛、呼吸急促、烦躁、口唇与指甲青紫、脉搏加快、四肢发凉、肌肉痉挛、尿少或无尿等严重中毒症状。人经呼吸道吸入铬的急性毒性可见于工业事故，出现鼻出血、声嘶、鼻黏膜萎缩、胃及十二指肠溃疡、肝肿大等中毒症状。铬对皮肤的急性毒性表现为铬对皮肤的刺激和腐蚀作用所引起的急性皮肤糜烂及变态反应性皮炎。铬的慢性中毒常见于职业接触，对呼吸道有刺激和腐蚀作用，可引起鼻炎、咽炎、支气管炎等，当吸入铬酸雾或铬酸粉尘严重时，可引起鼻部严重病变，如急性鼻炎、鼻塞、流涕、溃疡、鼻中隔糜烂甚至穿孔。皮肤长期接触铬化合物可引起接触性皮炎或湿疹，多见于手背、腕、前臂等裸露部位的红斑、丘疹，铬还可引起皮肤溃疡，又称"铬疮"，多发生于手指和手背上。铬酸雾还对眼结膜有刺激作用，引起流泪，刺激口腔、咽黏膜，还可引起软腭、咽后壁干燥以至出现淡黄色小溃疡等。长期接触铬盐粉尘或铬酸雾，还产生全身性影响，会出现头痛、消瘦、贫血、消化不良、肾脏损害、支气管哮喘、肺炎、神经衰弱综合征或非自主神经功能紊乱等，高血压、高血脂、冠心病、肺心病的发病危险性也增大。

我国有关铬在环境中的限量标准为居民区大气六价铬一次最大容许浓度 0.0015mg/m³，饮用水六价铬最大容许浓度 0.05mg/L，地面水最高容许浓度三价铬 0.5mg/L、六价铬 0.05mg/L。

砷化合物经呼吸道黏膜可被完全吸收，无机砷化合物被摄入消化道以后，其吸收程度取决于它的溶解度和物理状态，砷化合物能经皮肤吸收，尤其混在可溶性脂质软膏中时更容易被吸收。无机砷化合物被吸收入血以后，迅速通过血液分布到肝、肾、肺、肠、脾、肌肉和一些神经组织中，砷与小肠黏膜、肾皮质、皮肤、骨骼、毛发和指甲等有较高的亲和力，砷以无活性的形式贮存于骨和上皮及皮肤附属器官如毛发、指甲中，亚砷酸盐还可以蓄积于白细胞中。

砷可诱发细胞染色体畸变，无机砷化合物侵入人体后可诱发细胞遗传物质损伤，砷诱发细胞姐妹染色单体互换（SCE）和微核（MN）频率的增高，导致癌变增高。低浓度砷可催化 DNA、RNA 及蛋白质合成，在高浓度下则抑制这些生物大分子的合成。砷对细胞 DNA 损伤的修复功能有抑制作用。砷有致突变、畸变、癌变作用。大量吸入砷化合物粉尘，首先引起上呼吸道黏膜刺激症状，出现流涕、咳嗽、胸痛及呼吸困难，继而可发生呕吐、腹痛和腹泻。慢性砷中毒会导致指甲失去光泽，脆而薄，或不规则增厚并出现白色横纹，头发变脆、易脱落；末梢神经炎，早期表现为蚁走感，进而四肢对称性向心性感觉障碍，四肢无力、疼痛，甚至肌肉萎缩、行动困难、瘫痪；心血管系统受累，外周血管系统也受到损伤，肢体血管狭窄，尤其下肢严

含铅片的盛茶旧木箱

重，进而发展为完全阻塞，临床表现为间歇发作性脚趾发冷、疼痛、间歇跛行，经过数月或数年可发展到坏死；此外还可引起肝、肾的损害。

我国有关砷在环境中的限量标准为居民区大气砷日平均最大容许浓度 0.003mg/m³，车间空气砷最大容许浓度 0.3mg/m³，饮用水砷最大容许浓度 0.05mg/L。

茶叶重金属超标是个老话题，因为这个原因导致我国茶叶出口数量不多，而这种现象也会长期存在下去，并且有愈演愈烈的趋势，对于广大饮用茶叶者来说，改变不了大环境，那就只能提高自身鉴别能力，尽量避免饮用重金属超标的茶叶。

静语 9　安全感觉

　　人们在饮用有害的茶叶汤水后，身体往往会产生一种很不舒服的感觉，这种感觉其实是一种安全感觉，它源于人的生存本能。当一些对人体有害的茶叶汤汁给人带来危害、影响到身体健康时，人体一般都会自然产生某种安全感觉，从而起到提醒、警告、以抗拒侵害物的本能反应。安全感觉是人类奇特的感知或预见某些事情的一种灵感，

兴九岩茶

也被称为"六感""直觉",是人类最原始、最基本、超自然、每个人都具备的人体安全保护能力。特别是在茶叶含有致病菌、农药或重金属超标盛行的时代,在没有经过科学检测的前提下,只能更多地依靠个体的安全感觉来鉴定茶叶的好坏。

安全感觉往往会突然地呈现,使人豁然开朗、精神亢奋、顿然醒悟等,给人带来意想不到的发明与创造。安全感觉最大的特点是突然而来、倏然而去,一般情况下,人是难以控制它的来与去,具有短暂性和突破性等特征,容易给人感觉像是云里雾里般。

同时,安全感觉还有人类敏锐的嗅觉系统担负着一定的警戒任务。可以认为,只要人嗅到的气味是刺鼻的,该气味一般来说都会对人体健康非常有害,这种动物本身的自然安全感觉,可以尽可能地避免有害气体入侵到人类体内。

有学者发现人体"舌前好物、舌后苦毒"的安全感觉与人类的饮食行为有着相当程度的吻合,对人类的身体健康起到自然的保护作用。因为地球上、自然界里的有毒的物质一般都带有苦味，对于食品肯定是舌尖首先接触，这是因为舌头的前部对任何食品的味道都非常敏感，这是第一道防线；而舌头的后部则对苦味非常敏感，可以形成最后，也是关键的一道防线。比如，苦味的有毒食品到了这里，就可以引起身体的呕吐现象将有害食品呕吐出来，这种自然的动物安全感觉本性，可以阻止有害食品进入食道或者是胃部。

　　所以，当喝茶时身体有不舒服、排斥等感觉时，通常是人体的安全感觉在起作用，这时应该听从身体的感觉，不去饮用这种茶，千万不要因为商家的游说、碍于朋友的情面等，勉强喝下去。

茶趣

"汉风"茶壶

三、好茶叶标准

各地生长环境、茶树品种不同，物产各异；更由于各地、各类不同的制作茶叶工艺，又或者是茶叶再制作工艺不同；加上各地的储存条件也不一样，所以茶叶的品性肯定就是充满个性的和多元化的。

笔者认为"好"的第一个方面是应该遵循地球动植物呈金字塔结构状况，这种结构是不以人的意志为转移的。也就是说：最好的东西总是处于金字塔顶端位置，其线段一般处于中线以上十分之一左右的位置，一般可占到总量的1%以内，俗称"上品"。次好的东西一般处于金字塔上线与中线之间的位置，一般占到总量的30%左右，民间俗称为"三成左右"就是此区间，俗称"中品"。此区间的物品在自然界和社会生活中随处可见，如鱼、鸡、猪、牛、羊等内脏一般占身重的三成左右。从金字塔中线以下位置的区间为大多数，一般可占到总量70%左右，民间俗称为"七成左右"就是此区间，俗称"下品"，自然界和社会生活中

笔者、陈裕兴、袁星、左月昭、左善文
（右起）等在评审白鸡冠茶叶

随处可见，如鱼、鸡、猪、牛、羊等骨肉一般只占身重的七成左右。

社会上对好茶叶的评判标准众多，不但非常复杂而且标准各异：有用医学、植物学、化学、美术学、动物学、神学等来分析；有从文化、哲学、宗教等领域来阐述；甚至用传说、演义、神话来拓展；还有一些用个体的经验、体会、偏好、认识来定标准，往往又以"先入为主"的人之本性为主导地位来界定。例如，笔者经常可以遇到一些所谓的饮茶专家或专业茶人，他们坚持饮用发霉的茶叶，还坚定不移地认为只有发过霉、有霉味的茶叶才是正宗陈年茶叶的味道。

对于茶叶，笔者建议读者应尽可能地了解一些茶树品种、生长环境、制作茶叶工艺、储存时间、氧化程度等茶叶共性方面的相关知识，才能辨别好茶叶。

茶之色重，味重，香重者，俱非上品。松罗香重，六安亦同。云雾色重而味浓，天池、龙井，总不若虎邱，茶色白，而香似婴儿，啜之绝精。

——《岕茶记》

茶色白，味甘鲜，香气扑鼻，乃为精品。茶之精者，淡亦白，浓亦白，初泼白，久贮亦白，味甘色白，其香自溢，三者得则俱得也。近来好事者，或虑其色重，一注之水，投茶数片，味固不足，香亦宵然，终不免水厄之诮。虽然，尤贵择水。香以兰花上，蚕豆花次。

——《茶解》

　　茶叶由于茶树品种、生长环境的不同，制作茶叶时间、工艺、水平高低不同，储存时间、氧化程度的不同，就算是同一棵茶树采摘的芽、叶、梗由同一师傅制作出来的茶叶，香气和味道也可以存在着显著不同；各种茶叶各有品性，就是同一种茶叶，由于制作、储存时间、氧化程度、冲泡方式等不同，其茶叶的香气和味道也可以不同。因此，不能简单地评判茶叶的好坏，因为茶叶的等级与茶叶品性的好坏并没有直接的联系。茶叶的等级更多的是着重外观为主，即从嫩到老、从芽到梗、从小数往大数划分；而芽、叶、梗所含各种物质的含量和数量都是不同的。评判好茶叶，应注重茶叶内含物的和谐性。

吴海仙、笔者、邱耀清、黄斌（左起）在评茶

　　一般情况下，对于常人来说，茶叶的好与坏的评判可以参考中医诊疾的"望、闻、问、切"：中医的"望"是观望患者的年龄、体型、

脸色、舌苔等，茶叶则是观望茶叶的外观颜色、汤汁颜色等为主；中医的"闻"有两层意思，一是"听"患者说话的声音大小、语调高低，二是"闻"患者呼出的气味等，茶叶则是"闻"茶叶的气味、冲泡时的香气、饮用汤汁的香气等；中医的"问"是询问患者的具体状况，尤其是呼吸和消化系统等情况，茶叶则是询问茶叶的产地、产家、储存等基本情况；中医的"切"是与患者号脉，通过脉象确定心、肝、肾、肺、脾等状态，茶叶则是通过实物来检验确定，与制作茶叶工艺或茶叶再制作工艺、储存时间、氧化程度的吻合程度。

也就是说好茶叶一是能充分体现茶树的品性，比如自然地貌或地域、制作工艺特色、味道特征等，从茶树生长环境、地貌状况和茶树品种情况、茶叶制作工艺的复杂性、茶叶的储存时间和氧化程度、汤汁香气和味道回甘以及醇厚程度、药用价值等方面进行综合排序。二是应能充分体现茶叶的品性，比如芳香物质、茶多酚、氨基酸、咖啡碱等物质含量高低、比例是否协调等因素，香气和味道的好坏往往是这些物质的综合反映。俗话说，一方水土养一方人，不能以一套标准来衡量所有茶叶的品性，一定要尊重各种茶叶独特的品性，要以欣赏的角度为基础，从茶树生长的地形气候及土壤影响、制作茶叶工艺或茶叶再制作工艺等方面多了解。

综上所述，笔者认为好茶叶包括两个方面：第一个层面，最好的茶叶是极少人为干预制作的,比如除了揉捻外，全程靠太阳光制作的茶叶；第二个层面，最好的茶叶是能直指人心而不需语言夸耀，用鼻子嗅到冲泡时香气时已经令人心动，汤汁饮入口时感受到的是大自然的精华和神奇。这才是好茶叶的真谛！

1. 氧化程度较高

因为优良的储存环境、储存时间和适合的氧化程度，一些符合国家食品卫生安全标准的老茶叶，往往具有一定药用价值，尤其是在极个别的老茶叶中，能呈现出特殊的、非常高的药用价值。

一般情况下，不是所有的茶叶经过长时间储存、氧化就可以成为老茶叶，只有一些在制作工艺中没有消耗太多茶树芽、叶、梗所含各种物质所制作出来的茶叶，才有可能在优良的储存环境下，经过长时间储存、氧化成为老茶叶。

古画　泡茶图

当然，老茶叶因为不同的树种、制法、储存环境、储存时间、氧化程度等，其香气、味道和汤汁颜色也是相差较远的。一般认为，茶叶的氧化程度一般较容易分辨的储存时间是8～10年为一个小周期，在此间香气和味道会有比较明显的变化，氧化程度高低不同，其药效的作用也不同。一般情况下，茶叶的氧化程度还可以通过茶叶或汤汁的颜色深浅进行辅助判断，例如，颜色是红浓、深红、褐红等。

因此，氧化程度较高的好茶叶其氧化要够时间，达到老茶叶的氧化才有药效，其中是一种"归芍茶"为最好，感观评价主要以鼻子和口腔作鉴定，香气和味道要纯正、无异味，也可以用气质联用仪器检测；老茶叶要达到安全卫生的相关标准，毕竟茶叶、汤汁是要进入人体内的东西，要坚定不移地杜绝对人体有害或能使人致病的物质成分，尤其是一些来路不明的茶叶，建议宁可放弃也坚决不饮用。

（1）归芍茶

"归芍茶"是老茶叶的一种，其茶叶药用价值很高，香气和

古画 斗茶图

味道也很奢华。

笔者是在古籍中无意发现具有"焙药香"的"经久老茶叶"对某些疾病的防治效果较为显著的记载，进而四方寻找茶样并对其进行成分分析和药效研究。在找到冲泡后气味和味道带有明显浓烈的"焙药香"的老茶叶后，送广州分析测试中心和南方医科大学中医药学院广东省制剂重点实验室，分别用气质联用（即气相色谱与质谱联用）和高效液相色谱进行检测分析。并以某两种当地同类新茶作对照，发现老茶叶一些内含物的成分显著增加或新出现，另一些成分显著减少或消失。在与其他中药材挥发性成分比较后，发现主要成分与当归和白芍相同较多，因此根据其气味近似程度，把具有"焙药香"的老茶叶命名为"归芍茶"，并已申请国家发明专利。同时笔者还对肿瘤裸鼠中试验了"归芍茶"的药效，发现"归芍茶"可以抑制肿瘤生长并延长带瘤生存期，相关研究成果可查阅有关论文。

由此可见，相关的科学研究证明某些储存环境得当、氧化适宜的茶叶，可产生数十种新的物质，

归芍茶

并对某些恶性肿瘤能起到良好的抑制作用。

（2）老茶叶

根据笔者的《小茶方大健康》记载："老茶叶，泛指各种拥有中药味道的老旧的茶叶。'老'，前人泛指年纪长、历时长久、不嫩；'茶叶'，前人泛指各种各样的茶叶。针对某些疾病，前人认为'老茶叶'的功效最佳，即用存储历年长久的老茶叶入药为最好。现代一些存储二十年的茶叶，特别是散装茶叶的颜色会变得乌黑油亮；茶水的颜色会变为深红透亮。因此，前人认为老茶叶的药性为最好，特别适合医治某些顽疾、恶疾是有一定道理的。"

任何有活性、有能量、有后劲的茶叶，在温度、湿度适宜，通风、透气、无异味的优良储存环境下经过长时间的氧化，其中极少一部分才可能变为很有药用价值的老茶叶。随着氧化过程的不同，茶叶原有的香气、味道和汤汁颜色等也会随之而变；内含物成分也会随着发生根本性的变化：一些物质含量会下降，甚至慢慢消失；而一些物质含量则会上升；尤其是一些新的物质则会诞生出来。

相对来说，尽可能不要人为地加速茶叶的氧化过程，例如采用"沤"的工艺，实际上沤的过程就是消耗茶叶所含各种物质能量的过程。根据能量守恒的定律，如一人跑万米比赛时，前程却用跑百米的速度全力冲刺，后程怎么可能还有能量去跑完全程？如果加快"氧化"而提早消耗掉茶叶内含物的能量，茶叶就会没有后劲，这样的茶叶就是再储存百年也不可能变为好茶叶。

一般情况下，茶叶若要达到老茶叶的用气质联用仪检测的峰值，制作茶叶的工艺往往能起到决定性作用，一些原法工艺制作的茶叶，比如采用日晒或轻、中氧化程度制作的茶叶，只要优良环境储存时间 20 年以上，应该可以出现老茶叶的相关品性指标。例如广西六堡乡的日晒茶叶、福建武夷山（崇安）的白鸡冠茶叶、云南西双版纳的日晒茶叶。如采用闷沤、炒烘、熏窖等工艺制作的茶叶，一般情况下是较难出现老茶叶相关品性指标的，尤其是老茶叶一般是不能再重新焙火，古人云"一焙毁十年"讲的就是氧化十年的茶叶若重新焙火很容易将现有的所含各种有益物质毁掉。

（3）陈茶

根据周亮工的《闽茶曲》记载："雨前虽好但嫌新，火气未除莫接唇，藏得深红三倍价，家家卖弄隔年陈。"指出新制作的岩茶火气难除，不宜马上饮用，经过隔年储存、氧化后才好。陈茶泛指各种隔年氧化的茶叶，又或指储存时间、氧化程度三年以上的茶叶。

根据笔者的《小茶方大健康》记载："陈茶，泛指各种陈旧的茶叶。'陈'，前人泛指存储三年以上；'茶'，前人泛指各种各样的茶叶。针对某些疾病，前人认为'三年外陈者入药'、'陈久茶药'的功效较佳，即存储三年以上的陈茶叶入药为好。存储三年以上的茶叶，由于氧化的作用其颜色会呈现出褐色，茶水颜色会开始变深，但达不到深红。茶叶制作时干燥工艺所产生的火气味道开始消退，所含各种物质开始转化，因此，前人认为，此时茶叶的药性特别适合医治某些疾病。"

前人总结出的宝贵的陈茶药用经验，至今仍在许多地方流传。每年人们都会有意地储存一些好茶叶留作药用，遇上小病小痛便以陈茶当药；还有一些地方把陈茶储存、氧化到一定年限后，再加蜂蜜浸泡使香气和味道改变。根据福建安溪蜜陈茶传人苏鹏鸣介绍："蜜陈茶制作是一种古老的工艺，关键在于煮蜂蜜的工艺，要用细细的小火，即不能高温破坏蜂蜜的丰富营养，又要将陈茶和蜂蜜中的水分蒸发掉，再用陶器装载，而且储存场所要避光、防潮、通风、无异味，使其长时间地氧化后，蜜陈茶才会有很好的药用功效。"

苏鹏鸣特制的蜜陈茶

2016年，国家标准委发布了《乌龙茶第2部分：铁观音》（GB T 30357.2-2013），国家标准第1号，给陈香型铁观音定义为："以铁观音毛茶为原料，经过拣梗、筛分、拼配、烘焙、储存五年以上等独特工艺制成的具有陈香品性的铁观音产品。"这种陈香型铁观音是商品类型，与本书所述的陈茶是两个概念。

茶心 31　正态分布

　　同一总体中个体彼此间的差异有一定的规律性，通常用变量取值的分布来全面反映这种规律性。为了便于处理实际问题，统计学中常用若干典型的分布模式来近似地描写实际资料，如正态分布、二项分布和泊松分布等。

　　实践中许多连续型随机变量的频率密度直方图形状是中间高、两边低、左右对称的，为便于研究对应的总体规律，人们用概率密度函数 $f(x)$ 来描述这类随机变量，并称这样的变量服从正态分布。德莫佛最早发现了二项概率的一个近似公式，这一公式被认为是正态分布的首次露面。正态分布在 19 世纪前叶由高斯加以推广，所以也称为高斯分布。历史上人们曾误以为凡是正常情形都应该是上面那种分布类型，其实不然，许多实际的概率分布甚至不一定对称，也不一定中间高、两边低，所以，现在只能把"正态"当做一种分布的名称，既不表示"正常"，也不表示"对称"（尽管它是对称的）。

正态分布图

不同样本正态分布图

现在正态分布是指如果把数值变量资料编制频数表后绘制频数分布图，又称直方图，它用矩形面积表示数值变量资料的频数分布，每条直条的宽表示组距，直条的面积表示频数（或频率）大小，直条与直条之间不留空隙，若频数分布呈现中间为最多，左右两侧基本对称，越靠近中间频数越多，离中间越远，频数越少，形成一个中间频数多，两侧频数逐渐减少且基本对称的分布，那我们一般认为该数值变量服从或近似服从数学上的正态分布。若指标 x 的频率分布曲线对应于数学上的正态分布曲线，则称该指标服从正态分布。正态分布是一种连续型分布，有人把它称为对称的钟形分布，具有三个特征：集中性、对称性、均匀变动性。正态曲线为连续型、左右对称的钟形光滑曲线，高峰位于中央，即为均数所在处，两侧逐渐低下，两端在无穷远处与低线相近。

医学资料中有许多指标如身高、体重、红细胞数、血红蛋白、脉搏数、收缩压等频数分布都呈正态分布。正态分布可以用来制定医学参考值范围，参考值范围指特定的"正常"人群的解剖、生理、生化、免疫等各种数据的波动范围。制定参考值范围时要选择足够数量的正常人作为调查对象，样本含量足够大才可以，然后确定取单侧还是取双侧正常值范围，再选择适当的百分界限（一般常用95%或99%的医学参考值范围），最后选择适当的方法就可以进行制定了。至于正常值范围取单侧还是取双侧，常依据医学专业知识而定，比如血清总胆固醇、血液白细胞数无论过低或过高均属异常，所以取双侧；肺活量过低则异常（越高越好），所以取单侧下限；血清转氨酶过高则异常（越低越好）所以取单侧上限。医学参考值范围有90%、95%、99%等，最常用的是95%。正态分布在医学中还可以用来估计频数分布，如某项目研究婴儿的出生体重服从正态分布，其均数为3150g，标准差为350g，若以2500g作为低体重儿，可根据正态分布估算出低体重儿的比例为3.14%。

正态分布不仅在医学中常用，也是自然界最常见的一种分布，茶叶的品性也满足正态分布。品性好的茶叶总是很少，一批茶叶中大部分都是中等品性的茶叶。为了提高利润，商人们想到了拼配茶叶这一方法，将数量稀少的好茶叶和很多品性中等甚至较差的茶叶搭配在一起，不仅茶叶总体的质量提高了，茶叶的销量也提高了。虽然好茶没能卖出好茶的价格，可是中等茶叶卖出了好价格，总的来说利润还是提高了。

2. 氧化程度较低

一般情况下，茶叶的芳香物质含量高低可决定香气的浓淡、汤汁香味的浓厚度和持久时间；茶氨酸含量高低决定味道的鲜爽程度；茶多酚含量高低决定味道的苦涩回甘程度；咖啡碱含量高低决定味道的苦味程度。一般情况下，回甘的强度与持久性是评判好茶的指标之一，俗话说"苦尽甘来"就是饮用茶叶的体验。

茶叶所含各种物质一般不会平均分布在芽、叶、梗里，好茶叶讲究的是芽、叶、梗三者内含物的均衡、和谐浸出，并非全是芽苞、或者全是叶片、又或者全是梗条就能得到好的香气和回甘。好茶一定是芽、叶、梗的完美配合、和谐的结果。

判断氧化程度较低的好茶叶标准是：茶叶汤汁香气要是一种能喷发出来的香气，这方面主要以鼻子和口腔作鉴定；茶叶汤汁的味道要强烈回甘，这方面主要通过口腔（包括舌头）作鉴定。一般情况下，茶叶的氧化程度还可以通过茶叶或汤汁的颜色深浅进行辅助判断，例如，颜色是黄绿、黄、金黄、橙黄、橙红等。

（1）喷发出来的香气

茶叶、汤汁的香气是由芳香物质、酚类等决定，香气成分种类较多而含量较微，目前为止发现有一千多种。香气是由多种不同成分组成的混合物，导致香气的类型千变万化。不同的茶树品种、生长环境、制作茶叶工艺、氧化程度长短、储存环境、冲泡方法等，都能产生差异非常大的香气。

茶叶和汤汁要有一定浓度和保持一定时间的"喷香"，即茶叶浸泡、饮用全过程都应该拥有品种、制作工艺和体现氧化程度的较高香气品性，香气不但要明显，还要能有力向四面八方扩散，使远处的人都能嗅得到，而且在汤汁中也应该含有相当高的浓度，饮入口腔中亦能感受到较强烈、持久的香气。

喷香

功夫茶要细炭初沸连壶带碗泼浇，斟而细呷之，气味芳烈，较嚼梅花更为清绝。我没嚼过梅花，不过我旅居青岛时有一位潮州澄海朋友，每次聚饮酩酊，辄相偕走访一潮州帮巨商于其店肆。肆后有密室，烟具、茶具均极考究，小壶小盅有如玩具。更有娈童伺候煮茶、烧烟，因此经常饱吃功夫茶，诸如铁观音、大红袍，吃了之后还携带几匣回家。不知是否故弄虚，谓炉火与茶具相距以七步为度，沸水之温度方合标准。举小盅而饮之，若饮罢径自返盅于盘，则主人不悦，须举盅至鼻头猛嗅两下。

——《饮用茶叶》

嗅觉器官是人类的身体内部与生活环境沟通的出入口，担负着保卫人类身体健康的警戒任务，尽可能地避免有害气体侵入身体内，这是一种动物的自然本性。人类与生俱来便对气味非常敏感，当舒适的气味进入鼻腔，鼻子的接收器收到讯息便会传递至大脑，大脑对这些气味做出判断，认为有益时便指挥身体分泌出一些好激素，进而达到消除紧张、焦虑情绪，对精神及心理方面如压力、失眠、睡眠质量差、情绪低落等问题均能达到有效的舒缓。若大脑认为这些气味对身体健康有危害，便指挥身体做出抵抗，比如恶心、想吐、胃痛等。

应以甜滑生津而不涩，饮后虽时过而犹芬芳甘润，有一种难以言状之奇味，齿颊留香者为最上。其次为馥郁浓美，生津涤烦，除渴却暑，消滞去胀者为上等。红茶之香出乎自然，亦赖制作之功及薰袭之法。所谓自然之香者，乃自然道地之美，其叶芬芳，香遍四座，清香馥郁，沁人心脾。饮之则齿颊留香，脏腑如沾甘露，令人难忘也。

——《茶务佥载》

理论上是没有完全一致的茶叶、汤汁香气可以相互比

茶心静语

较的，只能说是近似或相似。一般情况下，新制作出来的茶是一种香气，随着储存时间的不同其氧化程度也

曾明森、李进艳（右）在试新茶

会开始不同，香气就会随之而改变；若再继续储存、氧化，香气则会继续转变。可以认为，储存时间和氧化过程，可使茶叶芳香物质不断地转变，从而形成不同的氧化程度散发不同的香气。所以，茶叶、汤汁的香气品性是以个体的形式存在，即每款茶叶、汤汁的个体香气品性是随不同的氧化程度而客观存在，导致各自品性的香气之间不存在可比性。

由此可见，芳香物质影响香气高低的主要因素：一是茶树品种、生长环境和芽、叶、梗采摘季节的不同，造成芽、叶、梗中内含物成分的差异；二是制作茶叶工艺的不同，造成茶叶内含物成分的差异；三是储存时间环境和氧化程度不同，造成茶叶内含物成分的差异。

一般情况下，香气会有花香、果香、果仁香、植物香、动物香（如蜜、麝）等。当然，人们比较容易分辨和接受的香气是花香和果香，这是因为日常生活中人们能够经常接触到，正如美术界雕塑者的俗话"做人难做手，做兽难做狗"一样，因为这两样东西人们太熟悉了，只要哪里做

得一点点不好或者不到位，一般人都能马上知晓。

一般来说，上品的香气是：香气浓郁、细腻悠扬、馥郁持久、沁人心脾、弥散四处飘香，汤汁饮用后香气能从喉咙处缓慢往外溢出。中品的香气是：香气尖锐、丰满持久，嗅起来较香，汤汁饮用后香气能从口腔处往外悠久溢出。下品的香气是：香气比较单薄轻飘，汤汁饮用后香气散发较快。

（2）强烈回甘的味道

茶叶汤汁要有强而有力的"回甘"或醇厚程度，即饮用汤汁后，应该满口腔、喉咙都有较猛烈、持久的回甘和生津，或者是醇厚程度。

笔者、袁星、左善文、陈裕兴、左月昭（右起）
等在评审肉桂

以汤匙舀取少许以气吮吸，使其气直透脐下，以芬芳清烈，留香齿颊，舌底生津，满口甘甜者为上，如有霉气、恶臭触鼻或其味涩口者为下。

——《茶务佥载》

茶叶汤汁的薄寡、厚重味道，主要是由茶叶的浸出物茶多酚、茶氨酸、生物碱等决定，汤汁通过口腔的味觉系统作功能鉴定，味觉器官是人类的身体内部与生活环境沟通的出入口，担负着保卫人类身体健康的警戒任务，尽可能地避免有害食品侵入身体内，这是一种动物的自然本性。一些汤汁饮后若出现刺麻、苦重、锁喉、难吞状况时，最好就别饮用。

茶叶汤汁的味道是口腔对茶叶各种浸出物质的某种程度体验，因个体差异原因，每个人的生活、学习、工作的经历不同，记忆的累积也肯定不同，如生活经历中一些较常见的花、果实、动物气味比较容易接触到，但一些因个体生活差异的体验往往比较难用文字、动作去表达和解释，只能建立在个体大脑里。因此，味道往往只是一种纯粹的个人体验。

(3) 卫生安全

茶叶和汤汁要"卫生安全"，即尽可能避免前述尽量少饮或不要饮用的茶叶。安全健康地饮用茶叶可以强身健体；否则危害身体健康，俗话说"茶叶是一把双刃剑"就是此道理。

茶叶卫生安全方面，就目前情况来说，境外比较重视和做得比较好，例如，涉茶事务的法律较为细致和健全，从种植到制作、储存氧化到入口，都有较完善的法律，有

法必依、执法必严已为常态；第三方民间机构作为第三者去鉴定、仲裁一些涉茶事务比较规范和活跃，所制定的某些标准比较严格。例如，每公顷土地只能种植茶树多少棵、其他树多少棵，每年茶树只能采摘多少次、施什么样的肥料，甚至还规定要放养多少头某种动物，而这些动物却是以吃茶树的芽、叶、梗为生。

目前，比较常见的有美国 USDA、日本 JAS、欧盟 IMO Control 等收取费用的私营机构涉及茶树和茶叶事务，他们的目的都是尽可能地使茶树在自然环境下生长，所以对土地、植物、昆虫、动物和肥料等都做出了相应的规定，同时对茶叶制作工艺过程也有相关要求。一般来说，在此监管环境下生长、制作出来的茶叶，达到茶叶进口国有关卫生安全标准的概率会比其他没受监管的要高。

茶心 32　营养吸收

　　茶叶汤汁进入人体胃肠后，各种物质便各显神通进入相关器官，例如芳香物质通过嗅觉器官启动嗅觉神经，由大脑指挥分泌出日常极少分泌、人体非常缺少的物质，从而增强人体有关方面的机能；茶叶汤汁在小肠停留时一部分物质由"小肠黏膜"进入毛细血管，穿过"肝门静脉"进入肝脏，由"酶"分解成有用物和废物，另一部分物质则开始刺激膀胱、增强肠道蠕动等等，最终，废物是随着粪便或尿液排出体外。

　　那么物质怎样进行消化和吸收呢？人体有七大营养要素，包括糖、脂类、蛋白质、膳食纤维、维生

战国玉茶矩

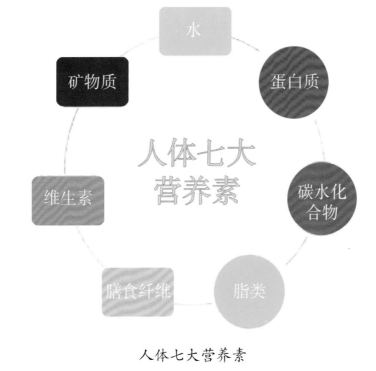

人体七大营养素

素、矿物质、水，其中常说的三大营养物质为糖、脂类和蛋白质。

糖即碳水化合物，其化学本质为多羟醛或多羟酮及其衍生物或多聚物，根据其水解产物的情况，糖主要可分为单糖、寡糖、多糖、结合糖。

单糖为不能再水解的糖，包括葡萄糖、果糖、半乳糖、核糖；寡糖为能水解生成几分子单糖的糖，各单糖之间借脱水缩合的糖苷键相连，包括麦芽糖、葡萄糖－葡萄糖、蔗糖、葡萄糖－果糖、乳糖、葡萄糖－半乳糖；多糖是能水解生成多个分子单糖的糖，包括食品中的主要糖类淀粉、糖原、纤维素等；结合糖指糖与非糖物质的结合物，常见的有糖与脂类的结合物糖脂 、糖与蛋白质的结合物糖蛋白等。

人类食品中的糖主要有植物淀粉、动物糖原以及麦芽糖、蔗糖、乳糖、葡萄糖、纤维素等，其中以淀粉为主。消化部位主要在小肠，少量在口腔。淀粉在口腔中被唾液中的 α-淀粉酶少量分解，这也是我们细细嚼馒头、米饭时会觉得有点甜的原因。接着在肠腔中被胰液中的 α-淀粉酶分解为麦芽糖（40%）、麦芽三糖（25%）、α-临界糊精（30%）、异麦芽糖（5%）。最后在肠黏膜上皮细胞刷状缘，被 α-葡萄糖苷酶和 α-临界糊精酶分解成葡萄糖。糖消化产物在小肠上段以单糖形式被吸收，通过 Na^+ 依赖型葡萄糖转运体进入到小肠黏膜细胞，再进入门静脉，依次进入肝脏、体循环，通过葡萄糖转运体运到各种组织细胞，才进行代谢，发挥其生理功能。

脂类是脂肪和类脂的总称，是一类不溶于水而易溶于有机溶剂，并能被机体利用的有机化合物。脂肪即三脂酰甘油，也称为甘油三酯。类脂包括胆固醇、胆固醇酯、磷脂、糖脂。

脂类不溶于水，消化酶为水溶性，因此消化发生在脂-水界面上，在小肠上段进行，需要乳化剂的乳化作用和胰腺分泌酶的催化作用。乳化剂即胆汁酸盐，可以降低油与水间的界面张力，并且把疏水脂类乳化成细小微团，增加消化酶对脂质的接触面积。参与消化的酶包括胰脂酶、辅脂酶、磷脂酶 A2、胆固醇酯酶，可以把甘油三酯分解成2-甘油一酯和游离脂肪酸，磷脂分解为溶血磷脂和游离脂肪酸，胆固醇酯分解为胆固醇和游离脂肪酸。脂类消化的产物在十二指肠下段及空肠上段进行吸收，分为两种情况。第一种为中链及短链脂酸构成的甘油三酯，经乳化后吸收进入小肠黏膜细胞，然后在脂肪酶的作用下分解成甘油和游离脂肪酸，通过门静脉进入血液循环，带到全身各组织细胞。第二种为长链脂酸（12~26C）及 2- 甘油一酯，首先在肠黏膜细胞酯化成甘油三酯，然后和磷脂、胆固醇酯、载脂蛋白一起组成乳糜微粒，通过淋巴管进入血液循环，带到全身各组织细胞。在组织细胞中，脂类才进行代谢，发挥其生理功能。

蛋白质的消化首先在胃中进行，胃蛋白酶最适 pH 为 1.5~2.5，对蛋白质肽键的作用特异性较差，主要水解由芳香族氨基酸、蛋氨酸和亮氨酸所形成的肽键，产物主要为短肽及少量氨基酸。胃蛋白酶有凝乳作用，使乳汁在胃内停留时间延长，利于乳汁中蛋白质的消化。接着在小肠，是蛋白质消化的主要部位，胰酶是消化蛋白质的主要酶，最适 pH 为 7.0 左右，主要是寡肽酶的作用，例如氨基肽酶及二肽酶等，氨基肽酶从氨基末端逐步水解寡肽，最后生成二肽，二肽再经二肽酶的水解，最终产生氨基酸。蛋白质消化产物主要在小肠中吸收，以氨基酸、二肽、三肽的形式，是耗能的、需要载体的主动吸收过程。吸收后的氨基酸，进入细胞当中才进行代谢，发挥其生理功能。

茶叶汤汁的营养成分需要经过消化系统的消化吸收，才能进入人体进行代谢，不良商人在茶叶宣传时会夸大茶叶某种成分的功效，读者可通过上文的介绍提高警觉。

3. 好茶叶探源

好茶叶一般来自茶树的恶劣环境生长、制作茶叶工艺、茶树品种、精良储存等方面。

（1）恶劣环境生长

古人云："江南之茶，唐人首称阳羡，宋人最重建州，于今贡茶，两地独多。阳羡仅有其名，建茶亦非最上，唯有武夷两前最胜。"

笔者认为好茶"质"的标准是要有"好地貌"生长的"好树种"：好地貌一般是指某些生态小环境最适合某些茶树的生长，如前述的丹霞岩地貌、石灰岩地貌内等地貌内所生长的茶树；好树种一般是指某些茶树经过历史悠久的沉淀、适者生存法则筛选、自然优胜劣汰后仍能生长旺盛，又或一些只有某些生态小环境才能适应其自然生长的茶树品种。

丹霞地貌如崇安武夷山。

丹霞地貌武夷山

丹霞地貌名茶树

武夷山，周回百二十里，皆可种茶。其品有二：在山者为岩茶，上品。在地者为洲茶，次之。香清浊不同，且泡时岩汤汁白，洲汤汁红，以此为别。雨前者为头春，稍后为二春，再后为三春。又有秋中采者，为秋露白，最香。须种植、采摘、烘焙得宜，则香味两绝。然武夷本石山，峰峦载土者寥寥，故所产无几。若洲茶，所在皆是，即邻邑近多栽植，运至山中及星村墟市买售，皆冒充武夷。更有安溪所产，尤为不堪。或品尝其味，不甚贵重者，皆以假乱真误之也。至于莲子心、白毫皆洲茶，或以木兰花熏成欺人，不及岩茶远矣。

　　武夷茶，自谷雨采至立夏，谓之头春。约隔二旬，复采，谓之二春。又隔又采，谓之三春。头春叶粗味浓，二春三春叶渐细，味渐薄，且带苦矣。夏末秋初又采一次，名为秋露。香更浓，味亦佳，但为来年计，惜之不能多采耳。茶采后，以竹筐匀铺，架于风日中，名曰晒青。俟其青色渐收，然后再加炒焙。阳羡蚧片只蒸不炒，火焙以成。松萝、龙井皆炒而不焙，故其色纯。独武夷炒焙兼施，烹出之时，半青半红，青者乃炒色，红者乃焙色。茶采而摊，摊而摝，香气发越即炒，过时不及皆不可。既炒既焙，复拣去其中老叶枝蒂，使之一色。

　　其余蜀，黔，两淮，两浙，大江南北，岭南，八闽，台郡斗等，皆产茶，然多供本地人自用，而唯以闽之岩茶为最上。

乌龙制（做）类。乌龙以宁州为最佳。其法：首先将从茶树摘取之生叶，在竹席上铺开，太阳之下曝晒，至稍软，以手捡起三四片叶，将叶尖与叶蒂对摺，其叶柔软如意而不折断，则收起。倘梗仍脆，则再曝之，必欲其叶柔软为合。

收起之后，以手搓揉，至每叶成索时，将其置于竹木等器内，以手略压实，盖以衣物絮被等，约片刻后，具叶由青色尽变微红，而后放进烧红之铁濩内炒之。

其茶炒至大热，则移至微热镂内，随揉随炒，至每叶结成紧索，则收起，贮于竹木器内，以手略压实，以物覆其上，大约一小时许，俟其叶变成红色，则移置于竹焙形制详下中焙干。如此做成者，名"乌龙毛茶"。其筛做之法，与红茶相仿。

——《茶务金载》

建安茶品，甲于天下，疑山川至灵之卉，天地始和之气，尽此茶矣。

——《大观茶论》

武夷山山峰上长有茶树，有些茶树奇迹般地生长在峰巅悬崖绝壁间，茶树品种经长期自然杂交后演变出许多优良单株，古籍中记载的某山峰内生长的茶树品种就有264个，其中稀有的白鸡冠、霸道的石乳香、香醇的大红袍、香足的肉桂、醇厚的水仙都是比较好的茶树品种。

武夷山桐木关位于武夷山脉北部最高段，素以山貌雄伟和生物多样性而闻名于世，1979年成为世界文化与自然遗产保护地的保护区，素有"世界生物之窗""鸟的天堂""蛇的王国"和"昆虫的世界"之称。利用此极佳的环境，1963年便在生产队茶厂制作茶叶的梁骏德师傅晚年精心发明了一款新茶，茶叶以带茸毛嫩芽、轻氧化为主，气味为清雅花蜜香，味道鲜爽浓醇持久，

笔者与制茶世家、首泡"金骏眉"的制作者梁骏德（右）

梁骏德首制的金骏眉茶叶

汤汁颜色红，艳呈古铜色，由于制作于夜晚，光线不是太好，乍一看茶叶的外形似人的眉毛，梁骏德便从名字中取一字，将此新茶命名为"金骏眉"。

广西桂林的石灰岩地貌

石灰岩地貌如安徽黄山、贵州、广西、江苏宜兴等地。尤其是苏浙徽三省交界宜兴、长兴、湖州的金三角高山茶区，产茶历史悠久，工艺传统。

(2) 极端的制作

好茶叶往往存在于简单和复杂两个极端之间：要么顺从自然规律、不刻意追求，让时间去慢慢地氧化而成；要么不甘于寂寞，刻意追求繁琐，精心做好每道制作茶叶工序。

石灰岩地貌老茶树

①简单制作工艺。

此类制作茶叶方法现仍流行于偏远农村或山区，所制作的茶叶以自家储存、饮用为主。具体制作方法是：将芽、叶、梗薄摊在硬地上让太阳晒，晒至可揉捻；揉捻时可人为控制氧化程度得到想要的茶叶品性，嫩芽放在手中旋转揉捻就行，嫩叶梗可放在硬体上用双手旋转揉捻，成熟一点的芽、叶、梗可放在硬体上用双脚旋转揉捻；揉捻完后将芽、叶、梗薄摊在硬地上让太阳晒，晒干便储存起来让其氧化。

用自然、传统原法工艺制作茶叶，尤其是一些制作茶叶师傅们经验总结流传下来、最古老、最地道的人工方法制作的茶叶，能最大限度地保留茶叶丰富的内含物，使茶叶的香气、味道和汤汁颜色都充分保留下来，让时间去慢慢氧化茶叶所含各种物质，使各种物质不断地升高或下降，不断地出现或消失。虽然原法制作的茶叶工艺古朴、质量不稳定、产量不高，又或者是在一些人眼里过于传统而不太卫生和工艺落后，但笔者认为"简单才是硬道理"，要饮就应该饮原汁原味的好茶叶。

晒青

揉捻

红茶，将从树上摘取之生叶，先置于太阳下摊晒，待柔嫩而后收起，以手搓揉成索。如其叶量多，可改用脚揉踏。揉成条索后，贮之于器内，其上覆盖如乌龙之法。候其叶尽变成微红色后，再起出，放置太阳处摊晒。至

晒干

半干，又收起，皆放回器内，用于压实，盖以衣物，使叶变成微红色。

叶已变为红色后，再起出，于太阳处摊晒，以极干为度，此即毛红茶也。

毛红茶既干，则收起，将其分筛为条索。

若有圆如珠者，取置别器，再次制作。如有钩者，去之存其直者。去钩之法，其茶从筛眼抖出，只将筛抖动而不作摇舞时，直者撤于筛眼以外，钩者留于筛眼之内，故或用碗，或用手，拨断筛内钩者。如此一来，直者自然落下，钩者尚留筛中。拨去之法，以手工为佳。以碗硬，恐易损碎其茶。其钩者放置别器，另外制作。

其抖出之直者，视乎茶之等第，即用风车簸过，分为正身和子口，然后拣择。倘若毛茶太粗，宜先毛拣而后再分筛。

红茶水色要浓厚，不浑浊浅淡者为佳。茶一入口即觉甜滑甘美，香泽之气，媪媪滞留喉间者为上。如涩舌涩唇，其味腥恶者次之。

——《茶务金载》

②复杂制作工艺。

此类制作茶叶方法现仍流行于"青茶"（陈椽 1973 年提出的茶叶分类）工艺。具体制作茶叶方法可见前文所述。

由于茶叶香气物质主要藏在茶叶的梗条和嫩叶主脉中，嫩梗条中的氨基酸高于嫩叶，梗中的维管束是养分和香气的主要输导组织，所含物质大部分是水溶性的，茶叶在加工过程中，香气从梗中随水分蒸发转移到叶中，这些物质转移到叶片后与叶片的有效物质结合转化形成更高更浓的

陈裕兴（右二）说："石乳香在宋朝的贡茶里就很有名，因为有比较特殊的品种和制作工艺。"

香味品性，叶梗由于内含物更为丰富，经适时氧化后的香气和味道特别出众，香气悠悠馥郁，回甘迅速。这就造就了"摇青"这一工艺，其工艺之复杂造就了好的青茶特有的品性。

石乳香茶叶

茶采后以筐（当为筛）匀铺，架于风日中，名曰晒青，俟其青色渐收，然后再加炒焙。

茶采而摊，摊而摇，香气越发即炒，过时不及皆不可。既炒既焙，复拣去其中老叶枝蒂，使之一色。

——《茶说》

武夷岩茶高温团炒和快炒，是锅炒的最高超技术措施。

武夷岩茶创制技术独一无二，为世界最先进技术，无与伦比，值得中国劳动人民雄视世界。

——《茶业通史》

（3）茶树品种

茶树品种众多，较特别的是小乔木型（独生）大叶形体和灌木型（丛生）小叶形体的茶树。

古籍记载相对于中部和南部区域来说云南生产茶叶不算十分悠久，但因古茶树众多，其中勐海、双江等地的茶树品种都比较好。由于自然生态环境适宜、周围植物多样化、茶树品种较好，所制作出来的茶叶内含物比较丰富，确保了茶叶经受得了长时间的储存、氧化。尤其是勐海茶区，按传统原法制作的日晒茶叶，内含物得以充分保留，香气浓郁厚实，味道较为浓烈、苦涩层次分明，生津回甘迅速持久。根据有关报道，现在仍按传统原法制作茶叶方法在云南已逐渐消失，用"沤"再制作茶叶工艺，人为地加快茶叶氧化慢慢成为云南制作茶叶的主流。

广西生产茶叶历史十分悠久，在南北朝时期的古籍中已经有记载，古茶树在桂北、桂东、桂西较多，其中以梧州苍梧六堡乡的茶树品种比较好，茶多酚含量高、味道浓厚。

（4）精良储存

初得茶，要极干脆。若不干脆，须一焙之，然后用壶佳者贮之。小有疏漏，致损气味，当慎保护。其焙法：用卷张纸散布茶叶，远火焙之，令愠煴渐干。其壶如尝为冷湿所漫者，用煎茶至浓者洗涤之，曝日待干：封固，则可用也。

茶心静语

丛生老茶树

丛生老茶树

造时精，藏时燥，炮时洁。精，燥，洁，茶道尽矣。

茶须筑实，仍用厚箬填满，瓮口扎紧、封固。置顿宜逼近人气，必使高燥，勿置幽隐。至梅雨溽暑，复焙一次，随熟人瓶，封裹如前。

贮以锡瓶矣，再加厚箬，于竹笼上下周围紧护即收贮。二三载出，试之如新。

收贮。茶宜箬叶而畏香药，喜温燥而忌冷湿。故藏茶之家，以箬叶封裹入焙中，两三日一次。用火当如人之体温，温则能去湿润。若火多，则茶焦不可食。至于收贮之法：更不可不慎。盖茶唯酥脆，则真味不泄。若为湿气所侵，殊失本来面目，故贮茶之器，唯有瓦锡二者。子尝登石鼓，游白云洞，其住僧为子言曰：瓦罐所贮之茶，经年则微有湿。若有锡罐贮之，虽十年而气味不改。然则收贮佳茗，舍锡器之外，吾未见其可也。

取茶必天气晴明，先以热水濯手拭燥，量日几何，出茶多寡，旋以箬叶塞满瓶口，庶免空头生风，有损茶色。

——《茶史》

精良储存是好茶叶的最后一道关卡，前面三道关卡由于储存不好可以导致前功尽废，所以，储存一定要精良。

茶心 33　免　疫

好茶叶除了香气怡人、味道醇美外，还有一个重要的方面，就是对人体健康有许多良好的作用。比如，实验室证明茶氨酸在人体内可分解成乙胺，乙胺能够调动 T 细胞，从而提高人体免疫力。这也是茶叶众多保健功效中的一种，人的免疫力是指机体抵抗外来侵袭，维护体内环境稳定性的能力。而免疫是人体自身的防御机制，是人体识别和消灭外来入侵病毒、细菌等异物，处理衰老、损伤、死亡、变性的自身细胞，以及识别和处理体内突变细胞和病毒感染细胞的能力，是人体识别和排除"异己"的生理反应。

获得性免疫又称特异性免疫或适应性免疫，这种免疫只针对一种病原，可以通过后天感染（病愈或无症状的感染）或人工预防接种疫苗来获得相应的免疫力。获得性免疫的特点包括：具有特异性（专一性）、需要多细胞参与、有免疫记忆等等。免疫系统对抗初次抗原刺激时，淋巴细胞一部分成为效应细胞与入侵者作战并歼灭之，另一部分分化成为记忆细胞进入静止期，等到再次与进入机体的相同抗原相遇时，会产生与其相应的抗体，避免第二次得相同的病。

获得性免疫包括细胞免疫和体液免疫。T细胞是参与细胞免疫的淋巴细胞，受到抗原刺激后，转化为致敏淋巴细胞，并表现出特异性免疫应答，免疫应答只能通过致敏淋巴细胞传递，故称细胞免疫。免疫过程通过感应、反应、效应三个阶段，在反应阶段致敏淋巴细胞再次与抗原接触时，便释放出多种淋巴因子（转移因子、移动抑制因子、激活因子、反应因子干扰素），与巨噬细胞、杀伤性T细胞协同发挥免疫功能。细胞免疫主要通过抗感染、免疫监视、移植排斥、参与迟发型变态反应起作用。其次，辅助性T细胞与抑制性T细胞还参与体液免疫的调节。

B细胞是参与体液免疫的致敏B细胞。抗原进入机体后，除少数可以直接作用于淋巴细胞外，大多数抗原都要经过吞噬细胞的摄取和处理，经过处理的抗原，可将其内部隐蔽的抗原决定簇暴露出来。然后，吞噬细胞将抗原呈递给T细胞，刺激T细胞产生淋巴因子，淋巴因子刺激B细胞进一步增殖分化成浆细胞和记忆细胞。少数抗原可以直接刺激B细胞。浆细胞即效应B细胞能够合成免疫球蛋白（又称为抗体），其能与靶抗原结合，发挥免疫效应。

有时我们不由得感叹人体生理活动的奇妙，就像饮茶过程般，茶叶、水、火、炉等环环相扣，充满着精妙与乐趣。

静语 10　舒服感觉

　　人们在饮用好茶叶汤汁后，身体往往会产生一种舒服感觉，这种舒服感觉主要来源于人的神经递质。当任何一种刺激作用于神经时，神经元就会由比较静息的状态转化为比较活跃的状态，这就是神经冲动。神经传导是一种电化学过程，神经冲动的电传导是指神经冲动在同一细胞内的传导，神经冲动的传导与动作电位的产生有密切的联系。

　　在饮用茶叶汤汁活动过程中，人体总能伴随着一系生理变化，即引起自主神经系统的反应。自主神经系统包括：交感神经系统，是引起兴奋活动、使肾上腺素和去甲肾上腺素分泌增多，为激情生活提供动力燃料。而副交感神经系统则是引起抑制活动、使身体状况恢复到情绪发动前的平静状态。尤其是一些茶叶汤汁内含物如咖啡碱是起到兴奋作用；而一些茶叶汤汁内含物如茶氨酸则起到抑制兴奋的作用。

　　当茶叶汤汁内含物作用于感受器时便产

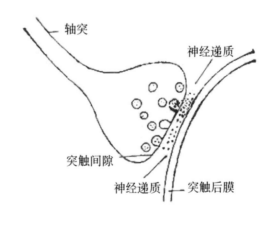

神经递质

生神经刺激。这种刺激会通过内导神经上送至大脑皮层，在大脑皮层得到评估后便会形成一种特殊的态度，这种态度将通过外导神经传至大脑的交感神经，将发放到血管或内脏，所产生的变化使其获得某些反应，例如胃收缩、手出汗、呼吸急促、心率加快、血管扩张等。

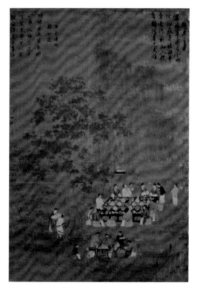

古画　文会图

突触是指神经元之间通过一个神经元的轴突末梢与另一个神经元的树突（轴树突触）或胞体（轴胞突触）相特殊联系结构(接触)。突触包括突触前膜和突触后膜，它们之间有宽约200A的突触间隙，突触小泡，含有神经递质。

神经递质是起传递作用的中介物质，神经元的这种联系方式称为突触传递，它使神经冲动在神经元之间传导。改变大脑机能的药物都可以看成是通过干扰神经递质系统而起作用。

舒服感觉是当茶叶汤汁内含物刺激作用于人脑时，下丘脑产生兴奋，肾上腺髓质释放肾上腺素和去甲肾上腺素，从而增加通向脑、心脏、骨骼肌等的血流量，提高机体对紧张刺激的警戒能力和感受能力，增强能量，作出适应性反应活动的结果。

四、冲泡茶叶

冲泡茶叶是一项视觉（汤汁颜色）、听觉（煮水）、嗅觉（气味）、味觉（味道）及触觉（操作）的感受，是一场乐趣的追逐，是一次闻香、尝味、观色的享受，可以达到身心愉悦舒服的作用。

但是，若想要饮用到最佳茶叶汤汁则需要费点工夫，因为茶叶冲泡有个特点，就是当第一泡冲坏以后，后面的各泡再怎么样冲泡也挽救不了，可以说头泡茶叶冲泡犹如"离弦之箭，回不了头"。

所以，要想冲泡好茶叶，使茶叶的香气、味道、汤汁颜色都能正常释放出来，就要从水的品质、水的温度、炉具火源、投茶量、注水量、茶叶浸泡时间以及饮用汤汁的

荆其诚先生11岁时家里为其在景德镇订制的茶壶，20世纪60年代因"文革"原因自己刮掉"其诚"两字。今由书法家沧夫先生临摹补全。

温度等各方面都要协调一致，做到恰到好处才能达到中庸与和谐。对此，笔者认为核心和重点是"一方水土养一方人"。

茶叶冲泡讲究的是尽量享受茶叶所带来的香气、味道和汤汁颜色，应抱着轻松、自由、随性的心态，就如陆游《入梅》中说："墨试小螺看斗砚，茶分细乳玩毫杯。客来莫诮儿嬉事，九陌红尘更可哀。"不管是"戏""玩"还是"儿嬉事"，都要体现出了茶的乐趣。千万不要学某些着奇装异服、正襟危坐、面无表情、无声无息、汤汁烫饮、动作整齐划一等讲究才能饮上一口茶的所谓艺道。

茶为食品，无异米盐，于人所资，远近同俗。既祛竭乏，难舍斯须，田间。嗜好尤切。

——《旧唐书》

南人好饮之，北人初不多饮。开元（713-744）中……自邹（今山东滋阳），齐（今山东临淄），沧（今河北沧县东），棣（今山东惠民）渐至京邑，城市多开店铺，煮茶卖之，不问道俗，投钱取饮。

——《封氏闻见记》

茶叶在沸水作用下可挥发出芳香物质，人们通过嗅觉系统得到某些感觉，即香气感受；沸水同时可将茶叶内含的水溶性物质浸泡出来，人们饮用后通过味觉系统得到某些感觉，即味道感受；水溶性物质在沸水浸泡作用下释放出来，同时给人们带来汤汁颜色，即视觉感受。

开始冲泡时，除了高挥发的香气可释出外，味道的品性才刚苏醒；冲第二泡时，香气和味道所含各种物质的品性才开始浸出；冲第三泡时，香气和味道等品性才开始迸发，这个时候对这一款茶叶的品性就有了 60%～70% 的评价，剩下的 30%～40% 就留给冲泡次数以及香气、味道、汤汁颜色的强度和持久性来衡量。

一般情况下，头几泡注水的间歇时，最好将壶盖打开，有关研究证明此举可使茶叶中的一些物质，尤其是一些有害物质会随水蒸气一起挥发掉，对身体健康较为有利。

1. 水

茶性必发于水，八分之茶，遇十分之水，茶也十分矣，八分之水，试十分之茶，茶只八分耳。

——《梅花草堂笔谈》

煮茶水。酌彼流泉，留清去浊，水清茶善，水浊茶恶。山厚者泉厚，山奇者泉奇，山清者泉清，山幽者泉幽。

——《煮泉小品》

大抵煎茶之要，全在候汤。酌水入姚，炙炭于炉，惟恃鼓之力。此时挥扇，不可少停，俟细沫徐起，是为蟹眼。少顷，巨沫跳珠，是为鱼眼，时则微响初闻，则松风鸣也。自蟹眼时，即出水一二匙。至松风鸣时，复入之，以止其沸，即下茶叶。大约跳水半升，受叶二钱。少顷，水再沸，如奔涛溅沫，而茶成矣。然此际最难候，太过则老，老则茶香已去，而水亦重浊。不及则嫩，嫩则茶香未发，水尚薄弱，二者皆为失饪。

——《茶说》

前人对水质、水温与炉具的要求已经相当详细，皆说明只有沸水才有足够的能力将茶叶水溶性内含物浸泡而被释放出来。

（1）水质

凡水，以甘为芳、甘而洌为上。清而甘、清而洌次之。未有洌而不清者，亦，未有甘而不清者，然必泉水始能如此。若井水，佳者止于能清，而后味终涩。凡贮水之罂，宜极洁，否则损水味。

——《茶说》

水质可以用水的总矿化度或总硬度来衡量，水的总矿化度是指水中离子、分子和各种化合物的总含量，单位为g/L。矿泉水有国家标准，定义是"锂、锶、锌、硒、溴化物、碘化物、偏硅酸、游离二氧化碳和溶解性总固体中，有一项或多项超过规定的最低标准"。

水的软硬由其中的钙、镁离子决定，单位是 mg/L，将所测得的钙、镁折算成的 CaO 质量，以每升水中含有 CaO 的毫克数表示，1个硬度单位表示 1 升水中含 10mg CaO，钙镁离子含量多则水的硬度大，反之则小，任何软化水的操作，都是去除钙镁离子。

流动的山水

国家标准《饮用自然矿泉水》（GB8537-2008）中并没有对钙、镁离子的含量进行限制，实际上水中含有的

泉水

钙、镁离子的含量不同，水质的口感也会有所差异。例如，硬水在口感上会带有些轻微的苦涩味道，若用硬水冲泡茶叶，一般会减弱茶叶的香气和味道。现实社会中硬水比较容易辨认，除口感外，硬水会在烧水的壶底留有较多的白色的结晶体（钙和镁沉淀），而且这些结晶体对人体有一定的害处，要及时清除掉。

理论上冲泡好茶叶使用软水水质较好，用矿物质含量较少的软水，能更好地溶解出茶叶所含各种物质。

水质还可以用水中所含矿物质的品种与含量来衡量，同样对汤汁的口感产生较大影响。根据有关研究，若汤汁含有 2mg/L 的钙，味道将会变涩；当汤汁含有 4mg/L 的钙时，味道将会变苦；若汤汁含有 2mg/L 镁时，味道将会变淡；若汤汁含有 1mg/L ~ 4mg/L 的硫酸盐时，味道将会变淡薄；当汤汁含有 6mg/L 硫酸盐时，味道将会变涩。

城市里面的自来水一般都添加了氯，最好能以净水过滤器先进行过滤，或待水煮沸后，再多烧一段时间使其挥发从而达到除氯的目的。

(2) 水温

虾眼，蟹眼，鱼眼连珠，皆为萌汤，直至腾波鼓浪，水汽全消，方是纯熟。如初声，转声，振声，骤声，皆为萌汤，直至无声，方是纯熟。如气浮一缕，二缕，三四缕，及缕不分，氤氲乱缕，皆为萌汤，直气至冲贯，方是纯熟。

汤纯熟，便取起。先注少许壶中，祛汤冷气，然后投茶。茶多寡宜酌，两壶后又用冷水荡涤，使壶凉洁，不则减茶香矣。

凡茶少汤多，则云脚散，汤少茶多，则乳面浮。此茶之多寡，宜酌也。

茶以火候为先。过于文，则水性柔，柔则水为茶降。过于武，则火性烈，烈则茶为水制。

蔡君谟曰：候汤最难，未熟则沫浮，过熟则茶沉。前世谓之蟹眼者，过熟汤也。况瓶中煮之不可辨，故曰候汤最难。

——《茶史》

用沸水冲泡茶叶，能使芳香物质更容易挥发，尤其是组成香气的高沸点和高挥发的芳香内含物得以被释放，香气会很好；沸水温度高，水分子比较活跃，会带动所含各种物质分子异常活跃，茶叶中的内含物就能快速被释放出来，味道也会随之丰富多彩，感觉就会很好。若水温降低时又可将低沸点和低挥发的内含物经浸泡而被释放出来。所以，茶叶一般情况下要用高温的水冲泡，使茶叶所含各种物质充分释放，香气和味道才能有较完整的表现，层次变化才会更丰富。

水的沸点由当地的大气压决定，跟烧水壶用什么样的材质没有关系，不管是用什么材质的壶，只要放到火上去烧，开水的温度都是一样的。至于"蓄热能力"，则往往取决于壶的传热系数和厚度。与玻璃、陶瓷等材料

测水温

相比，其实铁的传热系数要更大，即使壶壁厚度相等，铁壶散热比玻璃壶、陶瓷壶要快。

当然，现今也有一些所谓的创新、高科技的泡法，如用温度较低的水来浸冲泡茶叶，但这只能将低沸点和低挥发的内含物被释放出来，而高沸点和高挥发的内含物则是浸泡不出来的，实则浪费和可惜。

一般情况下，往茶壶注入沸水、盖上盖子后，要适当地用沸水淋透茶壶，此举一是使壶内的热度不至于散发较快；二是让高温的芳香物质得以溶解、挥发，使冲泡茶叶的环境香气四溢，使人心情愉悦；三是使茶叶中水溶性内含物得以更快速地浸泡出来。

若在低海拔地区风力不大的情况下煮水，可由水蒸气上升的形状大概判断水温：水蒸气若隐若现地扶摆而上，水温大概在85℃左右；水蒸气开始拉直上升，水温大概在90℃左右；水蒸气直线上喷，水温大概在98℃左右。若开水长时间处于沸腾状况，很容易浓缩了水中的重金属，同时可能会产生砷化物等有害物质，所以应倒掉不用。

（3）投茶量和注水量

大抵水一合，用茶可三分。若洗茶者，以小笼盛茶叶，承以碗，浇沸汤以箸搅之，漉出则尘垢皆漏脱去。然后投入瓶中，色、味极佳。要在速疾，少缓慢，则气脱不佳。如华制作茶叶，尤宜洗用。

——《茶史》

投茶

注水

由于各种茶叶的茶树种类、制作工艺不同，其水溶性浸出物的高低也会不同；同时，由于茶壶的容积大小不同，故茶叶量与注水量要适度平衡，才能冲泡出和谐的香气、味道和汤汁颜色。当然，读者可根据个人口感与习惯的浓淡调整投茶量和注水量，获得自己偏好的香气和味道以及汤汁颜色。

一般情况下，茶叶若是大中叶种、叶梗肥厚、制作时没消耗太多所含各种物质、条索紧实的，投茶量可相对少些；茶叶若是小叶种、叶梗瘦薄、制作时消耗太多所含各种物质、比较碎散的，投茶量可相对多些。

（4）茶叶浸泡时间

候汤。凡每煎茶，用新水活火，莫用熟汤及釜铫之汤。熟汤，软弱不应茶气。釜铫之汤，自然有气妨乎茶味。陆氏论"三沸"，当须"腾波鼓浪"而后投茶。不尔，芳烈不发。

冲泡。水煮既熟，然后量茶罐之大小，下茶叶之多寡。夫茶以沸水冲泡而开，与食品置鼎中久蒸缓煮者不同。若先放茶叶于湿罐内，则茶为湿气所侵，纵水熟下泡，茶心未开。茶心不开，则香气不出。必须将沸汤先倾入罐，有三分之一，然后放下

中式浸泡

茶叶，再用熟水满倾入罐，盖密勿令泄气。如此饮之，则味道自长矣。外有用滚水先倾入罐中，洗温去水，再下茶叶。此亦一法也。又考《茶录》有云：先以热汤洗茶叶，去其尘垢冷气，烹之则美，此又一法也，是在得其法而善用之者。

淹茶。华制作茶叶，不可煎。瓶中置茶，以熟汤沃焉，谓之泡茶。或以钟，谓之中茶。中，钟音，通泡名，通瓶。钟者，《茶经》谓之淹茶。皆当先焙之令热，或入汤之后盖之。再以汤外溉之，则茶气尽发矣。

——《茶史》

茶叶浸泡时间的长短，往往取决于冲泡次数和水温的高低。若水温、浸泡时间适当，茶叶中的内含物如芳香物质、茶多酚等物质会缓慢地不断和谐地溶解溢出，香气、汤汁相对来说会含有较多的内含物。相对来说，较嫩的茶树芽、叶、梗所制作的茶叶，内含物浸出较快；成熟的茶树芽、叶、梗所制作的茶叶，内含物浸出较慢。为

西式浸泡

求得相对平均的香气和味道以及汤汁颜色，一般情况下，每冲泡一次的浸泡间隔会逐步增加时间，越往后浸泡的时间会越长。

茶叶浸泡有两个例外：一种是将茶叶放进水中煮，其香气、味道会较浓，汤汁颜色会较深；另一种为制作时的茶叶是细碎的，其水溶性内含物是非常容易被浸泡出来，两分钟内的浸泡便可溶解溢出90%所含各种物质。例如，国外在19世纪就将茶树芽、叶、梗碾压切碎为1mm～2mm的小颗粒状后再制成茶叶，英文简称"CTC"，就是Crush（碾压）、Tear（切碎）、Cur（揉卷）的缩写。

一般情况下，在茶叶冲泡时第一泡的浸泡时间越短越好。一来香气可以马上嗅得到，二来汤汁饮后便知味道（不晓来源的茶叶则建议读者可饮入口但勿吞下肚，洗茶水养茶壶也很好），由此大体上便可知晓该茶叶的优缺点，可根据个人口感与习惯调整冲泡茶叶时间的长短：浸泡茶叶的水温较低味道则会较寡，浸泡茶叶的水温较高味道则会较厚，浸泡茶叶时间越短味道则会较淡，浸泡茶叶时间越长味道则会较浓。

一些地方至今流传着好茶的俗话："一泡水，二泡茶，三四五六是精华，七八九十泡也不差。"意思是一泡是洗茶叶的水而已，经二泡茶叶才苏醒，开始出一点点茶味，三四五六泡才可以浸泡出茶叶的精华，七八九十泡还是很好。所以，正常情况下约在十泡内香气、味道和汤汁颜色能处于上升或稳定状态的茶叶，都是比较好的茶叶。

茶心 34　软硬水

冲泡茶叶对水有一定的要求。

第一是水温，沸水最容易把水溶性浸出物释放出来，包括咖啡碱、茶多酚、维生素等。有研究发现，沸水冲泡茶叶并不会大量破坏维生素 C，因为茶汤中的维生素 C 是比较难以分解的，其较为稳定的原因是茶汤中含有较多的多酚类物质，它们能与铁离子、铜离子等相互作用，从而抑制维生素 C 的分解。高温固然可破坏维生素 C，但在茶汤和纯水两种不同的条件下，破坏程度有很大差别。

热水能够把茶叶的内含物较充分释放，味道上有较完整的表现，香气和口感的层次变化比较丰富。冷水长时间浸泡出来的茶，茶里大多为易释放的胶质及清香清甜物质，这就是很多人迷恋的鲜爽茶味，只是温度低的水能溶出来的内含物实在有限，一般约为沸水冲泡茶叶的一半。

一般茶叶的颜色越浅（白、绿、黄），水温较低为好，但也要控制在 85℃以上，否则香气和层次都会不明显。茶叶颜色越深（红、褐、黑），适合用刚沸腾的新鲜热水冲泡，冲出来的味道才会沉稳饱满。

第二是水的硬度，分为软水和硬水。硬度是指水中某些易于形成沉淀的金属离子，它们都是二价或二价以上的离子（如 Ca^{2+}、Mg^{2+}、Fe^{3+}、Mn^{2+} 等）。在自然水中，形成硬度的物质主要是钙、镁离子，所以通常认为硬度就是指这两种离子的量。钙盐部分包括：重碳酸钙、碳酸钙、硫酸钙、氯化钙。镁盐部分包括：重碳酸镁、碳酸镁、硫酸镁、氯化镁。钙盐部分称为钙硬度，镁盐部分称为镁硬度，总硬度等于二者之和。GPG 为水硬度单位，1GPG 表示 1 加仑水中硬度离子（钙镁离子）含量为 1 格令。

按美国水质量协会标准，水的硬度分为 6 级：0~0.5GPG 为软水，0.5~3.5GPG 为微硬水，3.5~7.0GPG 为中硬水，7~10.5GPG 为硬水，10.5~14.0GPG 为很硬水，14.0GPG 以上为极硬水。硬水较容易分辨，只要是用茶壶烧水壶底留有白色的结晶体（钙和镁）就是硬水，这些结晶体对人体有一定的害处，必须定时清除。

硬水又分为暂时硬水和永久硬水，暂时硬水的硬度是由碳酸氢钙与碳酸氢镁引起的，经煮沸后可被去掉，永久硬水的硬度是由硫酸钙和硫酸镁等盐类物质引起的，经煮沸后不能去除。自然水中，雨水、雪水属软水，溪水、江河水属暂时硬水，井水、泉水、部分地下水属硬水，蒸馏水为人工加工形成的软水。用硬水水质冲泡，一般会减弱茶叶的香气和味道。冲泡茶叶最好使用软水，用矿物质较少的软水能更好地反映出茶叶的香气和味道。

前人所谓"山水上，江水中，井水下"。山水：拣乳泉、石池涓涓流出者；江水，取去人远者；井，取汲多者佳也。这里指明山水选择乳泉、石池流出者，一方面是暂时硬水，煮沸后可变为软水，另一方面经过山体过滤，水质更好。江水也属暂时硬水，煮沸后冲泡茶叶可得真味，只是人们多在江边生活，洗衣、便溺等会影响江水水质，因此前人强调取远离人群的江水为宜。井水为硬水，冲泡茶叶会减弱茶的香气味道，一定要使用时，要选择人们使用较多的井水，才能保证甘甜清洌，不至于"如蟹黄浑浊咸苦"。

现代城市里多饮用自来水，一般都添加了氯，最好能以净水过滤器先进行过滤，或待水煮沸后，再多烧一段时间使其挥发从而达到除氯的目的。但若水长时间沸腾，很容易浓缩水中的重金属，同时可能会产生砷化物等有害物质，所以应倒掉不用。古人讲究，煎茶之要，全在候汤，"蟹眼已过鱼眼生，飕飕欲作风松鸣"。"俟细沫徐起，是为蟹眼；少顷，巨沫跳珠，是为鱼眼，时则微响初闻，则松风鸣也。"煎茶即用水煮茶叶，古人对火候要求这么高，一方面由于"太过则老，老则茶香已去，而水亦重浊；不及则嫩，嫩则茶香未发，水尚薄弱"，另一方面也有水沸腾时间久令水质变差的原因。

第三是水的酸碱度，

即 pH 值。pH 值实际意义是氢离子浓度的负对数值，水溶液是呈酸性或碱性，完全由溶液中 H^+ 与 OH^- 的相对含量来决定：$OH^- = H^+$ 时呈中性（pH＝7），$OH^- > H^+$ 时呈碱性（pH＞7），$OH^- < H^+$ 时呈酸性（pH＜7）。由于不同温度下水的电离作用不一样，因而同一水样在不同温度下测得的 pH 值是不同的，所以规定 25℃ 为测定温度值。那么水质标准中是否对 pH 值指标有规定呢？世界卫生组织饮用水水质标准中没有具体指标，只说明低 pH 有腐蚀作用，高 pH 影响味觉，有肥皂味，为使加氯更为有效，以 pH≤8 为宜。美国环境保护署饮用水质标准指出，一级水没有具体标准，二级水 pH6.5~8.5。欧盟饮用水水质标准为 pH6.5~9.5，对瓶装或桶装的净水，pH 最小值降至 4~5。日本饮用水水质标准为 pH5.8~8.6。我国 GB5749 生活饮用水卫生标准为 pH6.5~8.5，GB17324 瓶装饮用纯净水标准为 pH5.0~7.0。

那么饮用碱性水还是饮用酸性水好呢？食品自身的"酸碱性"和它的"致酸碱性"，即经消化吸收后在人体内代谢物的酸碱特性，是两回事，有时甚至相反。如果代谢产物含钙、镁、钾、钠等阳离子，即为碱性食品；反之硫、磷较多的即为酸性食品。多数蔬菜、水果等是酸性的，但又是"致碱性"食品，而水既不致酸，也不致碱。因此所谓"只有饮用碱性水好，饮用弱酸性水有害"的说法是没有科学依据的。饮用水的水质好坏应以是否符合水质标准、水中杂质及其受污染情况来决定，只要符合卫生标准，不管呈弱酸还是弱碱性，都可放心饮用。

2. 器具

袖炉。书斋中薰衣、炙手对客常谈之具，如倭人所制漏空罩盖漆鼓，可称清赏。今新制有罩盖方圆炉，亦佳。

——《茶史》

择器。器之要者，以姚居首，然最难得佳者。古人用石姚，今不可得，且亦不适用。盖姚以薄为贵，所以速其沸也，石姚必不能薄。今人用铜姚，腥涩难耐。盖姚以洁为主，所以全其味也。铜姚必不能洁，瓷姚又不禁火，而砂姚尚焉。今粤束白泥姚，小口瓷腹极佳。盖口不宜宽，恐泄茶味。北方砂姚，病正坐此，故以白泥姚为茶之上佐。凡用新

小袖炉

古画　袖炉

1987年法门寺出土唐朝时期的国外玻璃器皿，笔者认为适合饮茶

姚，以饭汁煮一二次，以去土气，愈久愈佳。次则风炉，京师之不灰木小炉，三角如画上者，最佳。然不可过巨，以烧炭足供一姚之用者为合宜。次则茗盏，以质厚为良。厚则难冷，今江西有仿郎窑及青田窑者佳。次茶匙，用以量水。瓷者不经久，以椰瓢为之，竹与铜皆不宜。次水罂，约受水二三升者；贮水置炉旁，备酌取，宜有盖。次风扇，以蒲葵为佳，或羽扇，取其多风。

——《茶说》

选器。物之得器，犹人之得地也，何独于茶而疑之。盖烹茶之器，不过瓦，锡，铜而已。瓦器属土，土能生万物，有长养之义焉。考之五行，土为火所生，母子相得，自然有合。故煮水之器，唯此称良，然薄脆不堪耐久。其次则锡器为宜，盖锡软而润，软则能化红炉之焰，润则能杀烈焰之威。况登山临水，野店江桥，取携甚便，与瓦器动辄破坏者不同。至于铜罐，煎熬之久，不无腥味，法宜于罐底洒锡。久则复洒，以杜铜腥。若用铁器以煮水，是犹用井水以烹茶也，其悖谬似不待赘。

——《茶史》

器具中当属陶器为名具，笔者总结为"型师自然、功夫精湛、书画添贵、技依师传"20个字。只要是炉、壶等茶器均适用。

"型师自然"指炉、壶的造型达到人与自然相吻合的最高境界。造型之美关乎个人的认知、修养，炉、壶的造型往往源于自然和人生产生活，经人认知、归纳、感悟、提炼后，情感升华已经高于自然形态，并在立体空间用比例、线条、色彩、体量、节奏等，创造出整体协调、气韵神满、寓静于动，以无声胜有声地表达出人文历史和自然美的蕴涵，承载着人的认知和修养，体现在陶泥、瓷土的气韵、腰身线条等方面。气韵要大气如天地般雄霸，既要秀气又要娇娆，有洒脱的灵气；腰身要直上直下的"水桶腰"、凹凸明显的"黄蜂腰"、修长柔软的"水蛇腰"都比不上嫩姣滑爽的"扬州腰"，只有各部位比例非常适当，才能尽

国家外观设计专利紫砂陶泥"元提壶"

宋雨桂诗书、沈汉生（石羽）
刻字、李志平制作的紫砂陶泥壶

显腰身最美之感；线条要如山川般自然，似行云般轻盈，像流水般顺畅。

"功夫精湛"指炉、壶技艺水平的高低，这一直是中国传统文化中最敏感的话题，俗话说"文无第一，武无第二"就是这道理。表面上，造型各异，好像各有各的技艺水平要求，很难用统一的基本标准来衡量功夫是否精湛。由于是手工制造，很多部位看似容易实际做好不易，尤其是细部很难做得精湛，是较典型的易学难精的工艺。

"书画添贵"指将诗书画等多门艺术，有机地融合、叠加于器具里，是炉、壶的最高境界。中国的书画最早来源于人类远古族群的生产生活，因受自然环境影响，人类产生崇拜自然的许多行为，大脑意识浓缩出许多关于生产生活、自然界的象形文字和抽象图腾符号，并刻画于陶土、木头、岩石上，以抒发情感、传递表达认知、寄托愿望、传递言语和传承思想文化。表面上看在器具上刻书画是一种简单的回归，实际上却从一般"生活用品"蜕脱，升华为"艺术生活用品"。

一般来说，雕刻功夫比制炉、壶功夫更难精湛：一是书画要配合炉、壶的造型、比例、风格和气韵难；若要将其他著名书画家的作品雕刻入炉、壶，保持书画原貌不失真或少失真、保持书画原貌的气韵精髓不丢或少丢更难。二是笔刀相间、墨刻交融、陶纸一体而呈现浓厚的金石味难。因此，要成为雕刻高手，首先要是书画行家才行。

"技依师传"指的是制作工艺乃师授徒、徒从师而传承。从前，学徒们从学做缸、做花盆开始，若被师傅慧眼发现有"才"，才可钦点升学做炉、壶，"袖炉""水平壶"做好了也就可以出师了。经过漫长的认知和个人修养积累，一大群人中，只有极个别的高徒可成长为师傅级人物，俗话说"名师出高徒"就是这道理。

也就是说，制造紫砂器具的人分两种：师傅在造型、部位细节处理方面更显得气韵和精湛，主要为艺术、理想、传承而做，其炉、壶用料优、造型美、工艺好、档次高、产量少，价位当然也较高。高徒则在认知、修养、悟性和灵性等方面有所欠缺，主要为满足于日常生活需求而做，其炉、壶用料、造型、工艺适可，档次普通，产量大，价位相对较低。

3. 饮用

饮法。古人注茶，焰盏令热，然后注之，此极有精意。盖盏热则茶难冷，难冷则味不变。茶之妙处，全在火

国家外观设计专利紫砂陶泥"汉风壶"

候。焰盏者，所以保全此火候耳。茶盏宜小，宁饮毕再注，则不致冷。陆羽论汤，有老嫩之分，人多未信，不知谷菜尚有火候，水亦有形之物，夫岂无之。水之嫩也，入口即觉其质轻而不实；水之老也，下喉始觉其质重而难咽。二者均不堪饮，惟三沸初过，水味正妙；入口而沉着，下咽而轻扬，播舌试之，空如无物，火候至此至矣。

——《茶说》

（1）汤汁勾兑

夫茶中著料，碗中著果，譬如玉貌加脂，蛾媚著黛，翻累本色。

——《茶说》

除了原汁原味饮用汤汁外，为快速降低汤汁的温度，或改变汤汁的香气、味道和汤汁颜色，或按饮用者喜欢的口味调整，或作为日常饮食，又或为增添情趣，现今各地仍然保留着勾兑酥油、奶汁、盐等制成酥油茶、奶茶、咸茶的习惯；一些地方保留着勾兑香料为主的擂茶习惯；一些地方保留

勾兑香料为主的擂茶

着勾兑蜂蜜的蜂蜜茶习惯；国外一些地方仍然保留着勾兑奶、糖、水果汁甚至是酒精类等习惯。

（2）饮用汤汁

一些茶叶在头几次冲泡时，汤汁表面会有一些泡沫产生，这些泡沫主要是"茶皂素"，正因为其较难溶于水所以才具有起泡能力。茶皂素主要是一些糖苷类化合物，在植物界广泛存在，例如人参中就有人参皂苷等。有关研究发现，茶皂素具有较强的抗氧化、提高人体免疫力、抗菌、调节血糖、降低胆固醇、化痰止咳等作用，是一种很好的养身物质。

温饮

饮用温度过高的汤汁，会使人的味觉器官因热涨而容易受损；温度过低则会令味觉器官因冷而收缩使敏感度下降。因此，人体的口腔是不适合温度过高或过冷食品。

2016年，世界卫生组织公布了某项研究，其团队来自十几个国家，针对20多种不同类型的癌症做了1000多案例研究，结果表明，在饮用高于65℃汤汁时，有可能会导致食管细胞损伤，而茶中的鞣质可以在损伤部位沉积，不断刺激食管上皮细胞，使之发生突变，突变细胞大量增殖后即可变成癌组织。为此，笔者建议人们饮用汤汁时的温度最好在38℃至48℃较为适宜。

茶心 35　饮用温度

一些地方的人喜欢饮用较热的汤汁，每当汤汁刚倒出来他们就端起茶杯一饮而尽，这种习惯很有可能容易诱发食管癌，因为长期饮用热茶可导致食管反复灼伤，从而产生癌变。

古画　饮茶

现代饮茶

食管癌是发生于食管黏膜上皮的恶性肿瘤，是常见的消化道肿瘤。有关研究发现，食管癌的分布具有显著地理分布差异，国外的中亚一带、非洲、法国北部和中南美洲是高发区；我国也是食管癌的高发地区。

有关研究发现，食管癌有种族差异，国外的哈萨克族、乌孜别克族、土库曼族发病率较高，高加索俄罗斯血统人、塔吉克族、伊朗波斯人较低。我国哈萨克族最高，其次蒙古族、维吾尔族和汉族，塔吉克族最低。

有关研究显示，食管癌已证实的病因如下：

一是化学病因，包括亚硝胺类如亚硝酸盐、亚硝胺等，这类化合物及其前体分布很广，可在体内、外形成，致癌性强。在高发区的膳食、饮水、酸菜，甚至病人的唾液中，测得亚硝酸盐含量远高于低发区。

二是生物性病因，如黄曲霉菌毒素等，笔者在前面已经讲过黄曲霉的致癌机理。

三是微量元素和维生素类缺乏，包括钼，铁，锌，维生素 A、B_2、C 等。微量元素和维生素缺乏，以及动物蛋白、新鲜蔬菜、水果摄入不足，是食管癌高发区的一个共同特点。

四是饮食习惯不良，包括嗜好烟、酒、热食热饮等，国外研究显示，对于食管鳞癌，吸烟者的发生率增加 3~8 倍，而饮酒者增加 7~50 倍。

五是遗传易感因素，涉及多种癌基因和抑癌基因，处于食管癌高发区，年龄在 40 岁以上，有肿瘤家族史或者有食管癌的癌前疾病或癌前病变者，是食管癌的高危人群。

早期食管癌的临床表现以哽噎感最常见，还包括胸骨后疼痛、胸骨后闷胀不适、食管内异物感、咽喉紧缩不适等，有些病人可无症状。食管癌进展期最常见的典型症状是进行性吞咽困难，以及呕吐、胸背疼痛、体重下降等。晚期食管癌表现为侵犯穿孔导致的疼痛、呛咳、呕血，神经受累导致的声音嘶哑，恶病质表现如消瘦、贫血、低蛋白，锁骨上淋巴结、肝脏等远处转移。

因此，热茶再好饮，也请大家少安毋躁，稍等片刻再去饮，健康第一，饮茶第二。

4. 一方水土养一方人

印色池。官、哥窑，方者，尚有八角、委角者，最难得。定窑，方池外有印花纹，佳甚。此亦少者。诸玩器，玉当较胜于磁，惟印色池以磁为佳，而玉亦未能胜也。

——《茶史》

中国古代社会以族群生活为主，生产生活的地理位置一般会选择在靠山近水的地方附近，受地形地貌以及交通不便的影响，其活动范围有限，因此，茶叶与茶壶是具有较强的地域性。好茶、好水、好炉、好壶也就构成笔者推崇的"一方水土养一方人"的理念。也就是说，只有用当地陶泥瓷土做的茶壶，配上当地的茶叶、水和炭火冲泡出来的"茶水"，才可能达到茶叶的香、味、色的最佳状态。

中国陶瓷闻名世界，中国的英文"CHINA"意思亦为陶瓷。实际上，陶

早期茶壶

器与瓷器是两种不同的物质，前人是先发明陶泥器皿，瓷土器皿则比较晚。从地理位置上说，凡有茶树生长的地方，在方圆 200 公里半径范围内，一般都会有适合做茶器的陶泥或瓷土出产。

陶器主要用泥质陶泥制作坯胎，经 600℃~900℃ 烧制而成器。因温度较低，陶土分子烧结不完全，密度较为松散、硬度低；釉的配方较为简单，多用熔点较低的草灰、木灰等配制，由于松散的坯胎能大量地吸釉，所以成品上往往只能留下薄薄的釉。

瓷器主要用瓷土（高岭土）制作坯胎，经 1000℃ 以上烧制而成器。因为温度较高，瓷土的分子烧结完全，密度较为紧密、硬度高；釉的配方复杂了很多，多用熔点较高的长石、二氧化硅等物质调制，釉呈玻璃质面，具有釉层厚、光泽透明、不渗水、不透气等特点。

茶壶的出现与中国独有的中医中药密切相关，中药的材料主要是动物和植物以及矿石等，茶叶只是众多植物之一。据说，每年农历的五月初五是采集植物的最佳时间，此日采集的植物药力和疗效为最佳。植物采集后，一般要经过切，或榨，或蒸等处理，最后晒，或烘，或吹，或阴干后储存，方便一年四季都能随时按医生处方配剂使用。使用时，一般需用容器注水浸泡、温火煎熬，待药物有效成分浸出后方可服用，从而起到医治疾病的作用。煎熬中药的容器就是茶壶的最早形制。

（1）煎熬中药与茶壶起源

由于茶叶最早是作为单味中药使用，尤其是其中一些具有特殊香气、甘甜、爽滑、提神等味道和感觉的茶叶，会受到一些追求情调、氛围和修养的文人雅士们重视，他们开始讲究起水质、炉具、茶壶等如何与冲泡茶叶完美融合，浸泡茶叶的茶壶因此也受到关注，逐渐呈现出较浓烈的美术气味，慢慢升华为中国特有的"茶壶艺术"。

"茶壶艺术"首先源于人类自身。考古发现，远古壁画中许多是以人为主体，表达出对先人的崇拜和敬佩。而茶壶作为艺术的出现最初也是如此，表现了茶与人类社会无处不在、密不可分的关系，满足了人类饮茶治病、追求长生不老的意愿。

其次源于图腾神器。前人为掠夺族群间的生产生活资料、后代繁育权等而不断地争斗，争斗最终以"胜者为王、败者为寇"结束。胜者往往会用礼仪道德、宗教信仰等方

现代电子中药壶

式管治被占领土和族群，图腾神器便成为统治工具。其造型不但要神秘诡异和气势逼人，还要有崇敬族群和信仰鬼神的象征，其中最具代表性的就是中国青铜器图腾神器的各种造型。而源于图腾神器造型的茶壶，体积虽然比青铜器小得多，但在气韵上仍然能够雄霸娇娆。

最后源于自然和生产生活。人类为生存一直都在与自然作斗争，自然和人类生产生活的事物、景象、食品、用品、动植物等往往能深入人心，经过无数文人雅士和能工巧匠的揣摩、感悟、雕琢后，便在立体空间用比例、线条、体量和节奏等，创造出为数众多的整体协调、气韵神满、寓静于动的经典茶壶艺术，它承载着人类的认知和修养，蕴涵着丰富多彩的人文历史和自然之美。

国家外观设计专利紫砂陶泥"哺育壶"

（2）阳羡紫笋茶与紫砂陶泥

江苏南部、浙江北部和安徽东部的三角地带自古便盛产紫笋茶茶叶，又名阳羡茶、甘露、罗齐茶等。其中，最闻名的是阳

紫砂陶泥水壶

羡紫笋茶茶叶，与之匹配的是阳羡紫砂陶泥茶壶。

秦朝将荆邑改为阳羡，后数易其名，范围包括现在的江苏省宜兴、浙江（湖州）长兴和安徽广德的部分地区，是我国最早销往欧洲、美洲等地的茶叶的产地之一。因此地所产的茶叶芽叶呈紫色、形状似笋，命名为"紫笋茶"。历史上，还发生过各地茶叶争天下第一的事情，陆羽虽然在长兴生活了28年，编纂《茶经》一书，却仍然认为紫笋茶是最好的阳羡，"芳香冠世产，可供上方"，从而暂时结束了纷争。时至今日，在三省交界的个别小山村里的老人，仍然按照祖祖辈辈流传下来的采野生茶、太阳萎凋、人工揉捻、太阳干燥工艺来制作茶叶，最大限度地保留了茶叶所含的各种物质。

紫砂陶泥绿泥壶

宜兴丁蜀镇独有紫砂陶泥。1973年，国家有关部门首次将其地下狭小的矿脉称为"铁质黏土质粉砂岩"，阐述了紫砂陶泥呈"双气孔"物理特性结构，并伴有云母、石英、长条状赤铁矿、不规则微粒和气泡，其他地方尚未发现与紫砂矿物理特性相同

紫砂陶泥红泥壶

的矿产资源，由于其独具的物理特性，决定其渗透性好、适应冷热急促变化。矿石经过粉碎等工艺形成的泥团称为"紫砂陶泥"，可捏成各式各样的器具，经高温烧结后成为各种器具。

紫砂矿产资源中以紫泥矿石为主，夹带少量的绿泥矿石，底层是红泥矿石。紫泥矿石中，一般情况下只有1%的矿石才能做炉、壶，其余则可做其他器具。

绿泥矿石因为是夹带生成而且量少，很少用于做壶。红泥矿石因为软化度大、收缩性大且容易开裂和断裂，只适宜做较小的物件。

紫砂矿石练成紫砂泥、高温烧结后，一般情况下的颜色为：紫泥呈紫黑色，绿泥呈金黄色，红泥呈朱红色，堪称紫砂壶之本色。

前人为丰富紫砂壶的色彩、肌理、颗粒等效果，将绿泥和红泥作为紫泥的点缀装饰使用，起到画龙点睛、丰富颜色等效果。将高温烧结后的紫泥、绿泥、红泥粉碎，按颗粒大小拌入泥中互调互铺，可呈现粗与细、凹与凸、糙与滑等颗粒效果。另外，受矿石部位、泥料成分比例、高温烧结温度等差异影响，紫砂陶泥的颜色深浅一般情况

国家外观设计专利紫砂陶泥"秦月壶"

下也会有差异。

宜兴紫砂陶历史上，师傅能带出一两位师傅是正常现象，但有两位比较特别：一位是任淦庭，现紫砂"四大刻手"谭泉海（石泉）、毛国强（一粟）、沈汉生（石羽）、鲍志强（乐人）以及咸仲英（冰心）、徐秀堂等师傅均出自其门下；另一位是顾景舟，带出徐汉棠、李昌鸿、徐秀堂（后转入）、高海庚等师傅。

但是，师傅毕竟源于高徒。现在许多喜欢紫砂壶的人们，非常热衷于在高徒中寻找未来的师傅，这不但是一种投资，更是一种衡量自己认知、品味、眼力的方法。

中央电视台曾经报道"紫砂"行业存在一些问题。主要在于：

一是"假紫砂"遍地。宜兴丁蜀镇非遍地紫砂矿，经过千百年来的挖掘开采，其矿脉早已日削月朘。有人用外埠的泥土，再往泥土中添加化工原料或金属粉末，通过化学反应产生外观疑似"紫砂"产品。一般来说，黑纳粉和紫红粉能呈"底槽清"或"清水泥"色；铁红粉能呈红色；铬绿粉能呈浅绿色；锰粉能呈紫红、紫黑色；钴粉能呈绿、墨绿色；铬锡黄粉能呈黄色；钴粉和锰粉能呈青灰色等。这些添加化工原料或金属粉末的产品，经过后期的打油抛光等再加工，其外形、外貌与正宗的紫砂器具的确神似，一般人很难辨认出来。

二是"灌浆"和"压模"大规模生产。化学产品"玻璃水"能使固体泥土变为液体，灌注入模具待"玻璃水"挥发后，拆除模具便有壶的半成品，经手工修整、完善、高温烧结后便成为紫砂壶产品。这些产品一般人比较好辨认出来，只要看到造型、比例、线条、颜色、雕刻、尺寸大小等都基本相同，或者是只有微小差别且数量较多的紫砂壶，基本上可认定为灌浆或压模生产。

三是"代工壶"不断涌现。就是旁人做好器具后，不管泥料正宗与否、造型如何、功夫是否精湛，最后是盖自己的印章就变成自己做的紫砂器具了。

（3）龙井茶与影青瓷土

浙江北部自古便盛产湖茶，与之匹配的是官窑影青瓷土茶壶。

历史上浙江北部盛产茶叶，前人称之为湖茶，湖茶中较闻名的是雨前茶，雨前茶中较盛名的是龙井茶。

雨前茶前人泛指江浙一带茶区于农历谷雨前采制的茶叶，是我国较早销往欧洲、美洲等地的茶叶之一。前人认为产自浙江杭州的茶叶"龙井者佳，莲心第一，旗枪次之"，因为工艺相对简单，所以较多地保留了茶叶所含的各

高永坚设计、制作的影青瓷土茶壶

种物质。有关研究表明，龙井茶的茶多酚、咖啡碱保留在85%以上，叶绿素保留在50%左右，维生素损失也较少，所以香气、味道、汤汁各方面都比较好。宋朝时期已经有高质量的官窑影青瓷土茶壶出品。

（4）武彝茶与建陶

福建北部自古便盛产武夷茶，与之匹配的有建窑黑陶泥茶壶。

福建建窑黑陶茶壶

根据有关记载，商周时期武夷茶就是献给周武王的贡茶，又名武夷茶、晚甘喉等，后泛指福建北部所出产的茶叶，简称为建茶。建茶主要产自崇安县，崇安属建州管辖，建州约为现今福建北部的十几个县市，是我国较早销往欧洲、美洲、南洋等地的茶叶产地之一。建茶由前人陆续发现的众多优良品种单株茶树，加上复杂的工艺制作而成，慢慢形成特有的"岩韵"品性而闻名于世。唐朝时期建州已经有高质量的建窑黑陶泥茶壶出品。

（5）蜡茶与青瓷土

福建南部自古便盛产蜡茶茶叶，与之匹配的有福宁青釉瓷。

福建南部以出产蜡茶闻名，蜡茶又名蜡面茶、瘟茶、铁观音茶。蜡茶主要产自福宁，福宁曾为州，后为府，是福建闻名的十府之一，现为福建东南部地区。根据《新唐书·地理志》和宋朝淳熙的《三山志》记载："福州贡蜡面茶，盖建茶未盛前也，今古田、长溪（属福州府）近建宁界（寿宁属建宁）亦能采制，然气味不及。"该地是我国较早销往欧洲、美洲、南洋等地的茶叶产地之一。该茶由于前人陆续发现的众多优良品种单株茶树，加上制作茶叶时的工艺复杂，慢慢形成特有的"音韵"的茶叶而闻名于世。

东晋时期福宁已经有高质量的青釉瓷茶壶出品。

（6）单丛茶与红陶

广东东部自古便盛产单丛茶，与之匹配的有广东红陶泥茶壶。

广东东部的凤凰山脉唐朝时期便有人在此种植茶树，后因前人陆续发现的众多优良品种单株茶树，加上制作茶叶时的工艺复杂，慢慢形成特有的"丛韵"品性的茶叶而闻名于世。与之相对应的是广东潮州宋朝便有高质量的红陶泥茶壶出品。

（7）六堡茶与坭兴陶

广西东部自古便盛产六堡茶茶叶，与之匹配的是坭兴陶泥

广东红陶泥茶壶

茶壶。

六堡茶，又名垌茶、虾耳茶。六堡茶主要产自苍梧六堡地区，是我国较早销往欧洲、美洲、南洋等地的茶叶之一。根据《苍梧县志》记载："茶产多贤乡六堡，味厚。隔夜不变，产长行虾捅者名虾耳茶，色、香、味俱佳。"宋朝时期钦州地区已经有高质量的坭兴陶土茶壶出品。

广西坭兴陶泥茶壶　　　　　　　云南建水陶泥茶壶

（8）普洱茶与建水陶

云南南部、西南部自古便盛产茶叶，与之匹配的是建水陶泥茶壶。

云南南部、西南部盛产茶叶，主要产自普洱府地区，是销往蒙、藏等地的茶叶产地之一。根据《云南志》记载："普洱山在车里军民宣慰司北，其上产茶，性温味香，名普洱茶。南诏备考：普洱府出茶，产攸乐、革登、倚邦、莽枝、蛮专、慢撒六大茶山，而以倚邦、蛮专者味较胜。"根据古籍记载："因普洱茶每年入贡，民间不易得也。有伪作者，名川茶，乃川省与滇南交界处土人所造，其饼不坚，色亦黄，不如普洱清香独绝也。"

明朝时期建水已经有高质量的陶泥茶壶出品。

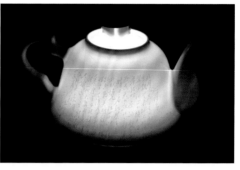

江西景德镇全彩金鱼瓷土茶壶　　　江西景德镇白釉刻字瓷土茶壶

（9）其他茶叶与陶泥瓷土

除上所述之外，安徽中南部、湖北中东部、浙江西南部和江西北部一带也盛产茶叶，与之匹配的是著名的景德镇瓷茶壶。

四川盛产茶叶，与之匹配的是荣昌县的荣昌陶泥茶壶；广东中部西樵、鼎湖、罗浮等山区盛产茶叶，与之匹配的是石湾陶泥茶壶；贵州、河南、河北、山东等盛产茶叶的地方，都会有与之匹配的当地陶泥或瓷土所制的茶壶。

笔者认为，若想还原某种茶叶的最好品性，首选要用当地出产水与器皿冲泡；又因为水的保质时间短暂，外地茶客只好退而求之，用当地出产的器皿冲泡，也是可以达最佳状态的，正好符合前面所述"一方水土养一方人"的理念。

甘京华、李大鸣制广西
桂林鸡血玉壶

茶心 36　血红蛋白

很多人喜欢用铁壶煮水冲泡茶叶，传闻可以补充人体的铁元素。那么事实是否是这样呢？

首先，铁是不能溶于水的，如果是用铁锅炒菜时，锅铲与铁锅不停地剐蹭，可能可以刮下来一点微乎其微的铁屑，但仅仅用铁壶煮水就能够将铁溶于水中，就是根本不可能的事情了。

那么铁对我们是否重要呢？我们先来看血红蛋白。血红蛋白是高等生物体内负责运载氧的蛋白质（缩写 Hb 或 HGB），可使血液呈现红色。血红蛋白由2个 α 亚基和2个 β 亚基通过离子键相连，形成四聚体，其中 α 链含有141 个氨基酸残基，β 链含有146 个氨基酸残基，每条链均由8个 α－螺旋构成，每条链都折叠成球状分子，其中心结合一个血红素。血红素是血红蛋白中载氧的基本功能单位，属铁卟啉化合物，由二价铁和卟啉形成的化合物。血红蛋白中的铁为二价时，可与氧进行可逆性结合（氧合

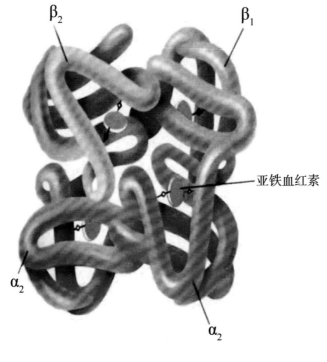

β₂ β₁

亚铁血红素

α₂

α₂

血红蛋白

血红蛋白），如果铁为三价时，血红蛋白则转变为高铁血红蛋白，失去与氧结合的能力。因此氧气可以通过结合在铁离子上被血红蛋白运输，使红细胞具有运输氧的功能。由此可见铁参与人体重要的生化反应，是人体不可缺少的重要元素。

那么人体应该如何补充铁呢？如果是生活方式导致的缺铁性贫血，靠饮食补铁即可，多吃含铁高的食品，如动物全血、肝脏等，较严重者可以在医生指导下服用硫酸亚铁等补铁药物。如果是病变导致的缺铁，就需要具体疾病具体对待。其中比较特殊的是铁卟啉合成代谢异常而导致卟啉及其代谢物排出增多的卟啉症，可分为遗传缺陷或某血红素合成酶系缺陷造成的先天性卟啉症，以及铅中毒、药物引起铁卟啉合成障碍导致的后天性卟啉症。

卟啉症患者有一些特殊的症状，由于卟啉是一种光敏色素，吸收光波后被激活，破坏皮肤表皮细胞溶酶体，皮肤上常出现有痛感的烧伤溃疡，夏季光照后出现急性发作症状如水疱、大疱，甚或血疱，所以卟啉症患者惧怕阳光，只能在黑暗中生活。卟啉症患者造血机制紊乱，大部分患者伴有严重的贫血，再加上常年在黑暗中生活，常常有惨白的面容。

卟啉接触阳光后会转化为可以吞噬肌肉和组织的毒素——单线氧，它会腐蚀患者的嘴唇和牙龈而发生溃烂，使他们露出尖利的牙齿，而患者体内积聚的卟啉，会使患者的牙齿变成黑褐色或紫色，并且牙齿会出现荧光。

卟啉症患者往往面容苍老起皱，面、颈、前胸等处有硬皮病样表现，皮肤上布满疤痕，使他们看上去格外苍老。卟啉症患者在进行输血和血红素治疗后病情会得到缓解，古代由于医疗水平有限通过吸食血液来治疗。卟啉症患者这些特殊的症状，被认为是电影小说等文艺作品中吸血鬼的来源。

总之，铁对人体很重要，不同的缺铁情况采用不同的补铁方式，但通过铁壶煮水是补不到铁的。

静语 11　器官感觉

人们在冲泡茶叶的过程中，通过手触、眼观、耳听等，对茶叶香气、汤汁味道进行鼻嗅、舌尝、喉咽等感官导入大脑交感神经系统，交感神经系统就会调动起来，身体内有关的生理现象和生化指标与动态时或静态时相比就会发生变化，这种变化是有差异的，包括前述的舒服感觉或安全感觉，从而产生器官感觉。

触觉指自然环境事情刺激接触皮肤表面后，使皮肤轻微变形；压觉则指自然环境事情刺激使皮肤明显变形，是人类生存认识世界、了解世界的主要手段，其感受器在皮肤上呈点状分布，一般情况下较常见的是痛觉、触压觉、震动觉、温度觉等。人类的大脑中，皮质一般感

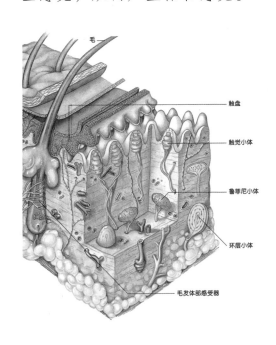

触觉

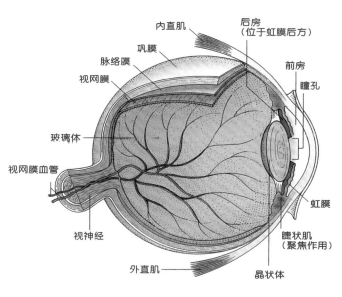

眼睛和视觉

觉区位于中央后回，接受身体对侧的痛、温、触和本体感觉冲动，并形成相应的感觉；顶上小叶为精细触觉和实体觉的皮质区。

　　人类生存环境活动中有 80% 来自视觉，主要由光刺激作用于人类眼睛而产生。虽然人类的眼睛结构相同，但男性和女性还是有较大的区别，较为明显的就是男性为"管状视觉"，女性则为"宽状视觉"。

　　这可能与人类生活的发展有关：古代人类因为生活需求和身体方面的原因，促使人类族群的男性和女性在劳作分工上各有所侧重。

　　男性，主要在野外猎杀动物为主。因为当时工具落后，必须要出奇制胜，不然可能猎杀动物不成反而被动物所伤害，甚至连生命都没保证，所以眼睛往往就要死死地瞄准动物，等待着最佳的猎杀机会而发起进攻。经过漫长的岁月演变、进化，男性的视野就变成"管状视觉"。

而女性则主要在山洞内以照顾孩子、做家务为主。一般情况下孩子会较多，不可能每个都背在身上去劳作，大多只能放在山洞内，经常需要用余光边劳作边照顾孩子；女性经常需要在野外采摘果粮，一路上经常需要用余光边行走边寻觅，哪里有果粮就去哪里采摘；山洞内还要长年累月地保留火种，洞内肯定是烟雾弥漫，加上光线不足，眼睛看起东西来都是若隐若现，时间一长，女性的视野自然就慢慢变成"宽状视觉"。同时，还造就了女性的听觉比男性要敏锐。

宇宙间万事万物都是互相联系，有碰撞，才会产生振动，振动会对周围的空气产生不同的压力，使空气的分子疏密相间运动而形成声波，声波通过空气传递进入人类的耳朵等脏器官，从而产生人类的听觉。人类的大脑中，听觉区位于颞横回中部，每侧皮质均按来自双耳的听觉冲动产生听觉；听觉言语中枢位于颞上回皮质，该区具有能够听到声音并将声音理解成言语的一系列过程的机能。

人类的耳朵只能听得到发声物体每秒振动16~20000周(赫兹)的声波，低于16周(赫兹)的

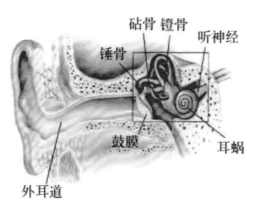

砧骨 镫骨
锤骨
听神经
鼓膜
耳蜗
外耳道

听觉

振动被为次声波，高于20000周(赫兹)的振动被为超声波，次声波和超声波人类都听不到。一般来说，人类言语的音调在300~5000周(赫兹)之间，最敏感的区域是在1000~4000周(赫兹)之间；音乐的音调在50~5000周(赫兹)之间。人类耳朵对声音的强度测量单位是分贝，一般情况下，在很安静的情况下是0分贝，低声言语约为20分贝，正常的谈话声约为60分贝，因为声音太强、听觉有疼痛感觉的大约是120分贝，上限约为130分贝。

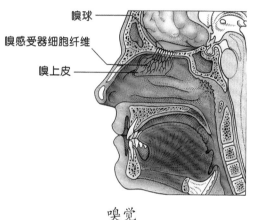

嗅球
嗅感受器细胞纤维
嗅上皮

嗅觉

嗅觉由有气味的气体物质引起，可长距离感受化学刺激的感觉，刺激物必须是气体物质，只有挥发性有味物质的分子，才能成为嗅觉细胞的刺激物。

人类嗅觉的敏感度是很大的，通常用嗅觉阈限来测定，所谓嗅觉阈限就是能够引起嗅觉的有气味物质的最小浓度。对于同一种气味物质的嗅觉敏感度，不同人具有很大的区

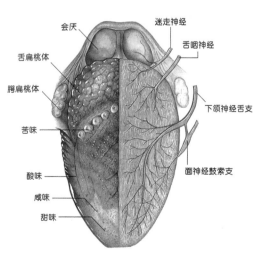

会厌
舌扁桃体
腭扁桃体
苦味
酸味
咸味
甜味
迷走神经
舌咽神经
下颌神经舌支
面神经鼓索支

味觉

别，有的人甚至缺乏一般人所具有的嗅觉能力，人类通常叫它为嗅盲。就是同一个人，嗅觉敏锐度在不同情况下也有很大的变化。如某些疾病，对嗅觉就有很大的影响，感冒、鼻炎都可以降低嗅觉的敏感度。环境中的温度、湿度和气压等的明显变化，也都对嗅觉的敏感度有很大的影响。

人类的正常生存离不开嗅觉，嗅觉在人类族群的众多行为中起着重要的作用，嗅觉不像其他的感官那么容易分类，在说明嗅觉时，还是用产生气味的东西来命名，例如玫瑰花香、菌尸味、肉香、腐臭……

在几种不同的气味混合同时作用于嗅觉感受器时，可以产生不同情况，一种是产生新气味，一种是代替或掩蔽另一种气味，也可能产生气味中和。

味觉是通过口腔感受器直接与茶叶汤汁内含物刺激接触产生的。其感受器主要是分布在舌面各种乳突内的味蕾：舌尖对甜味较敏锐；舌头两侧对酸味较强烈；而辣味这种感受则在舌头的前端和两侧最为敏感；舌头后部及咽喉的前部最容易觉察到苦味。

人们冲泡茶叶一般是从用炉煮静水开始，当水煮沸后便开始浸泡茶叶（或煮），茶叶遇到高温后香气便开始挥发出来，人便可以嗅香气，同时茶叶内水溶性内含物慢慢析出于水中成为汤汁，人饮用茶叶汤汁便开始体验满口茶叶汤汁的香气和味道。这一过程人的视觉可以得到全过程的享受，这种享受是循序渐进的，从炉具炭火到煮水的器具，从冲泡茶叶壶具到饮用茶叶汤汁的器皿，是一种不断地追求和探索的器官感觉过程。

参考文献

一、本草类

《本经》佚名

《茶经》佚名

《桐君录》佚名

《神家食经》佚名

南北朝

《本草经集注》陶弘景

唐朝

《唐本草》苏敬

《太平御览》苏敬

《新修本草》苏敬等

《本草拾遗》陈藏器

《食疗本草》孟诜

宋朝

《本草图经》苏颂

《本草别说》陈承

《山家清供》林洪

元朝

《汤液本草》王好古

《饮膳正要》忽思慧

《寿老养亲新书》邹铉增

《瑞竹堂经验方》沙图穆苏克

明朝

《日用本草》吴瑞

《本草纲目》李时珍

《本草原始》李中立

《食物本草》汪颖

《救荒本草》朱橚

《野菜博录》鲍山

《神农本草经疏》缪希雍

《本草图解》李士材

《上医本草》赵南星

《本草通玄》李中梓

《穀山笔尘》于慎行

清朝

《本经逢原》张璐

《本草求真》黄宫绣

《本草便读》张秉成

《本草纲目拾遗》赵学敏

《食物本草会纂》沈李龙

《随息居饮食谱》王孟英

二、医学类

《茶经》佚名

《枕中方》佚名

《孺子方》佚名

《胜金方》佚名

《华佗食论》佚名

《医方摘要》佚名

《养生寿老集》佚名

《陶弘景新录》佚名

唐朝

《千金方》孙思邈

《妇人方》郭稽

《太平御览》孙思邈

《千金要方》孙思邈

《千金翼方》孙思邈

《千金·食治》孙思邈

《兵部手集方》李绛

宋朝

《圣济总录》陈师文

《太平圣惠方》王怀隐

《仁斋直指方》杨士瀛

元朝

《瑞竹堂经验方》萨谦斋

明朝

《胜金方》佚名

《普济方》朱梓

《医方集论》俞朝言

《赤水玄珠》孙一奎

《摄生众妙方》张时彻

《万氏家抄方》万表

《雷公炮制药性解》李士材

清朝

《串雅补》鲁照

《老老恒言》曹慈山

《医药指南》韦进德

《慈惠小编》钱守和

《验方新编》鲍相

《经验良方》陆画邨

《本经逢原》张璐

《外科证治全书》许克昌

三、茶书类

唐朝

《茶经》陆羽

《水品》陆羽

《茶述》裴汶

《茶谱》毛文锡

《茶酒论》王敷

《采茶录》温庭筠

《煎茶水记》张又新

《十六汤品》苏廙

《顾渚山记》陆羽

宋朝

《茶录》蔡襄

《茶录》曾慥

《茶论》沈括

《论茶》谢宗

《茗荈录》陶谷

《斗茶记》唐庚

《补茶经》周绛

《建茶论》罗大经

《大观茶论》赵佶

《大明水记》欧阳修

《品茶要录》黄儒

《本朝茶法》沈括

《北苑别录》赵汝砺

《茶具图赞》审安老人

《煮茶梦记》杨维桢

《北苑茶录》丁谓

《北苑拾遗》刘异

《茶苑总录》曾伉

《北苑杂述》佚名

《东溪试茶录》宋子安

《述煮茶泉品》叶清臣

《邛州先茶记》魏了翁

《茹芝续茶谱》桑庄

《龙焙美成茶录》范逵

《宣和北苑贡茶录》熊蕃熊克

明朝

《茶苑》佚名

《茶谱》钱椿年

《茗笈》屠本畯

《茶疏》许次纾

《茶解》罗廪

《茶董》夏树芳

《茶经》张谦德

《茶集》喻政

《茶说》屠隆

《茶谱》顾元庆钱椿年

《水辨》真清

《水品》徐献忠

《茶笺》屠隆

《茶笺》高濂

《茶考》陈师

《茶录》张源

《茶集》胡文焕

《茶话》陈继儒

《茶乘》高元濬

《茶录》冯时可

《蒙史》龙膺

《茗谈》徐火勃

《茶书》喻政

《茶笺》闻龙

《茶略》顾起元

《茶说》黄龙德

《茗史》万邦宁

《茶谱》曹学佺

《茶谱》朱祐槟

参考文献

《茶史》佚名

《茶说》邢士襄

《茶考》徐火勃

《茗说》吴从先

《茶薮》朱日潘盛时泰

《茶寮记》陆树声

《茶董补》陈继儒

《运泉约》李日华

《岕茶疏》佚名

《岕茶笺》冯可宾

《茗史清朝》万邦宁

《茶经外集》真清

《煮泉小品》田艺衡

《茶经外集》孙大绶

《茶谱外集》孙大绶

《煎茶七类》徐渭

《竹嬾茶衡》李日华

《品茶八要》华淑张玮

《罗岕茶记》熊明遇

《六茶纪事》王毗

《岕茶别论》周庆叔

《品茶要补录》程百二

《阳羡茗壶系》周高起

《洞山岕茶系》周高起

《明抄茶水诗文》醉茶消客

《蔡端明别记·茶癖》徐火勃

清朝

《茶史》刘源长

《茗笈》 （《六合县志》辑录）

《茶苑》黄履道

《茶谱》朱濂

《茶说》震钧

《茶说》王梓

《茶说》王復礼

《续茶经》陆廷灿

《茶史补》余怀

《续茶经》陆廷灿

《煎茶诀》叶隽

《茶社便览》程作舟

《湘皋茶说》顾衡

《茶务金载》胡秉枢

《松寮茗政》卜万祺

《种茶良法》高葆真

《岕茶汇抄》冒襄

《品茶要录补》程伯二

《阳美名陶录》吴骞

《枕山楼茶略》陈元辅

《龙井访茶记》程淯

《阳美名陶续录》吴骞

《整饬皖茶文牍》程雨亭

《红茶制法说略》康特璋王宝父

《虎丘茶经注补》陈鉴

《阳羡名陶录摘抄》翁同龢

《印锡种茶制茶考察报告》郑世璜

四、经史子集类

《尔雅》

《尔雅》郭璞注

三国

《广雅》张揖

晋朝

《博物志》张华

南朝

《述异记》任昉

唐朝

《唐国史补》李肇

宋朝

《东坡杂记》苏轼

《格物粗淡》苏轼

《岭外代答》周去非

《续博物志》李石

《调燮类编》赵希鹄

《物类相感志》苏轼

《古今合璧事类外集》虞载

元朝

《敬斋古今注》李冶

明朝

《通雅》方以智

《山笔尘》于慎行

《三才图会》王圻 王思义

《滴露漫录》谈修

清朝

《黎岐纪闻》张庆长

《荷廊笔记》俞洵庆

《广阳杂记》刘献廷

《聪训斋语》张英

《台湾使槎录》黄叔璥

《片刻余闲集》刘靖

《广东新语》屈大均

《台游日记》蒋师辙

《瓯江逸志》劳大舆

《竺国纪游》周蔼联

《檐曝杂记》赵翼

《岭南杂录》吴震方

《一研斋笔记》王孝

《饭有十二合说》张英

五、现当代

《TEA》Stewart，Tabori　Chang　New　YORK

《会务》徐志坚

《官印》徐志坚

《中国》（德国）　莱比锡

《茶教科书》大森走司

《广东普洱》张成　桂埔芳

《儿童脑开发》尹文刚　徐志坚

《茶的世界史》梅维恒　郝也麟

《红茶大事典》高智贤

《漫话普洱茶》邹家驹

《植物生理学》蔡永萍

《会务不简单》徐志坚　黄礼彬　吴杰机

《小茶方大健康》刘玥　徐志坚

《饶平茶叶三百年》郑荣兴等

《中国茶树栽培学》中国农业科学院茶叶研究所

《中国历代茶书汇编》郑培凯　朱自振

《CHINA　1860—1912》L.Carrington　Goobrich—Nigel　Cameron

《名山灵茶——武夷岩茶》叶启桐

《云南茶树病虫害防治》汪云刚

《寻找你的心理忍受极限》徐志坚

《深入大吉岭探寻顶级庄园红茶》邱震忠　杨适璟

茶心静语

后　记

本书是第一次运用医学和心理学阐述茶里乾坤，实属首创。因此，尽管殚精竭虑，难免挂一漏万，倘有不足和缺点，欢迎予以斧正。本书也是笔者继《小茶方大健康》后第二本涉茶的专著，难度是较为空前的。

首先，我国地大物博、语言多歧，除神话、传说、演义、小说盛行外，各家各派好以"文无第一、武无第二"为习惯，导致茶树和茶叶的文献资料内容纵横交织：一些相同的内容在多本古籍文献资料中重复出现；一些内容从第一个版本开始（前人编纂时明显存在的笔误）便一直错到现在；一些相同的内容在不同古籍文献资料中所述又不尽相同；可能是人为的干扰因素，又或是历史、地理自然变迁等原因，一些古籍文献资料中所述某些茶树生长的地理位置、制作茶叶工艺、茶叶名称等，与现今早已不尽相同；加上历史发展的局限性，一些古籍文献资料中所述内容，在现今已明显不合理或不科学。针对上述问题，若要一一标注出处并加以解释，则需占用很长的篇幅。因此，本书不予展开，只是尽可能地予以浓缩、提炼，高度概括地阐述茶树和茶叶最精髓的科学知识。

其次，茶树和茶叶并非现今社会所宣传般博大精深、神秘莫测、价格通天。虽然现今的茶叶不可避免地被一些人披上神秘的外衣，一些简单的日常生活甚至被文人墨客艺术化，一些简单的医学、生化物理、化学等常识被某些所谓的专家给高深化，剩下的基本上全被商人神化掉，但是，本书最核心的只有六个字——卫生安全第一。建议读者从以下几方面加强自我判断：一是使用科学常识判断，尤其是当一切都很混乱的时候，科学常识最可靠；二是使用科学思维判断，科学的关键在于可检验性和可重复性；三是使用经验判断，依靠自己的人生经历加以分析判断；四是使用感觉判断，人是高级动物，有许多生理直觉反应是天然的保护屏障。

此书得到中国农科院茶叶科学研究所（杭州），云南（勐海）、广西（桂林）、广东（英德）、无锡（宜兴）、福建（安溪）等茶叶科学研究所，以及南方医科大学、中山大学、广东省医学研究院、广东省人民医院、中国科学院心理研究所、北京师范大学心理学部、广州分析测试中心、广州越秀区科信局、华南农业大学、云南农业大学等有关学者和人员的大力支持；特别得到广东省茶叶收藏与鉴赏协会众多成员单位和会员，有关企业、茶叶爱好者等等，在场地、珍贵样品等各方面提供了无私的帮助。一并衷心感谢！本书所刊照片绝大部分源于笔者，如需引用，请务必告知出版单位。特别感谢旅美摄影家伍荣邦和陈健先生的精湛的摄影技术支持。

茶叶在老百姓生活中非常常见，不应披上神秘的面纱，应该以一种简明易懂的姿态出现在大众面前。首先，饮茶之人可加以学习，提高自身科学素养，对很多"忽悠"的说法加以明辨，避免随意跟风；其次，科技工作者应重视科普，努力普及茶叶的科学知识，让民众能够了解茶叶的本质，同时也应深入茶山、茶厂，在第一线指导制茶，从而全面提高茶叶的品质，争取从生产源头把控茶叶质量，让不懂茶叶本质和品质的大众能够更好地放心饮茶；最后，茶农、茶厂等茶叶生产者应以开放心态，不断学习改进生产技术，争取整体提高茶业生产品质，茶叶销售者应着重对茶叶的本质和品质进行宣传，而不是以"讲故事"为主，甚至做各种不着边际的虚假宣传。总之，茶叶生产者、销售者、购买者和科技工作者，大家一起以科学知识为基础，还原茶叶的本质。倘若通过此书，使您对茶树和茶叶的本源、精髓、实质有所了解或有一点启示，聊以自慰。

中国从古到今好文章较多，其中佼佼者乃王勃的《腾王阁序》、范仲淹的《岳阳楼记》等，但文中涉及茶叶的只有张之洞气势磅薄的《半山亭记》，2017年正值张之洞诞辰180周年，谨以此书，以示敬意！

恰逢心理学老师、张之洞嫡孙女张厚粲先生九十岁高龄，便厚脸皮讨要纪念。唯老师众弟子中唯一破例题写书名并作序，在此恭谢师恩！

感谢李容根先生多年以来一直关注此书，并拨冗作序，在此衷心感谢！

此书亦献给芷祺、芷妤！

徐志坚　刘　玥

2017 年 6 月 26 日